U0342287

江西理工大学优秀学术著作出版基金资助

洗油分离精制应用技术

熊道陵　陈玉娟　王庚亮　编著

北　京
冶　金　工　业　出　版　社
2013

内 容 提 要

本书介绍了有关洗油产品分离精制技术及国内外洗油产品深加工技术的最新理论和研究成果，其中包括煤焦油加工技术进展、煤焦油加工工艺、洗油产品检测方法以及国内外典型的洗油加工工艺，分章节重点介绍了洗油中萘、甲基萘、喹啉系化合物、吲哚、苊、芴、氧芴和联苯的分离提纯方法及深加工技术。

本书既可供煤焦油深加工和精细化工技术人员阅读参考，亦可作为高等院校相关专业师生的教学参考书。

图书在版编目(CIP)数据

洗油分离精制应用技术/熊道陵，陈玉娟，王庚亮编著．—北京：冶金工业出版社，2013. 10

ISBN 978-7-5024-6391-5

Ⅰ.①洗…　Ⅱ.①熊…　②陈…　③王…　Ⅲ.①煤焦油—精细加工　Ⅳ.①TQ522. 64

中国版本图书馆 CIP 数据核字(2013)第 233889 号

出 版 人　谭学余
地　　址　北京北河沿大街嵩祝院北巷 39 号，邮编 100009
电　　话　(010)64027926　电子信箱　yjcbs@ cnmip. com. cn
责任编辑　张耀辉　美术编辑　吕欣童　版式设计　孙跃红
责任校对　卿文春　责任印制　李玉山
ISBN 978-7-5024-6391-5
冶金工业出版社出版发行；各地新华书店经销；北京慧美印刷有限公司印刷
2013 年 10 月第 1 版，2013 年 10 月第 1 次印刷
169mm × 239mm；16. 75 印张；325 千字；255 页
48. 00 元

冶金工业出版社投稿电话：(010)64027932　投稿信箱：tougao@cnmip. com. cn
冶金工业出版社发行部　电话：(010)64044283　传真：(010)64027893
冶金书店　地址：北京东四西大街 46 号(100010)　电话：(010)65289081(兼传真)
(本书如有印装质量问题，本社发行部负责退换)

前　言

洗油是煤焦油精馏过程中的重要馏分之一，约占煤焦油的6.5%～10%，是一种复杂的混合物，富含萘、α－甲基萘、β－甲基萘、喹啉、异喹啉、苊、吲哚、芴、氧芴和联苯等宝贵的有机化工原料。

洗油产品的分离精制加工应用是目前煤炭综合利用的一项重要内容，近些年，国内外的学者们在这方面做了很多工作，如在化工材料、医药、能源等方面不断进行洗油产品的开发利用。目前国内已出版的煤焦油方面的专著对于洗油只是简单的介绍，而市场上尚缺乏对洗油分离精制应用技术深入分析的相关书籍，基于此，作者编著了这本《洗油分离精制应用技术》供大家参考。

本书取材主要立足于国情和当前洗油应用技术实际情况，一方面尽可能反映洗油加工技术最新理论和研究成果，另外一方面为保证教学参考书的相对稳定性，又努力使其在内容方面具备一定成熟性，同时书中也对国内外洗油产品加工利用技术领域的开发进展加以重点阐述，以满足不同读者的需要。

全书共分为8章：第1章主要对煤焦油性质、组成、加工技术进展和加工工艺，煤焦油中洗油成分及常见的洗油产品检测方法进行了概述；第2章重点介绍了国内外典型的洗油加工工艺，包括洗油切取窄馏分加工工艺、洗油恒沸精馏加工工艺、洗油萃取精馏加工工艺、洗油再生工艺和洗油加工柴油加工工艺；第3章介绍了洗油中萘成分的性质用途，工业萘和精制萘的生产方法及深加工技术，甲基萘的提取及深加工；第4章介绍了洗油中喹啉系化合物的性质用途，工业喹啉和异喹啉的分离提取方法及深加工；第5章介绍了洗油中苊成分的性质用途，苊的分离精制动力学、热力学研究及深加工；第6章介绍了洗油中吲哚成分的性质用途，吲哚衍生物合成方法，9种吲哚的分离提纯方法及深加工；第7章介绍了洗油中芴成分的性质用途，芴的提取，溶剂结晶、溶剂萃取、熔融结晶法及芴制备芴酮和双酚芴深加工工艺；第8章介绍了洗油中氧芴和联苯成分的性质用途，氧芴和联苯成分加工工艺及深加工。

本书既包含了作者多年科研工作积累的成果，也参考了一些科研、教学及企业单位等同行的资料；本书的编写和出版得到了江西理工大学优秀学术著作出版基金和国家自然科学基金（编号：51364014）的资助以及各位同仁的大力支持，谨在此一并表示衷心的感谢。

由于作者水平所限，在深入调查和掌握国内外信息方面，工作做得尚不够充分，不足之处，恳请广大读者和有关专家批评指正。

作　者

2013年6月

目　录

1 绪 论

1.1 煤焦油概述

在全世界普遍重视可持续发展的今天，焦化工业正面临着严峻的形势，但就其存在价值而言，前景并不悲观。据专家估计，传统的高炉－转炉工艺在钢铁生产中的主导地位至少30年不会变，焦炭仍然是不可缺少的原料。与西方国家焦炭产量逐年萎缩相反，近10年我国焦炭产量节节上升，总产量已超过2.5亿吨，位居世界首位。我国已回收和尚未回收的煤焦油资源约1000万吨/年，如能充分和合理的利用这些资源必将创造巨大的经济价值[1]。

近几年我国煤焦油加工业迅速发展，煤焦油下游产品应用领域不断拓宽，人们越来越重视煤焦油加工的技术进展状况及发展方向。煤焦油是一个组分上万种的复杂混合物，目前已从中分离并认定的单种化合物约500余种，约占煤焦油总量的55%，其中包括苯、二甲苯、萘等174种中性组分，酚、甲酚等63种酸性组分和113种碱性组分[2]。某些组分虽然价值很高，但在煤焦油中的含量很少，占1%以上的品种仅有13种，分别是萘、菲、荧蒽、芴、蒽、芘、苊、咔唑、β－甲基萘、α－甲基萘、氧芴和甲酚。煤焦油中的很多化合物是塑料、合成橡胶、农药、医药、耐高温材料及国防工业的贵重原料，也有一部分多环烃化合物是石油化工所不能生产和替代的。然而，目前我国煤焦油主要用来加工生产轻油、酚油、萘油及改质沥青等，以及再经深加工后制取苯、酚、萘、蒽等多种化工原料，虽然产品数量较多、用途广泛，但是相对煤焦油中的500多种化合物来讲，还是少得很。专家认为，煤焦油简单加工后的利用价值不大，国内外普遍看好的是其深加工精制产品的应用。据业内人士介绍，国内外煤焦油加工工艺大同小异，都是脱水、分馏，煤焦油加工的主要研究方向是增加产品品种、提高产品质量等级、节约能源和保护环境。近年来，随着煤化工投资及技术研发的趋势，我国煤焦油加工规模和技术均取得了一定进展，其中在煤焦油加工分离技术研发上取得的成果为煤焦油加工提供了技术支撑。国外工艺呈现出大型化、多样性等特点，其加工深度及精度均优于国内[3]。

我国现有大中型煤焦油加工企业50余家，其中单套年加工规模在10万吨以上的有30余家，年加工能力为600多万吨；小型煤焦油加工企业加工能力约100多万吨；目前筹备和在建的煤焦油深加工企业有20余家，加工能力达400

万吨；规划拟建的还有十几家，加工能力近400万吨[4]。宝钢化工公司是国内最大的煤焦油加工企业，5套装置加工能力为75万吨/年，规模居世界第5位。山东杰富意振兴化工公司在原有的30万吨/年基础上扩产改造，达到了单套50万吨/年的加工能力，是目前国内单套加工能力最大的煤焦油加工装置。山西宏特煤化工有限公司拥有2套煤焦油加工装置，总能力达30万吨/年，并准备扩建2套年加工35万吨煤焦油的装置，最终将达到100万吨/年的加工规模。山西焦化集团煤焦油加工项目一期工程单套装置加工能力为30万吨/年的煤焦油加工项目已经于2006年竣工投产，二期工程将择机动工建设，最终会形成60万吨/年的煤焦油加工规模。辽宁鞍钢化工厂目前的煤焦油加工能力为30万吨/年，正在建设60万吨/年的煤焦油深加工项目。另外，神华乌海煤焦化公司、乌海黑猫炭黑公司、山西介休佳乾煤化工公司、河津精诚化工公司、山东固德化工公司、山东海化集团、河南海星化工公司、唐山考伯斯开滦炭素化工公司都拥有30万吨/年的煤焦油加工能力。武汉平煤武钢联合焦化公司投资建设的50万吨/年煤焦油深加工项目在2010年6月开工建设；济南海川炭素公司的40万吨/年煤焦油深加工项目已经在济南平阴县开工建设；河南鑫磊煤化集团的30万吨/年煤焦油深加工项目已经于2010年4月开工建设；开滦能源化工公司与首钢公司共同出资，拟在唐山曹妃甸建设百万吨级煤焦油深加工项目，该项目拟分2期建设，一期建设规模为30万吨/年。其他准备规划建设的煤焦油深加工项目有沙桐（泰兴）化学公司（30万吨/年）、平煤集团首山焦化公司（30万吨/年）、河北旺佰欣化工公司（30万吨/年）。目前中国高温煤焦油的年产量在1000万吨左右，因此高温煤焦油加工能力有过剩隐忧[5]。

发达国家煤焦油加工工业的发展历程大致有四个趋向：一是装置大型化，进行集中加工；二是对各大型煤焦油加工装置分离出来的主要馏分进行交换集中加工；三是投入大量人力物力财力进行深加工产品和精细产品的研发；四是对煤焦油加工企业进行整合，形成大集团大公司。

国外煤焦油加工企业的生产模式有三种：

第一种模式，全方位多品种，提纯和配制各种规格和等级的产品。例如德国吕特格公司，从焦油中分离、配制的产品有220多种，萘有4个级别，树脂有5个级别，蒽有7个级别，沥青黏结剂及浸渍料有20个级别；可以根据市场要求，在同一装置上，改变操作参数，生产不同级别的产品，达到装置的多功能性。

第二种模式，在煤焦油加工产品的基础上，向着精细化工、染料、医药方面延伸深加工产品。例如日本住金化学株式会社，仅对煤焦油中纯化合物进行提纯或延伸，试制和生产的产品有180种，如酚类衍生物有21种，喹啉及其衍生物有32种，萘衍生物有60种。

第三种模式，重点加工沥青类产品。煤焦油加工过程中，沥青产率在50%

以上，对煤焦油蒸馏的其他馏分均不进行加工，以混合油的形式出售，仅对蒸馏产生的沥青进行加工，提高沥青的附加值，就能够保证煤焦油加工项目的整体效益。例如日本三菱株式会社、美国 Rilly 公司、澳大利亚 Koppers 公司，都在煤焦油沥青加工方面有高附加值的特色产品[6,7]。

1.2 煤焦油的性质和组成

1.2.1 煤焦油的性质

煤焦油是煤在干馏和气化过程中获得的液体产品，简称焦油。根据干馏温度和方法的不同可得到以下几种焦油[8]：

（1）低温（450~650℃）干馏焦油；

（2）低温和中温（600~800℃）发生炉焦油；

（3）中温（900~1000℃）立式炉焦油；

（4）高温（1000℃）炼焦焦油。

无论哪种焦油，均为具有刺激性臭味的黑色或黑褐色黏稠状液体。下面论述的焦油性质系指高温炼焦焦油：

焦油闪点为96~105℃，自燃点为580~630℃，燃烧热为35700~39000kJ/kg；焦油在20℃时的密度介于1.10~1.25g/cm^{3}之间，其值随着温度的升高而降低。

1.2.2 煤焦油组成

煤焦油是煤热分解的液态产物，其主要组成见表1-1。煤料在炼焦炉炭化室的热分解是由平行于炭化室两侧炉墙呈层状进行的，所需热量通过炭化室炉墙传递。当炭化室中心温度与炉墙温度接近时，炼焦过程结束。煤料在炭化室内热分解产物见图1-1。

表1-1 煤焦油主要组成

化合物名称	在煤焦油中的质量分数/%	化合物名称	在煤焦油中的质量分数/%
碳氢化合物		萘	8~12
苯	0.12~0.15	α-甲基萘	0.8~1.2
甲苯	0.18~0.25	β-甲基萘	1.0~1.8
二甲苯	0.08~0.12	联苯	0.2~0.4
茚	0.25~0.3	二甲基萘	1.0~1.2
苯的高沸点同系物	0.8~0.9	苊	1.2~2.5
四氢化萘	0.2~0.3	芴	1.0~2.0

续表 1－1

化合物名称	在煤焦油中的质量分数/%	化合物名称	在煤焦油中的质量分数/%
蒽	0.5～1.8	吲哚	0.1～0.2
菲	4～6	咔唑	0.9～2.0
甲基菲	0.9～1.1	吡啶	0.1～0.6
荧蒽	1.8～2.5	含氧化合物	
芘	1.2～2.0	苯酚	0.2～0.5
苯并芴	1.0～1.1	邻甲酚	0.2
含氮化合物		间甲酚	0.4
吡啶	0.03	对甲酚	0.2
2－甲基吡啶	0.02	二甲酚	0.3～0.5
喹啉	0.18～0.30	高级酚	0.75～0.95
异喹啉	0.1	苯并呋喃	0.04
2－甲基喹啉	0.1	二苯并呋喃	0.5～1.3
菲啶	0.1	含硫化合物	
7，8－苯并喹啉	0.2	硫茚	0.3～0.4
2，3－苯并喹啉	0.2	硫芴	0.4

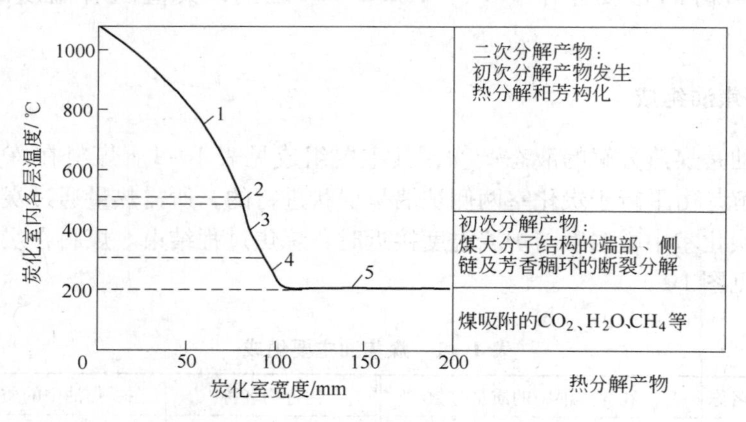

图 1－1　炭化室内温度分布与热分解产物

1—焦炭和半焦层；2—炼焦界线层；3—胶质层；4—前胶质层；5—煤层

装入炭化室内的煤料，首先析出吸附在煤中的水、二氧化碳和甲烷等。随着煤料温度的升高，煤中含氧多的分子结构分解为水、二氧化碳等。当煤层温度达到 300～550℃时，则发生煤大分子结构侧链和基团的断裂，所得产物为初次分解产物，或称初焦油。初焦油主要含有脂肪族化合物、烷基取代的芳香族化合物及酚类。初次分解产物，一部分通过炭化室中心的煤层，一部分经过赤热的焦炭层沿着炉墙进入炭化室顶部空间，在800～1000℃的条件下发生深度热分解，所得产物为二次分解产物，或称高温焦油。高温焦油主要含有稠环芳香族化合物。初焦油和高温焦油在组成上有很大差别，具体见表1－2。

表1－2　初焦油和高温焦油组成

项　目		初焦油	高温焦油
产率/%		10.0	3.0
组分/%	饱和烃	10.0	
	酚类	25.0	1.5
	萘	3.0	10.0
	菲和蒽	1.0	6.0
	沥青	35.0	50.0
化合物种类		几百种	近万种

高温焦油实质是初焦油在高温作用下经过热化学转化形成的。热化学转化过程非常复杂，包括热分解、聚合、缩合、歧化和异构化等反应。

初焦油的性质与原料煤的性质有明显的依赖关系，而高温焦油是经过二次分解的产物，这种依赖关系业已消失。高温焦油的组成和性质主要依赖于煤料在炭化室内的热分解程度。热分解程度取决于炼焦温度和热分解产物在高温下作用的时间。在正常的炼焦全过程中炉顶空间状态的影响是决定性的。焦油质量指标与炉顶空间温度的关系见图1－2，焦油中各化合物的含量与气相热解温度的关系见图1－3。

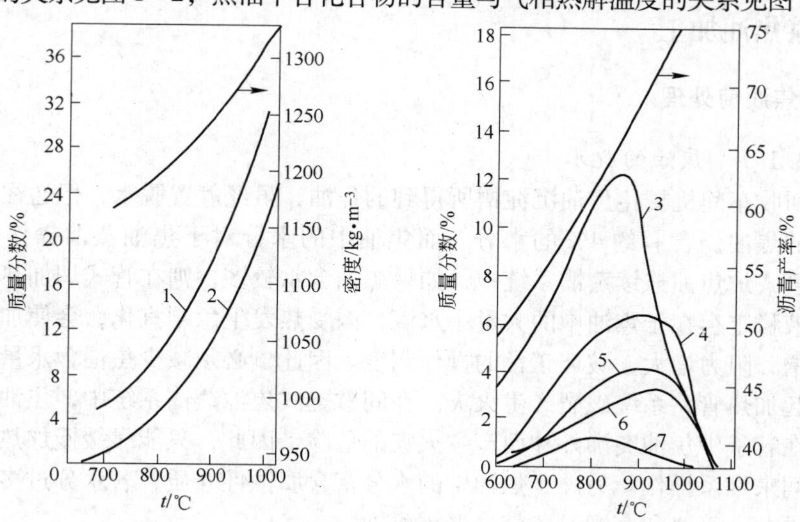

图1－2　焦油质量指标与炉顶空间温度的关系

1—甲苯不溶物（TI）；2—喹啉不溶物（QI）；3—萘；4—菲；5—荧蒽；6—芘；7—蒽

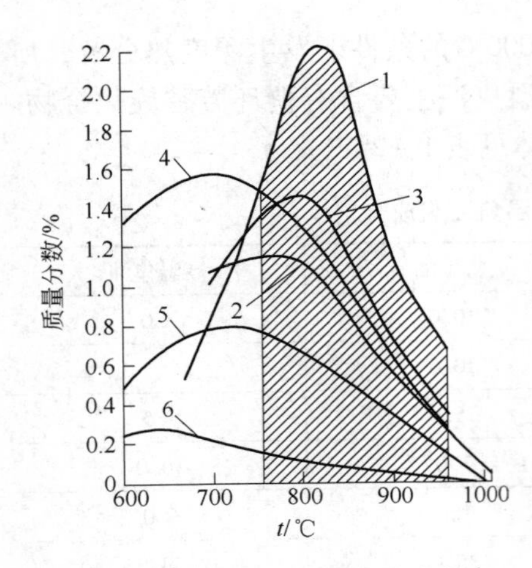

图 1-3 焦油中各化合物的含量与气相热解温度的关系

1—蒽；2—氧芴；3—芴；4—β-甲基萘；5—α-甲基萘；6—二甲基萘

由图 1-2 可见，焦油的密度、甲苯不溶物（TI）和喹啉不溶物（QI）的质量分数均随炉顶空间温度的升高而增大。焦油中某些主要化合物的含量变化遵循先增加后减少，在某一温度范围达到最大值的分布规律。沥青产率随炉顶空间温度的升高而增大。

此外，焦炉结构、炭化室容积、焦炉强化操作、焦炉状态、配煤种类及焦炉操作制度等均对焦油产率和组成有影响。例如，气煤配入量增加或装煤不满，将导致炉顶空间扩大，温度升高，热分解产物在炉顶空间停留时间延长，改变了热分解过程的热力学条件和动力学条件，必将对煤焦油质量产生影响。在正常的炼焦条件下，焦油产率取决于配煤挥发分，在配煤的可燃基挥发分（V）为 20% ~30% 时，可由式(1-1)计算焦油的产率 x(%)：

$$x = -18.36 + 1.53V - 0.026V^2 \tag{1-1}$$

热解水量 y(%) 可按式(1-2)计算：

$$y = 4.63 - 0.354V + 0.0118V^2 \tag{1-2}$$

1.3 煤焦油加工

1.3.1 焦油前处理

1.3.1.1 焦油的脱水

自回收车间机械化焦油沉淀槽所得到的焦油，虽经静置脱水，但送往焦油加工车间的焦油仍含有约 4% 的水分，而焦油中的水分对于焦油蒸馏操作非常不利。在管式炉焦油连续蒸馏系统中，如果焦油含水较多，则在管式炉加热系统中呈乳浊液稳定存在于焦油中的大量小水滴，因受热发生急剧汽化，会使加热系统压力剧增，阻力增大，破坏正常的操作制度。因此，必须减少焦油含水量，以防高压引起加热管路系统破裂产生火灾。在间歇釜式焦油蒸馏系统中，焦油含水量过多存在着釜中焦油突沸外冲而产生火灾的危险，因此，只能靠缓慢加热，延长操作时间来维系操作。另外，焦油中的水分富含腐蚀性介质，若水分过多，还会给加热设备、管路和蒸馏设备带来严重腐蚀。

焦油的脱水分初步脱水和最终脱水。

焦油初步脱水常采用加热静置脱水法。一般在焦油储槽内，将焦油温度维持在 70～80℃，在一定程度上可以破坏水和焦油所形成的乳浊液，静置 36h 以上，水和焦油因密度不同而分离。温度稍高对于乳浊液的破坏固然有利，但温度过高会因对流作用的增强反而影响澄清，并使焦油中的轻组分挥发损失量增大。初步脱水可使焦油中的水分脱至 2%～3%。

焦油的最终脱水：焦油连续蒸馏是在管式炉的对流段（一段）及一段蒸发器内进行的。如果初步脱水后焦油的含水量为 2%～3%，当管式炉一段焦油出口温度达到 120～130℃时，在蒸发器中可将焦油水分进一步脱至 0.3%～0.5% 以下。在间歇釜式焦油蒸馏系统中，最终脱水在专设的间歇脱水釜中进行，其工艺流程见图 1-4。此外，还可采用加压脱水法，使焦油在 0.5～1.0MPa 的压力和 130～150℃的温度下进行脱水。

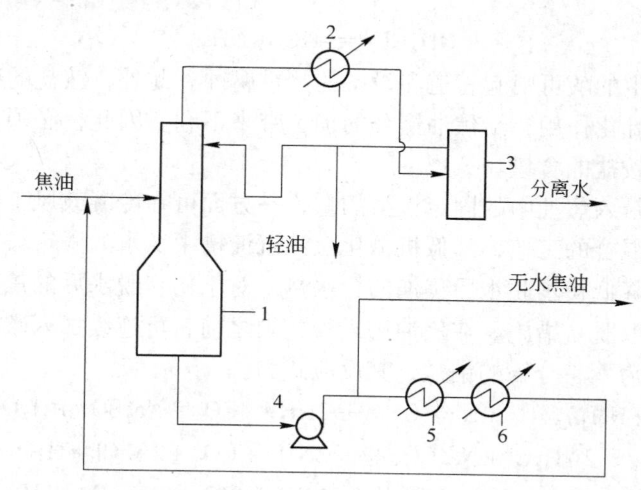

图 1-4 焦油轻油共沸脱水

1—塔；2—冷凝器；3—分离器；4—循环泵；5—沥青/焦油换热器；6—蒸汽加热器

日本还采用加压脱水的方法。此法使焦油在加压（0.3～1MPa）和加热（120～150℃）的条件下进行脱水，静置 30min，水和焦油便可以分开，下层焦油含水小于 0.5%。加压脱水法可破坏乳化水；分离水以液态排出，降低了热耗。加压脱水槽见图 1-5。

1.3.1.2 焦油的脱盐

焦油中所含的水实际上是氨水，这种稀氨水中的氨，少部分以 $NH_3 \cdot H_2O$ 的形式存在，绝大部分仍以铵盐形态存在，其中挥发性铵盐 $(NH_4)_2S$、NH_4CN、$(NH_4)_2CO_3$ 在最终脱水阶段被除去，而固定铵盐 NH_4Cl、NH_4CNS、$(NH_4)_2SO_4$、$(NH_4)_2S_2O_3$ 仍留在脱水后的焦油中，随同焦油加热到 220～250℃，分解为游离

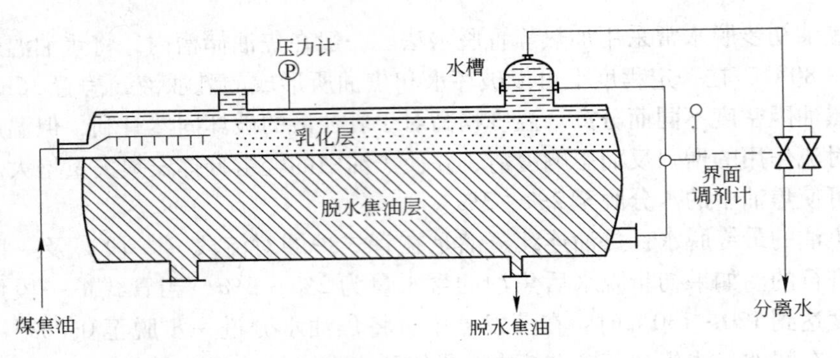

图 1-5　加压脱水槽

酸和氨。例如：

$$NH_4Cl = HCl + NH_3$$

分解所产生的酸可引起管道和设备的严重腐蚀。此外，铵盐的存在，易使焦油馏分与水起乳化作用，给焦油馏分的加工带来不利。因此，必须设法尽量降低焦油中的固定铵盐的含量。

为了减少带入焦油中的固定铵盐的量，一方面可在冷凝鼓风工段采用循环氨水和冷凝氨水混合的工艺，降低机械化焦油沉淀槽中氨水的固定铵盐浓度；另一方面则应尽量降低初步脱水后焦油的含水量。对于初步脱水后的焦油带入的固定铵盐，必须采取脱盐措施。在焦油进入管式炉之前，可连续加入碳酸钠溶液，使固定铵盐转化为不易分解的钠盐，其反应式为：

$$(NH_4)_2SO_4 + Na_2CO_3 \longrightarrow 2NH_3 + CO_2 + Na_2SO_4 + H_2O$$

$$2NH_4Cl + Na_2CO_3 \longrightarrow 2NH_3 + CO_2 + 2NaCl + H_2O$$

$$2NH_4CNS + Na_2CO_3 \longrightarrow 2NH_3 + CO_2 + 2NaCNS + H_2O$$

反应生成的 NH_3、CO_2、H_2O 在一段蒸发器焦油最终脱水过程中被蒸发，而生成的各种钠盐在焦油蒸馏温度下不会分解，最终仍残留在沥青内成为沥青的灰分，从而影响沥青的质量，尤其当沥青用于炼制沥青焦时，还会影响沥青焦的质量。因此，尽量提高焦油初步脱水的效率，降低初步脱水后焦油中的水分，可相应地减少固定铵盐的带入量。脱盐所使用的碳酸钠溶液的浓度一般为 8% ~ 12%。碳酸钠溶液的加入量取决于焦油中的固定铵盐含量和焦油的处理量。设焦油中每克固定氨的碳酸钠耗量为 x，根据反应式：

$$2NH_4Cl + Na_2CO_3 \longrightarrow (NH_4)_2CO_3 + 2NaCl$$

$$2 \times 17 \qquad 106$$

$$1 \qquad x$$

得

$$x = \frac{106}{2 \times 17} = 3.1\text{g} \qquad (1-3)$$

考虑碳酸钠和焦油混合程度的不匀及焦油中固定铵盐含量的波动，实际加入量比理论耗量增加25%，即碳酸钠溶液的实际用量可按下式计算：

$$A = \frac{Q \times C \times 3.1 \times 1.25}{1000 \times B \times R} \qquad (1-4)$$

式中 A——实际碳酸钠溶液用量，m^3/h；

Q——焦油处理量，kg/h；

C——每1kg焦油中固定铵盐的固定氨克数（一般为0.03~0.04），g/kg；

B——碳酸钠溶液的质量分数，%；

R——碳酸钠溶液的密度，kg/m^3。

在实际生产中，通过控制二段焦油泵出口处焦油的pH值为7.5~8调整加碱量。脱盐后的焦油，固定氨含量应小于0.01g/kg焦油，才能保证管式炉及蒸馏设备的正常操作。

1.3.2 焦油的蒸馏

根据焦油处理量的不同，焦油的蒸馏可采用连续式和间歇式。间歇焦油蒸馏装置一般采用间歇釜式，其设备简单、易于投产，但存在着馏分产率低、能耗大、操作控制麻烦及不够安全等许多缺点。随着对焦油产品的深入研究开发，焦油的加工不断向集中化、设备大型化方向发展，目前生产规模较大的焦油车间均采用管式炉连续蒸馏装置进行蒸馏。

1.3.2.1 管式炉焦油连续蒸馏的工艺流程

目前我国一般采用管式炉常压焦油连续蒸馏，按蒸馏系统所采用的精馏塔个数及馏分切取方式的不同，其工艺流程主要有下述几种。

A 两塔式流程

切取前述各种窄馏分的两塔式焦油蒸馏流程见图1-6。

由原料焦油储槽来的焦油在一段焦油泵之前加入碱液，从泵送入管式炉的对流段，加热至120~130℃后进入一段蒸发器，在此进行焦油的最终脱水，焦油中的绝大部分水分和部分轻油被蒸发出来，混合蒸气以105~110℃的温度自一段蒸发器顶逸出，经冷凝冷却和油水分离后得到一次轻油和氨水。一次轻油因质量差，可返回配入原料焦油进行重蒸，也可配入回流洗油中。由一段蒸发器底部出来的无水焦油（水含量<0.5%）流入器底的无水焦油槽。无水焦油槽应保持经常满流，满流的无水焦油进入无水焦油满流槽。无水焦油用二段焦油泵送入管式炉辐射段，加热至（405±5）℃后，进入二段蒸发器进行一次蒸发，分离成各种馏分的混合蒸气和液体沥青。

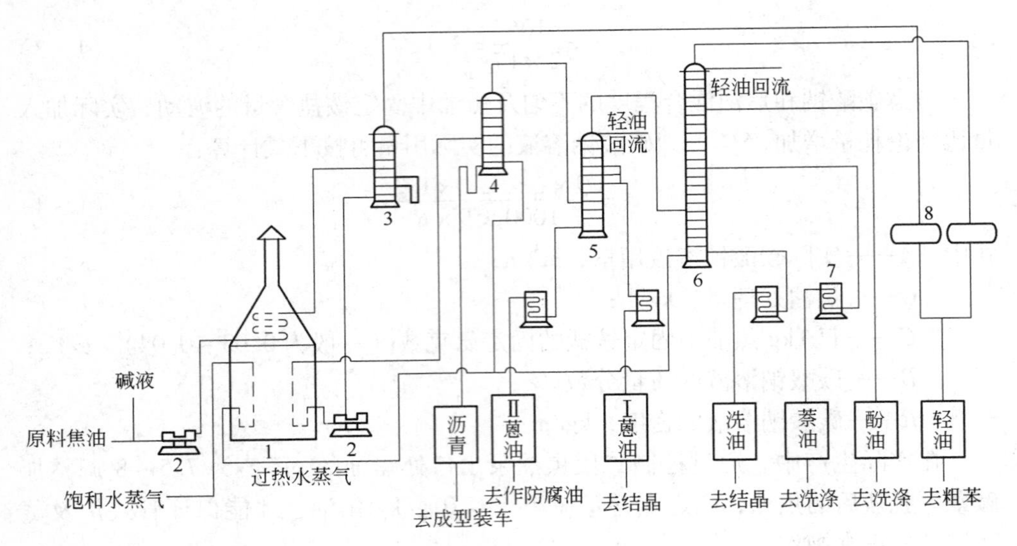

图 1-6　两塔式焦油蒸馏流程

1—管式炉；2—柱塞泵（一段焦油泵）；3——段蒸发器；4—二段蒸发器；
5—蒽塔；6—馏分塔；7—冷却器；8—冷凝冷却器

由二段蒸发器底部排出的沥青送往沥青冷却浇注系统。从二段蒸发器顶逸出温度为 370～374℃的油气进入蒽塔下数第 3 层塔板，塔顶用洗油打回流，塔底排出温度为 330～355℃的Ⅱ蒽油馏分，自第 11、13、15 层塔板侧线切取温度为 280～295℃的Ⅰ蒽油馏分。蒽油馏分分别经过各自的埋入式冷却器冷却后，经视镜流入储槽。

自蒽塔顶逸出的油气进入馏分塔下数第 5 层塔板，洗油馏分以 225～235℃的温度自塔底排出；温度为 198～200℃的萘油馏分从第 18、20、22、24 层塔板侧线采出；温度为 160～170℃的酚油馏分从第 36、38、40 层塔板采出。这些馏分也分别经各自的埋入式冷却器冷却，经视镜流入储槽。馏分塔顶出来的轻油和水的混合蒸气经冷凝冷却和油水分离后，轻油经视镜进入回流槽，一部分送馏分塔顶作为回流，剩余部分入储槽，分离水入酚水槽。

B　一塔式流程

一塔式焦油蒸馏流程（见图 1-7）与两塔式的不同之处是取消了蒽塔，并且二段蒸发器改由两部分组成，其下部是蒸发段，在此进行一次蒸发和馏分与沥青的分离，沥青由底部排出，油气上升进入上部精馏段，器顶用Ⅰ蒽油打回流。在其精馏段下部侧线切取Ⅱ蒽油馏分，油气由顶部导入馏分塔。一塔式流程与两塔式流程在操作制度上有些差异。二段蒸发器中温度为 320～335℃的Ⅱ蒽油自精馏段上数第 4 层塔板的侧线引出，经冷却后入储槽。其余馏分的混合蒸气自顶

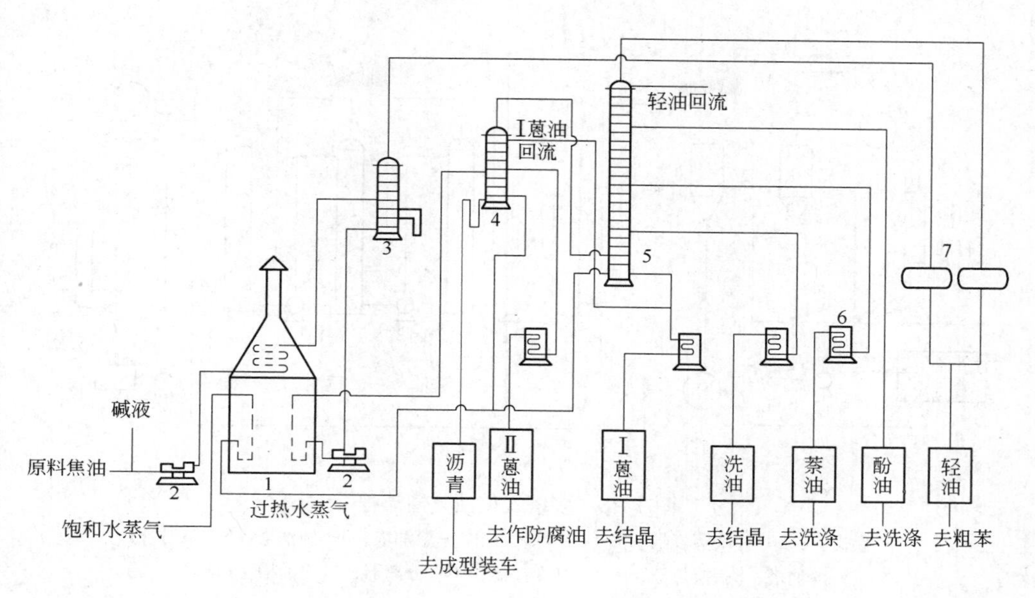

图 1-7　一塔式焦油蒸馏流程

1—管式炉；2—柱塞泵；3——段蒸发器；4—二段蒸发器；5—馏分塔；6—冷却器；7—冷凝冷却器

部逸出进入馏分塔下数第 3 层塔板。由馏分塔底切取温度为 270～290℃的Ⅰ蒽油馏分，经冷却后，其中一部分送至二段蒸发器顶部打回流，回流量为 0.15～0.2t/t 无水焦油。保持二段蒸发器顶部温度为 315～325℃，其余入储槽。由第 15、17、19 层塔板侧线切取温度为 225～245℃的洗油馏分；由第 33、35、37 层塔板切取温度为 200～215℃的萘油馏分；由第 51、53 或 55 层切取温度为 165～185℃的酚油馏分。各种馏分分别经各自的冷却器冷却后，经视镜流入储槽。轻油馏分和水蒸气以 95～115℃的温度自塔顶逸出，经冷凝冷却以及油水分离后，轻油流入回流槽，部分送塔顶打回流，回流量为 0.35～0.4t/t 无水焦油，其余送入粗苯工段加工。

两塔式流程和一塔式流程，当切取窄馏分时，在钢材、基建投资、产品产量和质量等主要技术经济指标方面，并无显著区别。但在一塔式流程中，当二段蒸发器回流后，在塔板层数较少情况下，Ⅱ蒽油馏分量不易控制，致其产率偏高，初馏点偏低，而使Ⅰ蒽油馏分产率相应降低。

C　多塔式流程

多塔式焦油蒸馏流程见图 1-8。无水焦油经管式炉加热后进入二次蒸发器，在二次蒸发器汽化的所有馏分气依次经过 4 个精馏塔，各塔均采用热回流。得到的各馏分沸程为：酚油馏分 175～210℃，萘油馏分 209～230℃，洗油馏分 220～300℃，蒽油馏分 240～350℃。

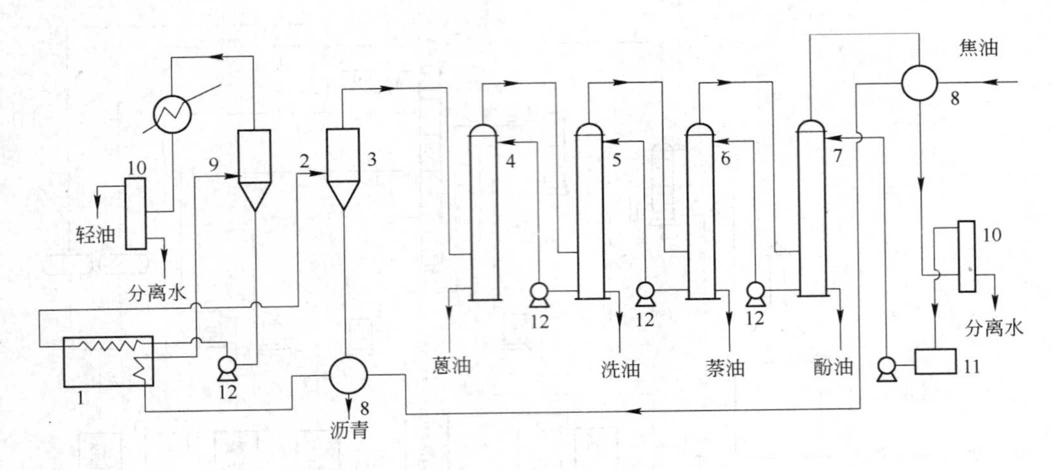

图 1-8　多塔式焦油蒸馏流程

1—管式炉；2—一次蒸发器；3—二次蒸发器；4—蒽油塔；5—洗油塔；6—萘油塔；7—酚油塔；8—换热器；9—冷凝冷却器；10—分离器；11—油槽；12—泵

D　切取混合馏分的焦油蒸馏流程

前述流程均是切取的窄馏分，实际生产中切取混合馏分的流程更为普遍，主要有以下几种类型：

（1）两塔式切取两混馏分。该流程与前述两塔式流程的不同点是：油气自蒽塔入馏分塔后，塔顶仍出轻油，上部侧线仍切取酚油馏分，而下部侧线改切萘、洗两混馏分（侧线部位与切取萘油馏分时相同），塔底改出苊油馏分。蒽塔顶部用苊油馏分回流。该种馏分切取方式，萘较好地集中于萘、洗两混馏分中，使馏分的洗涤和制取工业萘的洗涤及制取工业萘的操作得到简化。苊油馏分主要含苊、芴、氧芴等，单独切取苊油馏分，不仅可以改进洗油质量，而且可以为进一步提取工业苊、氧芴等提供方便，苊油馏分含萘控制在小于 5%。对于洗油馏分，在馏出温度 230 ~ 270℃ 范围内的馏出物中多为甲基萘、二甲基萘、联苯、喹啉等组分，它们的熔点较低，吸苯能力较强；而在 270 ~ 300℃ 的馏出物中多为苊、芴、氧芴等组分，它们的熔点高，易于析出沉淀，吸苯能力差，但苊类物质与萘共存时，可以形成共熔物，互相降低熔点，从而减少结晶的析出。目前，从工业萘生产装置切出含萘较低的洗油，要求洗油馏分含苊类物质也应降低。故在焦油蒸馏中，沸点高于 270℃ 的高沸点组分宜尽量少地切入洗油馏分中，应单独切出苊油馏分。

（2）一塔式切取三混馏分。该流程与前述一塔式流程的不同点是：由分别切取酚油、萘油、洗油三种窄馏分改为切取酚油、萘油、洗油的混合馏分，其切取部位在馏分塔第 25、27、29、31 或 33 层塔板，塔底排出 Ⅰ 蒽油馏分，馏分塔总层数为41层，其中提馏段3层，精馏段38层。另外，一塔式也可以切取两混馏分，塔板数一般为56层，全为精馏段。

切取三混馏分，萘得以更大程度集中，蒸馏操作和馏分洗涤操作得到简化，但由于馏分合并，制取工业萘时重复蒸馏，故热能单耗增多。

我国设计采用的萘集中度指标为：萘馏分86%～89%，萘、洗两混馏分93%～96%，酚、萘、洗三混馏分95%～98%。焦油蒸馏操作指标见表1－3。

表1－3 焦油蒸馏操作指标 (℃)

操作温度	两塔式		一塔式	
	窄馏分	两混馏分	窄馏分	三混馏分
一段焦油出口温度	120～130	120～130	120～130	120～130
二段焦油出口温度	400～410	400～410	400～410	400～410
一段蒸发器顶部温度	105～110	105～110	105～110	105～110
二段蒸发器顶部温度	370～374	370～374	315～325	315～325
蒽塔顶部温度	250～265	250～265		
馏分塔顶部温度	95～115	95～115	95～115	95～115
酚油馏分侧线温度	160～170	160～170	165～185	
萘油馏分侧线温度	198～200		200～215	
洗油馏分（塔底）温度	225～235		225～245	
两混馏分侧线温度		196～200		
三混馏分侧线温度				200～220
Ⅰ蒽油馏分温度	280～295	280～295	270～290	270～290
Ⅱ蒽油馏分温度	330～355	330～355	320～335	320～325

上述各种流程中，为了改善和保证馏分塔二段蒸发器的正常操作，均采用压力为0.5～0.6MPa的饱和蒸汽，经过管式炉加热至450℃，分别送入二段蒸发器和馏分塔。

焦油蒸馏工艺还有多种类型。日本和德国都采用减压蒸馏或常压、减压并用的蒸馏工艺。减压蒸馏，馏分馏出率高，沥青中游离碳含量少，并且由于操作温度低，避免了焦油组分的裂解，减少了热耗，相对于水蒸气蒸馏来说避免产生大量的污水，但需增设抽真空装置。有的还采用高温热载体加热进行焦油的蒸馏。

减压焦油蒸馏流程见图1－9。焦油经焦油预热器（仅开工时用）和1号软沥青换热器后进入预脱水塔，在塔内闪蒸出大部分水分和少量轻油预脱水，塔底的焦油自流入脱水塔，两个脱水塔顶部逸出的蒸汽和轻油气经冷凝冷却器和分离器得到氨水和轻油。一部分轻油作脱水塔的回流。脱水塔底的无水焦油一部分经重沸器循环加热，提供脱水塔所需热量，另一部分经2号软沥青换热器和管式炉加热后进入主塔。从主塔得到酚油、萘油、洗油和蒽油。在蒸汽发生器内，利用洗油和蒽油的热量产生0.3MPa蒸汽，供装置加热用。主塔底的软沥青与焦油换热后送出。酚油冷却器与真空系统连接，以造成系统的负压。该工艺的主要操作指标与馏分产率见表1－4。

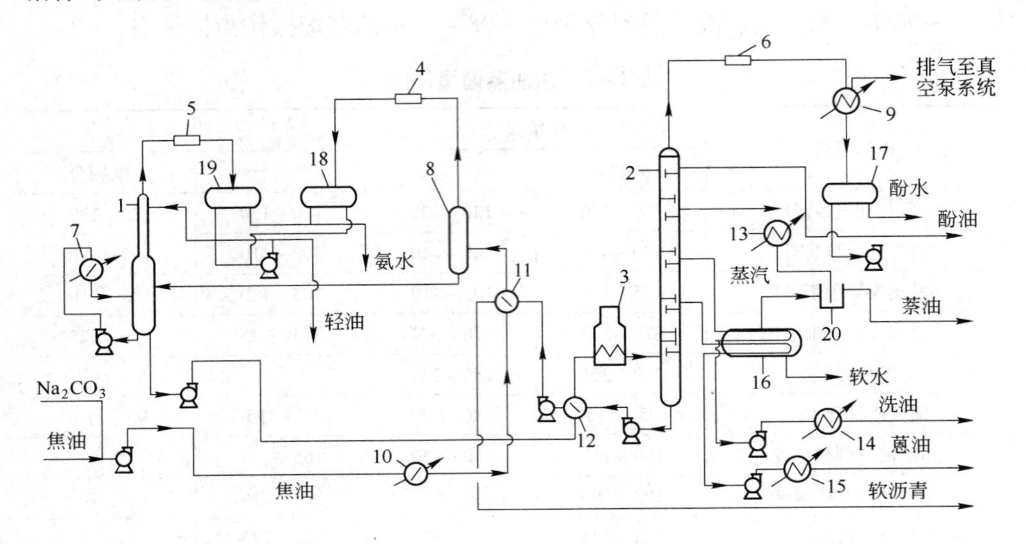

图1－9　减压焦油蒸馏流程

1—脱水塔；2—主塔；3—管式炉；4—1号轻油冷凝冷却器；5—2号轻油冷凝冷却器；6—酚油冷凝器；7—脱水塔重沸器；8—预脱水塔；9—酚油冷却器；10—焦油预热器；11—1号软沥青换热器；12—2号软沥青换热器；13—萘油冷却器；14—洗油冷却器；15—蒽油冷却器；16—蒸汽发生器；17—主塔回流槽；18—1号轻油分离器；19—2号轻油分离器；20—萘油液封罐

表1－4　工艺主要操作指标与馏分产率

操作指标				馏分名称	产率/%（占无水焦油）
1号软沥青换热器焦油出口温度/℃	130～135	萘油侧线温度/℃	152	轻油	0.5
预脱水塔顶部温度/℃	110～120	洗油侧线温度/℃	215	酚油	1.8
脱水塔顶部温度/℃	100	蒽油侧线温度/℃	264	萘油	13.2
脱水塔底部温度/℃	205	主塔底部温度/℃	325～330	洗油	6.4
管式炉焦油出口温度/℃	330～335	主塔顶部压力/kPa	13.3	蒽油	16.9
主塔顶部温度/℃	118～120	主塔底部压力/kPa	33～31	软沥青	61

1.3.2.2 焦油蒸馏的主要设备

A 管式加热炉

焦油蒸馏的管式炉有圆筒管式炉及方箱管式炉。

焦油在炉管内的初速为0.5～0.9m/s，若速度过慢，其流动的湍动强度不够，容易引起焦油局部过热，导致管壁上产生结焦现象；若速度过快，则阻力增大。辐射管热强度可达（7.5～9.5）×10^4kJ/(m^2·h)，对流段采用光管时为(2.5～4.2)×10^4kJ/(m^2·h)。

B 二段蒸发器

二段蒸发器是热焦油进行一次汽化的设备，可使气液两相分离。在两塔式流程中所用的二段蒸发器不带精馏段，构造比较简单。在一塔式流程中所用的二段蒸发器带有精馏段，这种二段蒸发器由蒸发段和若干铸铁塔段组成，热焦油进入蒸发段进行闪蒸，焦油中各种馏分全部蒸发而进入精馏段，沥青聚于器底，后经内部油封管排出。

热焦油从蒸发段的上部以切线方向进入器内，为了减轻焦油的冲击力和热腐蚀作用，在油入口部位设有缓冲板；塔下设有两层溢流塔板，使焦油分布呈薄膜状下流，以扩大其蒸发面积；塔底通入过热直接水蒸气进行汽提。

蒸发器上段设有4～6层泡罩塔板，在塔顶送入Ⅰ蒽油馏分作回流，在精馏段底部设置侧线以抽出Ⅱ蒽油馏分。

在精馏段与蒸发段之间设有两层溢流塔板，其作用是阻挡上升蒸汽夹带的焦油液滴，并使液滴中的馏分蒸汽充分蒸发出去。

C 焦油蒸馏塔

由于焦油比较黏稠，故焦油蒸馏塔采用铸铁泡罩塔，塔径较小时常用圆形泡罩，塔径较大时采用条形泡罩。蒽塔塔板数一般为23层，馏分塔按工艺流程的不同，其塔板为41～63层不等(见表1－5)。根据不同的馏分切取温度，在馏分塔不同部位设置多个切取侧线产品出口，馏分塔塔板间距为350～450mm，相应的空塔气速为0.35～0.45m/s。馏分塔底还设有直接蒸汽分布器，供通入和分配过热直接蒸汽用。塔内介质温度不超过270℃(两塔式)或320℃(一塔式)，工作压力不超过0.3MPa。

表1－5 焦油蒸馏塔塔板层数

名称		两塔式		一塔式	
		窄馏分	两混馏分	窄馏分	三混馏分
蒽塔	全塔塔板数	23	23	—	—
	精馏段层数	20	20	—	—
	提馏段层数	3	3	—	—

续表 1－5

名　称		两塔式		一塔式	
		窄馏分	两混馏分	窄馏分	三混馏分
馏分塔	全塔塔板数	47	47	63	41
	精馏段层数	44	44	60	38
	提馏段层数	3	3	3	3

1.3.2.3　焦油蒸馏工艺要点

焦油在管式炉连续蒸馏工艺流程中，二段蒸发器中的一次汽化温度、萘集中度、酚集中度以及直接蒸汽用量，关系到焦油蒸馏的技术经济指标的优劣，下面分别予以介绍。

A　一次汽化温度

在工业生产中，液体混合物的蒸发(指部分汽化)，原则上可以使用两种不同的方法来实现：一种是微分蒸发方法，即将产生的蒸汽随时从被蒸馏的物料中分离出去；另一种是不将所产生的蒸汽引出，而使其与流体密切接触，直到达到指定的温度，气液两相呈平衡状态时，才将蒸汽一次引出，这种一次汽化的方法又称为平衡蒸馏。

在二段蒸发器中焦油的汽化就是一次汽化(或称为一次蒸发)的过程。脱水焦油由二段焦油泵压送进入管式炉辐射段后被加热到规定温度(呈过热状态)，热焦油自管式炉进入二段蒸发器，由于压力急剧降低，焦油中的各种馏分立刻一次汽化(闪蒸)，此时馏分蒸气与残液(即沥青)呈现平衡状态，这种状态的温度称为一次汽化温度。

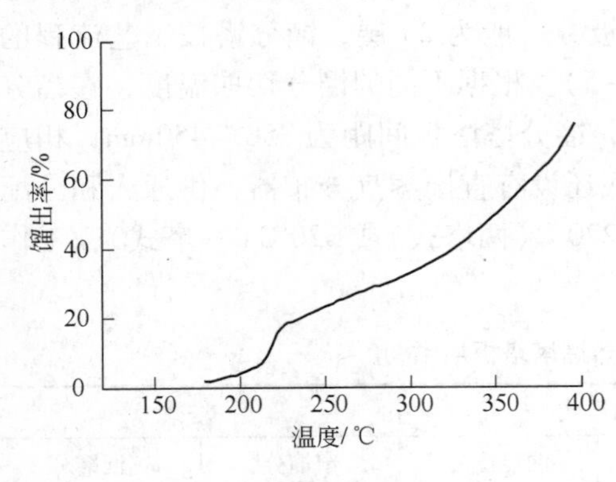

图 1－10　焦油真沸点曲线

焦油是含量低的多种化合物的混合物，因此，焦油在送入管式炉加热前，除了脱水还必须脱盐。焦油脱盐是在焦油进入管式炉一段最终脱水前加入碳酸钠溶液，使固定铵盐转化为稳定的钠盐。

由焦油真沸点曲线图 1－10 可见，从焦油中分离所有的馏分和获得合格的沥青需将焦油加热到 400℃ 高温，一次汽化温度对馏分产率和沥青质量均有显著影响。表 1－6 列出了焦油在处理能力为 1～2t/h 的实验室装置中进行一次汽化的试验结果。一次汽化温度对产率的影响见表 1－7。

表 1－6 一次汽化温度对焦油馏出物组成的影响

组分名称	产率/%（占无水焦油）	在一次汽化温度下组分的集中度/%		
		320℃	340℃	360℃
低沸点物	0.36			
茚满	0.07	83.20	99.0	99.10
茚	0.70	72.20	77.64	75.61
苯甲腈	0.14	88.74	79.95	50.25
萘	11.40	78.07	99.65	99.90
硫茚	0.33	81.80	93.90	99.40
β－甲基萘	1.10	81.25	93.75	99.88
α－甲基萘	0.50			
酚、甲酚	1.10	84.04	84.53	95.63
联苯	0.35	80.20	98.40	98.60
喹啉	0.94	99.74	99.80	99.80
二甲基萘	0.46	96.51	99.10	99.98
苊、苊烯	1.40	56.10	80.20	94.0
氧芴	1.10	58.90	80.60	97.45
吲哚	0.10	99.36	97.58	63.65
芴	1.40	57.08	88.15	95.71
甲基芴	0.60	12.24	88.97	99.90
蒽	1.20	41.40	91.60	99.90
菲	5.40	30.80	47.51	68.86
咔唑	0.70	43.20	77.90	95.70
荧蒽	3.10	7.66	12.03	34.58
芘	2.70	7.20	11.70	42.18
屈	1.10	3.92	7.83	15.23
苯并蒽	1.10	3.92	7.83	15.23
苯并荧蒽	2.75	1.59	2.09	10.97
苯并［e］芘	0.95	1.36	3.03	7.05
苯并［a］芘	1.65	0.91	1.74	5.48
其余	57.3			

表 1-7　一次汽化温度对产率的影响

项　目	320℃	340℃	360℃
馏出物对焦油产率/%	21.6	28.5	33.5
沥青对焦油产率/%	78.4	71.5	66.5
沥青软化点/℃	30	45	55

最适宜的一次汽化温度应保证从焦油中蒸出的酚和萘最多，并能得到软化点不低于 80～90℃的沥青。虽然对于不同组成的焦油以及对于沥青软化点的要求不相同时，最适宜的一次汽化温度也不尽相同，但一般来说，一次汽化温度定为 370～380℃比较合适。这个温度略高于二段蒸发器底排出的沥青的温度，而低于热焦油自管式炉辐射段出口引出时的温度（400～410℃）。这一方面是由于热焦油由管式炉辐射段出口至二段蒸发器之间有热量损失，更主要的是因为馏分在二段蒸发器中闪蒸所需的汽化潜热，是由气液混合物降低温度放出显热供给的。所以，焦油在管式炉内加热的程度，应保证达到要求的一次汽化温度的数值。

焦油的一次汽化温度可以近似地按下述经验公式进行计算：

$$t = 683 - \tan\alpha(174.5 - g_x) \qquad (1-5)$$

式中　t——一次汽化温度，℃；

g_x——馏出物的产率，%；

$\tan\alpha$——汽化斜率：

$$\tan\alpha = -0.827 \times 10^{-6} p + 3.24 \qquad (1-6)$$

p——二段蒸发器内油气的绝对压力，Pa。

沥青软化点同焦油的加热温度(管式炉的出口温度)之间几乎成直线关系，具体存在的经验关系为

$$Y = 0.835X - 250 \qquad (1-7)$$

式中　Y——沥青软化点，℃；

X——焦油加热温度，℃。

例 1-1　已知脱水焦油处理量为 9500kg/h，二段蒸发器中馏出物产率为 45%，操作压力为 0.413×10^5 Pa（表压），通入器内的过热直接水蒸气量为脱水焦油量的 1.5%，试计算一次汽化温度。

解： 二段蒸发器内的绝对压力为

$$p = (1.013 + 0.413) \times 10^5 \text{Pa} = 1.426 \times 10^5 \text{Pa} \qquad (1-8)$$

根据分压定律，其中油气的分压为

$$p_m = y_m p \qquad (1-9)$$

油气的摩尔分数为

$$y_m = \frac{\dfrac{G_m}{M_m}}{\dfrac{G_m}{M_m} + \dfrac{G_s}{M_s}} \tag{1-10}$$

馏出物产量为

$$G_m = 9500\text{kg/h} \times 45\% = 4275\text{kg/h} \tag{1-11}$$

通入水蒸气量为

$$G_s = 9500\text{kg/h} \times 1.5\% = 143\text{kg/h} \tag{1-12}$$

油气平均相对分子质量取为

$$M_m = 155$$

则

$$y_m = \frac{\dfrac{4275}{155}}{\dfrac{4215}{155} + \dfrac{143}{18}} = 0.776 \tag{1-13}$$

所以

$$p_m = 0.776 \times 1.426 \times 10^5 = 1.1065 \times 10^5\text{Pa}$$

则一次汽化直线的斜率为

$$\tan\alpha = -8.027 \times 10^{-6} \times 1.1065 \times 10^5 + 3.24 = 2.352$$

将各数值代入得

$$t = 683 - \tan\alpha(174.5 - g_x) \tag{1-14}$$

得

$$t = 683 - 2.352 \times (174.5 - 45) = 378℃$$

当过热直接蒸汽的通入量不变时，提高焦油加热温度，相应使一次汽化温度增加，馏分的产率即随之相应地增加，而沥青产率相应减少，同时沥青的软化点和游离碳含量也随之增加。

B 萘集中度

萘是焦油加工的重要产品，要求尽量提高其收率。萘的收率以萘集中度表示：

$$萘集中度 = \frac{萘油馏分(或三混馏分或两混馏分)中的萘量}{原料焦油中的萘量} \times 100\% \tag{1-15}$$

一般情况下，原料焦油中萘量以各馏分含萘量之和计算，沥青含萘略而不计。

由于焦油蒸馏工艺的不同和原料焦油组成的变化，各种馏分产率及其含萘量有所波动，现将各主要流程的情况列于表 1－8 和表 1－9。

表 1-8 两塔式流程各种馏分产率及含萘量

<table>
<tr><th rowspan="2">名 称</th><th colspan="2">产率/%</th><th colspan="2">馏分含萘/%</th><th colspan="2">馏分中萘量占焦油量/%</th><th colspan="2">馏分中萘量占焦油中萘量/%</th></tr>
<tr><th>窄馏分</th><th>两混馏分</th><th>窄馏分</th><th>两混馏分</th><th>窄馏分</th><th>两混馏分</th><th>窄馏分</th><th>两混馏分</th></tr>
<tr><td>轻油馏分</td><td>0.90</td><td>0.68</td><td>—</td><td>—</td><td>—</td><td>—</td><td>—</td><td>—</td></tr>
<tr><td>酚油馏分</td><td>2.30</td><td>2.54</td><td>12.7</td><td>6.39</td><td>0.292</td><td>0.162</td><td>3.20</td><td>1.41</td></tr>
<tr><td>萘油馏分</td><td>10.70</td><td rowspan="2">17.3</td><td>78.3</td><td rowspan="2">63.38</td><td>7.84</td><td rowspan="2">10.96</td><td>87.1</td><td rowspan="2">95.5</td></tr>
<tr><td>洗油馏分</td><td>6.40</td><td>6.5</td><td>0.416</td><td>4.6</td></tr>
<tr><td>苊油馏分</td><td>—</td><td>3</td><td>—</td><td>1.18</td><td>—</td><td>0.035</td><td>—</td><td>0.31</td></tr>
<tr><td>Ⅰ-蒽油馏分</td><td>20.6</td><td>16</td><td>1.80</td><td>1.70</td><td>0.369</td><td>0.272</td><td>4.1</td><td>2.37</td></tr>
<tr><td>Ⅱ-蒽油馏分</td><td>5.10</td><td>3.86</td><td>1.80</td><td>1.20</td><td>0.077</td><td>0.046</td><td>0.9</td><td>0.4</td></tr>
<tr><td>小 计</td><td>45.9</td><td>43.38</td><td></td><td></td><td>8.99</td><td>11.48</td><td></td><td></td></tr>
</table>

表 1-9 一塔式流程各种馏分产率及含萘量

<table>
<tr><th rowspan="2">名 称</th><th colspan="2">产率/%</th><th colspan="2">馏分含萘/%</th><th colspan="2">馏分中萘量占焦油量/%</th><th colspan="2">馏分中萘量占焦油中萘量/%</th></tr>
<tr><th>窄馏分</th><th>三混馏分</th><th>窄馏分</th><th>三混馏分</th><th>窄馏分</th><th>三混馏分</th><th>窄馏分</th><th>三混馏分</th></tr>
<tr><td>轻油馏分</td><td>0.28</td><td>1.1</td><td>—</td><td>—</td><td>—</td><td>—</td><td>—</td><td>—</td></tr>
<tr><td>酚油馏分</td><td>1.42</td><td rowspan="3">23.8</td><td>11</td><td rowspan="3">49.0</td><td>0.156</td><td rowspan="3">11.65</td><td>1.52</td><td rowspan="3">97.6</td></tr>
<tr><td>萘油馏分</td><td>11.82</td><td>78</td><td>9.24</td><td>89.80</td></tr>
<tr><td>洗油馏分</td><td>3.65</td><td>7.5</td><td>0.275</td><td>2.67</td></tr>
<tr><td>Ⅰ-蒽油馏分</td><td rowspan="2">20.3</td><td>11.2</td><td rowspan="2">3.0</td><td>0.7</td><td rowspan="2">0.61</td><td>0.079</td><td rowspan="2">5.94</td><td>0.66</td></tr>
<tr><td>Ⅱ-蒽油馏分</td><td>9.2</td><td>2.1</td><td>0.193</td><td>1.62</td></tr>
<tr><td>小 计</td><td>37.47</td><td>45.3</td><td></td><td></td><td>10.281</td><td>11.92</td><td></td><td></td></tr>
</table>

C 酚集中度

焦油中的酚类物质是非常贵重的化工产品，在焦油蒸馏中，其收率用酚集中度来表示。

$$\text{酚集中度}=\frac{\text{酚、萘、洗油馏分中的酚量}}{\text{原料焦油中的酚量}}\times 100\% \qquad (1-16)$$

原料焦油中的酚量一般以各馏分中的酚量加上轻油分离水中的酚量来计算，沥青含酚忽略不计。在切取窄馏分、两混或三混馏分的不同流程中，各种馏分中的酚量与焦油中酚量的百分比见表 1-10。

表 1 - 10 各种馏分中的酚量与焦油中酚量百分比

名 称	馏分切取制度		
	窄馏分	萘、洗两混馏分	酚、萘、洗三混馏分
轻油馏分	2.09	0.21	1.49
酚油馏分	39.00	49.60	—
萘油馏分	31.90	—	—
洗油馏分	9.65	—	—
萘、洗两混馏分	—	44.00	—
酚、萘、洗三混馏分	—	—	94.00
苊油馏分	—	3.05	—
Ⅰ - 蒽油馏分	17.35	2.78	2.40
Ⅱ - 蒽油馏分	—	0.363	2.11

由表 1 - 10 可见，切取两混或三混馏分时，酚集中度远比切取窄馏分时高。酚类多损失于轻油中，如果轻油含酚降为 3% ~5%，则焦油中的酚损失为 1.5% ~2%；当轻油含酚降至 1% 以下时，酚损失可相应降至 0.5% 以下。因此，为了减少贵重酚类的损失，馏分塔塔顶温度应控制得稍低为宜。另外，轻油分离水含酚一般可达 5 ~7g/L，由此产生的酚损失量可高达 4% ~5%。

D 直接蒸汽量

直接蒸汽在常压蒸馏操作中是重要的调节手段之一。为尽量减少酚水排量和提高分馏效率，在供热量基本得到满足和能够保证塔底产品质量的条件下，宜尽量降低直接蒸汽用量。

根据生产实践，各焦油蒸馏设备的直接蒸汽用量占无水焦油量的质量分数如下：

二段蒸发器（计入二段焦油中 0.3% 的水分量）	1.3%
馏分塔	1.7%

二段蒸发器直接蒸汽用量与一次汽化温度有关。在保持沥青软化点及馏分产率不变的情况下，直接蒸汽用量变化同一次汽化温度增加值的关系如下：

直接蒸汽用量变化	一次汽化温度增加值
3.3% →2.3%	11 ~12℃
2.3% →1.3%	15 ~16℃
1.3% →0.3%	21 ~22℃

可见，直接蒸汽用量的降低，必须相应地提高管式炉焦油加热温度，从而提高一次汽化温度，才能保证沥青软化点及馏分产率稳定不变。

1.4 煤焦油加氢

随着经济的发展，人类社会对能源的需求越来越大，优质燃料油作为工业燃料，是一种理想的汽柴油替代品，广泛用于电厂、冶炼、锻压等行业。煤焦油中含有大量的不饱和烃、多环芳烃等不饱和烃类物质及硫、氮化合物，酸度高、胶质含量高。采用加氢工艺，可完成脱硫、脱氮、不饱和烃饱和、芳烃饱和，达到降低硫、氮含量及其腐蚀性，减少环境污染的目的；同时可以增加芳烃原料的H/C比、降低芳烃含量、改善其安定性，获得石脑油和优质燃料油，使重烃得到综合利用[9]。

1.4.1 中低温煤焦油的深加工过程和产业分析

中低温煤焦油的深加工过程大致可分为4个层次：首先是预处理原料煤焦油，也就是煤焦油的净化脱水、除盐、脱渣的过程；其次是煤焦油蒸馏，即切取各种馏分；再次是各种馏分混合物的分离，即利用各种分离技术提取精制产品；最后是进一步深加工精制产品，利用各种化学方法、物理方法开发下游更加精细的化工产品。

低温煤焦油主要由焦油碱、焦油酸、沥青胶质和硫、氮化合物组成，经过蒸馏后，虽然沥青质残渣被蒸馏出来，但混合物中还具有相当含量的焦油酸、焦油碱和硫、氮化合物。所以，经过蒸馏后的煤焦油在低温条件下仍呈现黑色，并且伴有臭味，还不能作为车用柴油，即使作为工业炉窑用油也存在种种缺陷，例如积碳、腐蚀性、着火难、堵塞喷油嘴等。常温常压的条件下可在蒸馏后的馏分油中加剂脱色除臭，以替代加氢精制，其中加剂脱色除臭的成本约为80元/t，所用设备主要是油泵、搅拌器、油罐等一般性容器，而差价效应可达400~500元/t，脱色后的成品油的色度基本同国标柴油没有大的差别，而且其稳定性好，可以保持1~2月不发生明显变化。

煤焦油的蒸馏主要是脱水和馏分蒸馏两个过程，首先在常压下进行脱水，然后在分馏塔内进行减压蒸馏。采用这种工艺可降低煤气消耗，高度集中萘馏分，并能充分利用余热。由于是在负大气压下进行作业，可以有效地防止气体泄漏出去，有利于大气环境保护。这种蒸馏工艺不仅成熟，而且操作简单，投资成本低。国内采用较多的是常压脱水、减压脱渣、精馏的工艺，这样获得的酚类产品质量较差。可通过引进采用减压操作的5塔连续脱水脱渣精馏、第6个塔作间歇操作的工艺，这样，苯酚的回收率可高达42%，比目前国内的回收率要高近10%。另外，还可通过中温沥青的改质处理获得电极沥青，相对于以前的用途，这样做大大地提高了经济效益，而且最近几年来，针状沥青的成功研发也扩展了沥青在炭素行业的应用。另外，国内很多化学公司也开发出了碳纤维系列产品，因其良好的物理、化学性能而得到广泛的应用，其单体作为高温隔热材料，已应用于汽车、电子等高新技术行业。

1.4.2 煤焦油加氢反应的原理

加氢裂化技术是原料煤焦油在一定氢气压力及催化剂存在下进行加氢、脱硫、脱氮、分子骨架结构重排和裂解等反应的一种催化转化过程，是重油、煤焦油等劣质油深度加工的主要工艺手段之一。加氢裂化过程的实质是催化加氢与催化裂解两种反应的有机结合。加氢裂化可以加工的原料范围很宽，包括直馏汽油、柴油、减压蜡油、常压渣油、减压渣油以及其他二次加工得到的原料如催化柴油、焦化柴油、焦化蜡油和脱沥青油等；生产的产品品种多且质量优良，轻质油及液体产品收率高。加氢裂化技术通常可以直接用以生产优质液化气、汽油、煤油、喷气燃料和柴油等清洁燃料和轻重石脑油等优质石油化工原料，同样还可运用在煤化工领域得到汽柴油等优质燃料油。

由于煤焦油的芳香度和缩合度较高，杂原子含量高，H/C 比低，加氢还原可以提高芳香度和缩合度都过高的芳烃原料的 H/C 比和环烷结构含量，改善原料的性能。加氢工艺主要分为加氢精制和加氢裂化两种类型。反应物煤焦油在一定的反应条件和合适催化剂存在的情况下，与 H 作用发生 C—S、C—N 和 C—O 键断裂，以及不饱和烃类饱和等化学反应。反应方程式如下。

（1）烯烃加氢饱和：

$$R—CH=CH_2+H_2 \longrightarrow R—CH_2—CH_3$$

$$R—CH=CH—CH=CH_2+2H_2 \longrightarrow R—CH_2—CH_2—CH_2—CH_3$$

（2）芳烃加氢饱和：

$$C_6H_6 + 3H_2 \longrightarrow C_6H_{12}$$

$$C_{10}H_8 + 5H_2 \longrightarrow C_{10}H_{18}$$

$$C_{14}H_{10} + 7H_2 \longrightarrow C_{14}H_{24}$$

（3）加氢脱硫：

$$R—SH+H_2 \longrightarrow RH+H_2S$$

$$R—S—R+2H_2 \longrightarrow 2RH+H_2S$$

$$(RS)_2 + 3H_2 \longrightarrow 2RH + 2H_2S$$

$$R\text{-}C_4H_3S + 4H_2 \longrightarrow R\text{-}C_4H_9 + H_2S$$

$$C_{12}H_8S + 2H_2 \longrightarrow C_{12}H_{10} + H_2S$$

(4) 加氢脱氮：

$$R—CH_2—NH_2 + H_2 \longrightarrow R—CH_3 + NH_3$$

$$C_9H_7N + H_2 \longrightarrow C_6H_5C_3H_7 + NH_3$$

$$C_4H_5N + H_2 \longrightarrow C_4H_{10} + NH_3$$

$$C_8H_7N + H_2 \longrightarrow C_6H_5C_2H_5 + NH_3$$

$$C_5H_{11}N + H_2 \longrightarrow C_5H_{12} + NH_3$$

(5) 加氢脱氧：

$$C_6H_5OH + H_2 \longrightarrow C_6H_6 + H_2O$$

$$C_6H_5COOH + H_2 \longrightarrow C_6H_{12} + 3H_2O$$

1.4.3 煤焦油加氢反应的方法

煤焦油的加氢方法较多，常用的有以下几种：

(1) 溶剂加氢法。溶剂加氢法是液态供氢性溶剂与煤焦油进行共炭化反应，使氢向煤焦油分子转移的方法。溶剂的作用有两点：一是提供氢源，二是传递氢。常用的供氢性溶剂有四氢喹啉（THQ），氢化蒽油（HAO）和四氢萘（THN）等。

(2) 催化加氢法。尽管单纯用氢气也可以实现对煤焦油的氢化还原，但该操作需要高温高压，且反应条件苛刻。催化加氢的反应条件则缓和得多，也更为有效。它是在催化剂作用下气态氢向液态煤焦油的转移反应。石油催化裂化固体催化剂如 $Co-Mo-Al_2O_3$、$Ni-Mo-Al_2O_3$，有机金属络合物催化剂如 $Fe_3(CO)_{12}$、$Ru(CO)_{12}$ 等在高压 H_2 气氛下可与煤焦油反应生成氢化的芳烃化合物。

（3）醇类加氢法。醇类化合物在有（或无）催化剂存在条件下可对煤焦油进行加氢还原，其本身被氧化成醛或酮。Ouchi 等用乙醇在 430～450℃下和模型芳烃反应，结果发现除了芳环结构发生氢化反应外，体系还发生醚键的裂解反应和烷基化反应。目前，利用醇类对煤焦油进行加氢还原时，采用的温度和压力还比较高（醇的临界温度和压力以上）。另外，如何抑制成醚反应等副反应也将是今后该方法研究的方向之一。

（4）电化学加氢法。有机物电化学加氢技术以其条件温和、不采用催化剂、无污染的特点已被应用于煤及其模型芳烃化合物加氢的研究。这种加氢工艺不采用分子氢而是用水作为质子源，加氢过程容易控制，只需改变电流、通电时间、电解液浓度等工艺参数就能得到所需的改性产物。

1.4.4　煤焦油加氢反应的影响因素

煤焦油加氢反应的影响因素有煤焦油的种类、供氢溶剂、催化剂的种类、催化剂的用量、反应温度、压力、搅拌速率和停留时间[10]。

在煤焦油加氢过程中溶剂的主要作用是溶解氢气、供氢和传递氢。为了降低煤焦油的黏度，提高煤焦油、固体催化剂和氢气的接触程度，外部提供的氢气必须溶解在溶剂中，以有利于加氢反应进行。溶剂的供氢作用可以促进煤焦油自由基碎片稳定化，提高煤焦油加氢的转化率。

众所周知，合适的催化剂可以有效地降低反应所需要的活化能，从而加快反应进行，对于催化剂的选择，则要求其具有良好的催化活性、高的反应选择性、较长的寿命和来源容易、价格便宜的优点。煤焦油加氢催化剂的种类很多，主要包括金属催化剂、铁系催化剂和金属卤化物催化剂。

反应温度是煤焦油加氢的一个非常重要的条件，达不到一定的温度，无论多长时间，煤焦油也不能加氢，若反应温度过高又会引起聚合现象，且对反应设备的耐热要求也很高。在其他条件配合下，煤焦油加热到某合适的温度，就可以获得理想的加氢效率。

采用高压的目的在于提高加氢反应的速率，氢气压力提高，有利于氢气在催化剂表面吸附和氢气向催化剂孔隙深处扩散，使催化剂活性表面得到充分利用，而且压力提高，可以阻止煤焦油热解生成的低分子组分结焦现象的发生，从而提高加氢转化率。但是氢压提高，对高压设备的投资，能耗和氢耗量都要增加，产品成本相应提高，所以要根据原料煤焦油性质、催化剂活性和操作温度选择合适的氢压。

搅拌速率低，不利于原料煤焦油、催化剂与溶剂和氢气的充分反应；但搅拌速率过高又会影响到新键的形成，所以在其他条件合适的情况下，选择合适的搅拌速率也是比较重要的。

在合适的反应温度和足够的氢供应下，随着反应时间的延长，加氢速率开始增加很快，以后又逐渐减慢，而从生产的角度出发，要求反应时间越短越好，因为反应时间短意味着高空速、高处理量。所以在煤焦油种类、催化剂、反应温度、压力、溶剂以及搅拌速率一定的情况下，选择合适的反应时间是非常必要的。

1.5 国内外洗油加工技术简述

从煤焦油中分离的化学品及其进一步加工的产品在农药、医药、染料、加工助剂、工程塑料等领域有着广泛的应用，并且有些产品如咔唑、菲、芘、苊等是石油化工产品不能替代的，因此煤焦油的深加工对资源综合利用及精细化工的发展具有重要意义。洗油馏分是煤焦油蒸馏时切取的230～300℃（GB 3064—82）馏分段，全国年产量在100万吨以上，其中主要是中性组分（约占90%），其余是碱性、酸性组分。洗油富含喹啉、α－甲基萘、β－甲基萘、联苯、吲哚、苊、芴等宝贵的基本有机化工原料，这些产品均具有广泛的后续开发前景。由于具有良好的稳定性和很好的溶解能力，目前洗油主要用于焦炉煤气中洗苯，其余大部分都作为燃料油或制炭黑原料廉价出售，并没有得到合理利用。过去国内有些焦化厂曾对这一宝贵的资源进行开发利用，但由于市场等因素的制约，从中开发的产品较单一，效益不理想[11]。随着我国精细化工的发展，洗油的主要组分在精细化学品合成中的应用必将被人们所重视。

洗油经加工处理后不仅可得到高附加值的纯品，而且可得到中质洗油。由于中质洗油中苊、氧芴和芴等重组分含量明显减少，因此其洗苯效果优于传统的洗油，并且还可减少洗苯塔的堵塞。

目前国内洗油加工装置规模都不大，只能进行粗加工或根据市场需求选择分离提纯几个产品，其中工艺水平先进、规模较大的是上海宝钢从日本引进的洗油加工装置。西方国家由于焦油加工较集中，洗油加工规模较大，因而对洗油的加工也有深度，如德国吕特格公司的产品有α－甲基萘、β－甲基萘、二甲基萘、吲哚、苊、氧芴和芴等。

国外先进洗油加工工艺主要有：

（1）日本新日铁洗油加工工艺[12]。该工艺不仅能提取纯度很高的β－甲基萘，还能提取工业萘、工业甲基萘、工业苊和优质洗油。

（2）法国 BEFS 洗油加工工艺[13,14]。该工艺原料为洗油及相似油品，由两塔分别处理蒸出轻质组分、工业苊、苊油和甲基萘油。甲基萘油经洗涤萃取后进行蒸馏，得到工业 β－甲基萘，再分步结晶得到 β－甲基萘产品。苊油经进一步蒸馏、结晶、离心干燥制成工业苊产品。

（3）德国吕特格公司的洗油加工工艺。该公司的产品有 α－甲基萘、β－甲基萘、吲哚、苊、氧芴和芴等。

1.6　洗油馏分性质以及组成

洗油馏分是复杂的多组分混合物，其主要物理性质见表 1－11。

表 1－11　洗油馏分主要物理性质

性　质	参数值	性　质	参数值
沸程/℃	230～300	比热容/kJ·(kg·℃)$^{-1}$	2.09
平均沸点/℃	265	闪点/℃	110～115
相对分子质量	约 145	燃点/℃	127～130
密度(20℃)/g·cm^{-3}	1.040～1.060	自燃点/℃	478～480
蒸发热/kJ·kg^{-1}	约 290		

洗油馏分利用毛细管柱气相色谱分析出 149 个组分；通过色谱、质谱和光谱联用分析出洗油馏分存在 60 种含氮盐基，其中主要是喹啉及其同系物、吲哚及其同系物。洗油馏分的酚类化合物中高级酚约占 50%，如三甲基酚、α－萘酚、β－萘酚。此外，在洗油馏分中还含有硫化物如噻吩、硫醚、硫杂茚、甲基硫杂茚以及有机二硫化物。洗油馏分的性质和组成与焦油蒸馏的切取制度有关，各组分含量波动范围很大，具体见表 1－12。

表 1－12　洗油馏分组成

组分名称		在洗油馏分中的质量分数/%		
		1	2	3
中性组分	苯类高沸点同系物	0.48		
	萘	19.10	14.56	12.0
	α－甲基萘	5.48	9.74	7.85
	β－甲基萘	8.11	16.98	12.66
	二甲基萘	7.45	14.93	14.85
	联苯	2.54	3.31	3.69
	苊	12.73	12.11	19.0
	芴	6.04	8.71	5.58

续表 1－12

组分名称		在洗油馏分中的质量分数/%		
		1	2	3
中性组分	氧芴	4.49	7.34	14.22
	蒽	0.79		
	菲	0.96		
	咔唑	0.52		
	吲哚	1.73	1.1	1.0
酸性氧化物	酚	0.14	0.26	0.13
	邻甲酚	0.24	0.18	0.08
	间甲酚	0.32		
	对甲酚	0.19	0.49	0.35
	二甲酚	0.76	0.70	0.40
	高沸点酚	1.95	0.86	1.40
碱性化合物	吡啶化合物	0.24	0.25	0.048
	喹啉	1.15	1.20	5.57
	喹啉同系物	1.39	1.45	1.90
	其他盐基	2.02	2.10	
	含硫化合物	3.22		
	硫茚		0.16	

洗油馏分是多组分恒沸系统，同时又是多组分低共熔系统。吲哚和联苯、吲哚和苊、吲哚和沸点大于244.8℃的单甲基萘及沸点低于269.2℃的二甲基萘、2－甲基吲哚和沸点大于244.8℃的单甲基萘及沸点低于269.2℃的二甲基萘都可以组成恒沸系统。洗油馏分中的低共熔混合物的熔点见表1－13。

表 1－13　洗油馏分中的主要低共熔物及其熔点

低共熔物	熔点/℃	低共熔物	熔点/℃
萘、β－甲基萘	26	β－甲基萘、α－甲基萘	－41
萘、α－甲基萘	－34.6	苊、芴	65
萘、苊	51	苊、氧芴	52
萘、2，7－二甲基萘	53	α－甲基萘、联苯	－40
萘、2，3－二甲基萘	54	β－甲基萘、联苯	27
萘、2，6－二甲基萘	60	2，6－二甲基萘、联苯	50
萘、芴	57	2，6－二甲基萘、氧芴	57
萘、吲哚	41.8		

洗油用作吸收煤气中苯族烃的吸收剂，在循环使用过程中会逐渐叠合而使其相对分子质量增大，黏度提高，吸收率降低。研究表明，最容易造成上述现象的主要因素是洗油中沸点高于270℃的苊、氧芴和芴等的存在。洗油中各组分吸收苯族烃的能力依次是：甲基萘 > 二甲基萘 > 吲哚 > 联苯 > 苊 > 萘 > 芴 > 氧芴。洗油各馏分吸收苯族烃的能力依次是：甲基萘馏分（沸程235 ~250℃）> 二甲基萘馏分（沸程250 ~270℃）> 轻质洗油（沸程234 ~275℃）> 原料洗油（沸程230 ~300℃）。

1.7 洗油检测

1.7.1 气相色谱分析

洗油组分的定性和定量测定可以为洗油的分离精制和深加工提供科学依据，因此准确快速地测定洗油中的主要组分显得尤为重要。然而，洗油中既含有中性组分又含有极性较强的酸、碱性组分，同时测定洗油中的多种组分比较困难。国内外关于洗油组分的测定多是针对洗油中一种或多种，且步骤繁琐、价格昂贵，而针对洗油中的主要组分的同时测定还未见报道。国内一些研究学者采用毛细管柱气相色谱通过程序升温的方法同时测定洗油中的主要组分取得了理想效果[15]。

定量测定方法采用外标法。准确称取一定量的标准样品，用无水乙醇溶于250mL 容量瓶中；然后分别取 1mL、2mL、3mL、4mL、5mL 于 50 容量瓶中，用毛细管柱气相色谱分别测定每种物质的峰面积；根据峰面积与浓度绘制每种物质的工作曲线 $y = a_i x$。准确称取一定质量的馏分，用无水乙醇溶于 50mL 容量瓶中；利用气相色谱测定峰面积。则组分 i 的含量为

$$i = \frac{A_i}{a_i} \times \frac{0.05}{m} \times 100\% \qquad (1-17)$$

式中 A_i——组分 i 的峰面积；

a_i——组分 i 的工作曲线系数；

m——称取的馏分质量，g。

10 种主要组分混合液的气相色谱图见图 1 - 11，从左到右依次为萘、喹啉、异喹啉、吲哚、β - 甲基萘、α - 甲基萘、联苯、苊、氧芴、芴。由图中可以看出，各个组分峰形比较尖锐，能很好地分离吲哚（5.035 处）与 β - 甲基萘（5.264 处）、α - 甲基萘（5.677 处）的峰基本上没有重叠，分离度均大于 1.5，说明此方法适合洗油的分析。

利用 SP - 2100 气相色谱仪，对山西金尧焦化集团提供的洗油进行气相色谱分析，结果见图 1 - 12。

从表 1 - 14 中可以看出，洗油中甲基萘的含量在 25% 以上，苊、氧芴、芴的含量也较高，而喹啉、异喹啉、吲哚的含量较低。

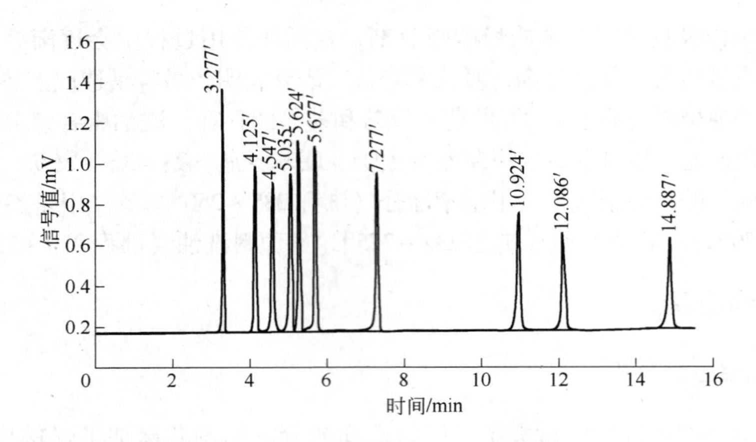

图 1－11　10 种主要组分混合液的气相色谱图

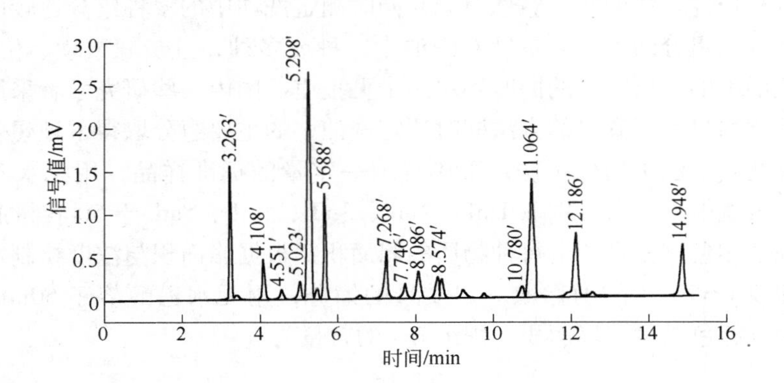

图 1－12　洗油的气相色谱图（3min 后开始计时）

表 1－14　洗油各主要组分的保留时间和含量

物质名称	保留时间/min	质量分数/%	物质名称	保留时间/min	质量分数/%
萘	6.263	6.687	α－甲基萘	8.688	7.653
喹啉	7.108	3.278	联苯	10.268	3.389
异喹啉	7.551	4.978	苊	14.064	16.933
吲哚	8.023	2.038	氧芴	15.186	9.621
β－甲基萘	8.298	17.986	芴	17.948	5.302

精密度表示各次分析结果相互接近的程度，如果几次分析结果比较接近，表示分析结果的精密度高，也就是我们常说的重复性。本书用气相色谱测定，对同

一混合组合液进行了 5 次测量，然后通过计算结果的相对标准偏差来说明仪器的精密度（或重复性）。

相对标准偏差为

$$RSD = \sqrt{\frac{n\sum x^2 - (\sum x)^2}{n(n-1)}} \Big/ \bar{x} \tag{1-18}$$

准确度指的是分析结果与真实值之间的差别，也就是误差。本文采用 t 检验来比较分析结果的平均值与真实值之间是否存在显著性差异。浓度的真实值以所配溶液的理论浓度来代替。所用公式为

$$t = \frac{\bar{x} - \mu}{S} \cdot \sqrt{n} \qquad t \sim t(n-1) \tag{1-19}$$

式中　S——标准偏差；

x——测量对应浓度值；

n——测量次数；

μ——理论值；

$\bar{x}$——测量平均值。

从表 1-15 可以看出，各组分的相对标准偏差都比较小，在 0～0.10 范围内，说明在同一实验条件下测试的分析结果精密度很好；而且在 95% 的置信度下查表得 t 的显著性水准值为 2.776，所测 10 种组分的 t 值均小于该水准值，符合色谱分析误差。综上所述，该方法具有较高的准确度和精密度，能够应用于洗油组分分析。

表 1-15　各组分的相对标准偏差和 t 检验值

组分名称	相对标准偏差	t 检验值
萘	0.034	1.239
喹啉	0.037	0.901
异喹啉	0.087	-0.112
吲哚	0.075	0.340
β-甲基萘	0.033	1.164
α-甲基萘	0.032	1.124
联苯	0.037	1.024
苊	0.057	0.780
氧芴	0.069	0.426
芴	0.051	1.423

李波[16]研究了气相色谱法测定洗油中萘含量，测定前用适量的苯溶解，使其稀释后苯的质量分数大致为1%左右。

仪器条件如下：柱温140℃（实测温度）；汽化温度270℃（表温）；检测温度250℃（表温）；载气柱前压力0.6MPa，流量27mL/min；燃气流量40mL/min；空气流量400mL/min；进样量0.5μL。

调整上述仪器条件，待整机稳定后，用微量注射器注入0.5μL标样，平行两针；再注入0.5μL处理后的试样，平行做两次；量取标样及试样的峰高，计算即得。

计算公式为

$$\left.\begin{aligned}&\frac{H_{标样}}{H_{试样}}=\frac{C_{标样}}{C_{试样}}\\&\frac{X\%\times W_{试样}}{W_{试样}+W_{苯}}=C_{试样}\\&X\%=\frac{C_{试样}\times(W_{试样}+W_{苯})}{W_{试样}}=\frac{C_{标样}\times H_{试样}(W_{试样}+W_{苯})}{H_{标样}W_{试样}}\end{aligned}\right\}\qquad(1-20)$$

式中　$H_{标样}$——标样的萘峰高；

$H_{试样}$——试样的萘峰高；

$C_{试样}$——稀释后的试样浓度（苯含量）；

$C_{标样}$——配制的标样浓度；

$X\%$——试样的萘含量；

$W_{试样}$——称量的试样质量；

$W_{苯}$——稀释样的质量。

方法的精密度试验：分别对色谱法和结晶点法进行误差测定，测得的变异系数 CV 为0.35%和1.33%。结晶点法和气相色谱法两种方法试验结果对比见表1-16。

表1-16　两种方法试验结果对比　　（%）

已知标样	22.47				
气相色谱法	22.50	22.54	22.56	22.38	22.42
结晶点法	22.67	22.69	22.44	22.59	22.35
气相色谱法回收率	99.91	99.73	99.64	100.45	100.28
结晶点法回收率	99.47	100.62	100.49	99.82	99.87

从上表可知，气相色谱法与已知样品数据非常接近，并消除了人为的系统误差。用气相色谱法代替结晶点法，不仅缩短了分析时间，而且大大减少了毒性的挥发。

陈明秀等人[17]研究了气相色谱法测定吲哚含量，研究中采用阿匹松、聚乙二醇混合固定液及6201红色担体按一定的比例配制色谱固定相。分离吲哚中各组分，用氢火焰离子鉴定器检测，以外标法（或归一法）对其进行定量分析。根据外标法配制相应的标样，准确称取一定量的色谱纯吲哚，置于50mL容量瓶中，用甲苯溶解并稀释至刻度。

通过试验选择分析条件为：试样的分析柱温为150℃，可使吲哚与其他有机化合物的分离度达到1.5以上，达到完全分离，吲哚的沸点在252℃左右，根据色谱分析要求及样品中其他杂质因素，选择汽化温度为270℃。吲哚测定的试验条件见表1－17，采用外标法进行准确度试验。配制4组吲哚标样进行平行测定，测定结果见表1－18。

表1－17　气相色谱法测定吲哚含量试验条件

项目	汽化温度/℃	检测温度/℃	空气/$mL \cdot min^{-1}$	氢气/$mL \cdot min^{-1}$	柱温/℃	柱前压/MPa	灵敏度	进样/μL
条件	270	220	500	20	150	0.08	10^9	1

表1－18　吲哚准确度测定结果

试样	测定值					平均/%	配入/%	平均误差	回收率/%
	1	2	3	4	5				
1	89.67	89.95	90.12	90.18	90.22	90.02	89.87	0.17	99.81
2	91.52	92.20	92.12	91.71	91.75	91.88	92.17	0.22	99.65
3	94.65	94.92	95.44	95.22	95.50	95.15	95.50	0.27	99.61
4	97.55	97.25	98.25	97.89	98.22	97.82	98.02	0.19	99.81

从测试数据来看，误差较小，回收率满足大于98%的分析要求。因此，此方法能够满足吲哚含量测定的分析要求。

1.7.2 紫外检测

多波长分光光度法检测原理：当一束平行光通过单一均匀的、非散射吸光物质时，光强度减弱。朗伯－比尔定律表达式为

$$A = \varepsilon bc \tag{1-21}$$

式中 ε——摩尔吸收系数；

b——比色池的厚度；

c——物质的浓度。

化学因素会引起检测偏离朗伯－比尔定律。由于浓度过大会导致吸光粒子之间的平均距离减小，以至于每个粒子均可影响其邻近的粒子电荷分布，这种相互

作用可以使他们的吸光能力发生改变，又因为相互作用程度与浓度有关，在多组分体系中，如果各种吸光物质之间没有相互作用，这时体系的总吸光度等于各个组分吸光度之和，即吸光度具有加和性。混合物的总吸光度等于混合物中各组分的吸光度之和，所以可采用解联立方程法求得混合物中各组分的含量，比如混合物中有 4 种组分，则有

$$\begin{aligned} A\lambda_1 &= \varepsilon_{11}C_1b + \varepsilon_{12}C_2b + \varepsilon_{13}C_3b + \varepsilon_{14}C_4b \\ A\lambda_2 &= \varepsilon_{21}C_1b + \varepsilon_{22}C_2b + \varepsilon_{23}C_3b + \varepsilon_{24}C_4b \\ A\lambda_3 &= \varepsilon_{31}C_1b + \varepsilon_{32}C_2b + \varepsilon_{33}C_3b + \varepsilon_{34}C_4b \\ A\lambda_4 &= \varepsilon_{41}C_1b + \varepsilon_{42}C_2b + \varepsilon_{43}C_3b + \varepsilon_{44}C_4b \end{aligned} \quad (1-22)$$

式中　b——石英比色皿的光程，$b=1$cm；

ε_{ij}（i，$j=1$，2，3，4）——各组分在波长 λ_1、λ_2、λ_3、λ_4 处的吸光系数。

利用计算机程序求解方程。

李亚新等人[18]研究了紫外分光光度法同时定量测定多组分混合物——喹啉、吡啶、吲哚、苯酚。根据 GW－751 紫外可见分光光度计的测定原理，找到了一种无需任何复杂的分离程序便可测定多组分混合物的分析测定方法。通过实验证明这种方法是存在的，并且在一定的浓度范围内是稳定可靠的。此分析方法的优越性在于无需任何复杂的分离程序，操作简单，测试费用低。

首先配制喹啉、吡啶、吲哚、苯酚储备溶液。用分析天平分别准确称取喹啉、吡啶、吲哚、苯酚（以上 4 种物质均为分析纯）各 1g，分别溶于蒸馏水中，并移入 4 个 1L 容量瓶中，稀释至刻度。这样就得到 4 种物质的储备溶液，浓度都是 1mg/mL。

然后计算 ε。在选定一任意波长处，某单一组分溶液符合比尔定律，可配制一系列浓度已知的标准溶液。测定每个标准溶液的吸光度值。以吸光度值为横坐标，标准溶液对应浓度为纵坐标，绘制标准曲线。计算求得 ε。由于苯酚的浓度可单独测出，所以可只选 3 个波长：256nm，270nm，277nm，它们分别为吡啶、吲哚、喹啉的最大吸收峰波长。然后求各纯组分在各波长下的吸光系数 ε。

作者等人研究了利用紫外分光光度法同时测定苊、氧芴、芴三种洗油组分测定方法。首先将三种组分溶解，然后测得三种组分的吸光度随波长变化如图 1－13 所示。

由图 1－13 可见，芴、氧芴、苊吸收曲线重叠，因此要选择适宜的测定波长。选择适当的测定波长可以有效地消除干扰组分给定量分析造成的影响，从而提高定量分析的准确度[19]。在芴的最大吸收波长 261nm、苊的最大吸收波长为 227nm、氧芴的最大吸收波长 281nm 的条件下，尽量选择重叠小、吸收最大的波长，综合考虑选择 227nm、261nm、281nm 为计算苊、芴、氧芴的摩尔吸收系数

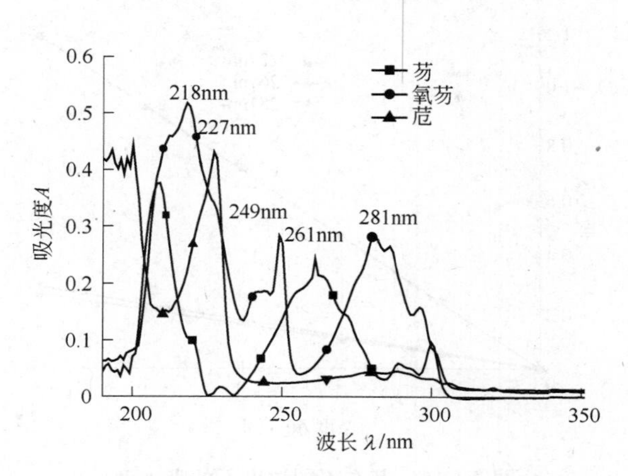

图 1－13 苊、氧芴、芴在不同波长下的吸光度

的最佳波长。

由图 1－14 和图 1－15 可知，芴在 0～10μg/mL 浓度范围内，同一波长下随着芴溶液浓度增大；吸光度逐渐增大；在该浓度范围内粒子间相互作用对吸光度影响不大，其吸光作用随浓度变化呈线性关系；在 227nm、261nm、281nm 三波长下标准吸收曲线相关度分别为 0.99996、0.99974、0.99961，说明芴在此浓度范围能够很好地符合朗伯－比尔定律。同理，由图 1－16 和图 1－17、图 1－18 和图 1－19 可知，氧芴在 0～4μg/mL 浓度范围内，苊在 0～1μg/mL 浓度范围内，二者均在 227nm、261nm、281nm 三波长下服从朗伯－比尔定律；且氧芴在 227nm、261nm、281nm 三波长下标准吸收曲线相关度分别为 0.99937、0.99987、0.99954，苊在 227nm、261nm、281nm 三波长下标准吸收曲线相关度分别为 0.99935、0.99906、0.9992。

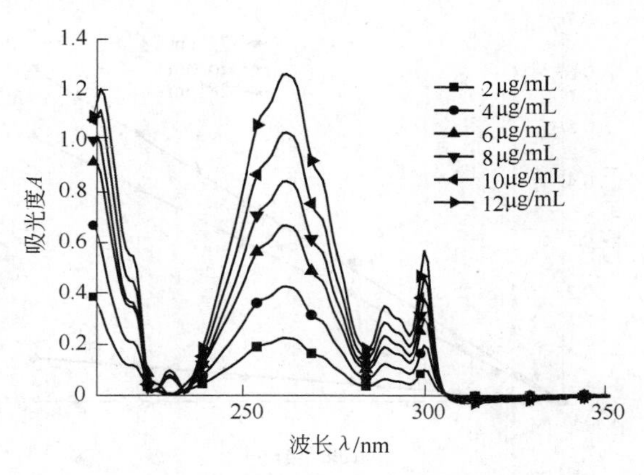

图 1－14 不同浓度芴溶液吸收光谱曲线

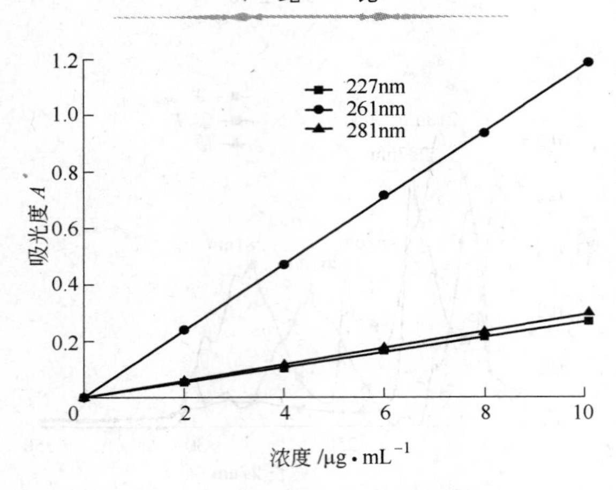

图 1－15 芴在不同浓度下的吸光度

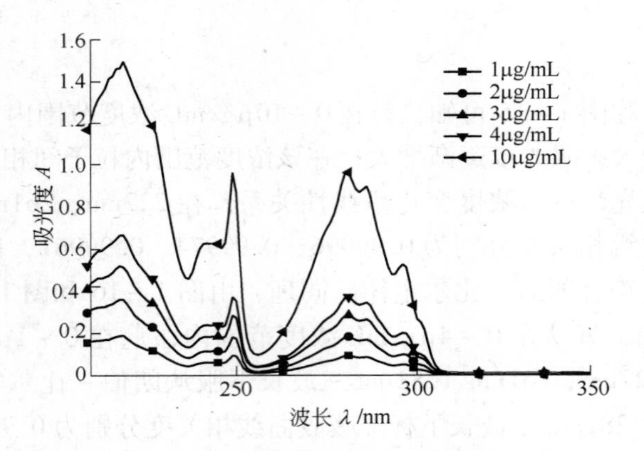

图 1－16 不同浓度氧芴溶液吸收光谱曲线

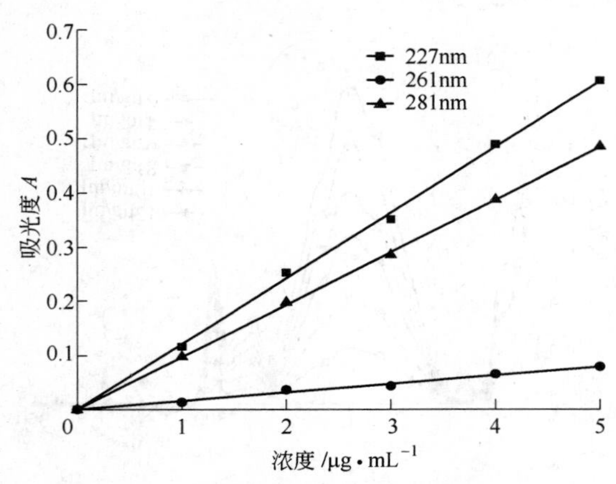

图 1－17 氧芴在不同浓度下的吸光度

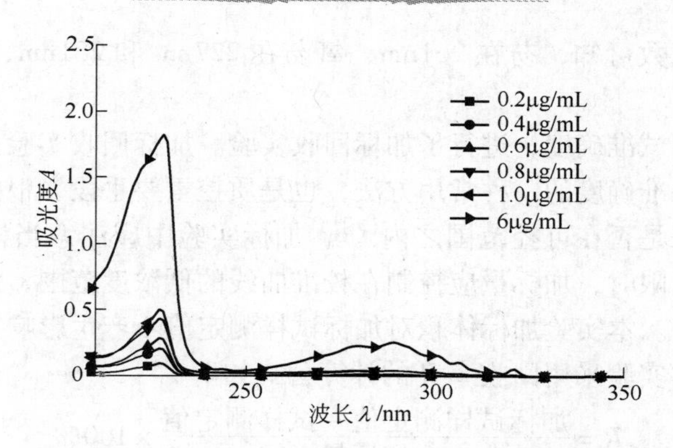

图 1－18 不同浓度苊溶液吸收光谱曲线

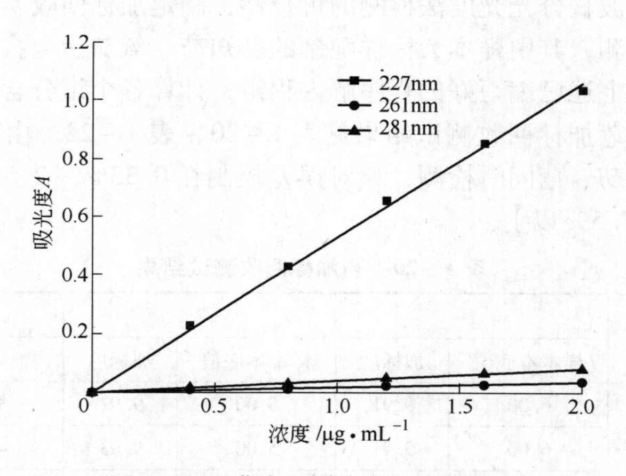

图 1－19 苊在不同浓度下的吸光度

根据光谱图确定选择 227nm、261nm、281nm 作为测定波长，并分别计算对应波长下的摩尔吸收系数（见表 1－19）。

表 1－19 不同波长下的摩尔吸收系数 ε （L/(mol · cm)）

波长＼组分	芴	氧芴	苊
227nm	4.40×10^3	2.02×10^4	8.32×10^4
261nm	1.96×10^4	2.72×10^3	2.26×10^3
281nm	4.79×10^3	1.83×10^4	6.32×10^3

含有共轭双键和苯环的烃类化合物，它们在紫外区域都有特征吸收，不饱和双键中的 π 电子吸收能量后跃迁到 π^* 反键轨道，能量较低，在紫外区均有吸收，ε_{max}一般在 10^4L/(mol · cm) 以上，属于强吸收。由表 1－19 中芴、氧芴、

苊的摩尔吸收系数可知，芴在 261nm、氧芴在 227nm 和 281nm、苊在 227nm 均为强吸收。

为了验证测试准确度，进行了加标回收实验。加标回收实验是分析化学实验室检测测试结果准确度的一种常用方法，也是质控重要手段，根据实验结果可分析质量检测结果是否在可控范围之内[20]。加标实验中应注意当样品中待测物含量接近方法检出限时，加标量应控制在校准曲线的低浓度范围，加标浓度不得高于待测物的 3 倍。本实验加标体积对加标试样测定值不产生影响，因此可以采用浓度法计算。本实验采用回收率 R 的计算公式如下[21]：

$$R=\frac{\text{加标试样测定值}-\text{试样测定值}}{\text{加标量}}\times 100\% \tag{1-23}$$

为了验证三波长分光光度法检测的可行性，制定加标回收实验方案并进行了加标回收实验检测，其中样本为标样配制的已知芴、氧芴、苊含量的溶液。测定溶液吸光度，用上述已编写好的程序解方程组，计算各个组分含量。

芴、氧芴、苊加标回收测试结果见表 1－20 ~ 表 1－22。由表可以看出本方法可以对芴、氧芴、苊同时检测，相对误差控制在 0. 33% ~2. 5% 之间，其中样品回收率达到 97. 5% 以上。

表 1－20　芴加标回收测试结果

编　号	1		2		3	
	样本本底值	加标后	样本本底值	加标后	样本本底值	加标后
测定结果/μg · mL⁻¹	6. 00	9. 91	5. 00	9. 92	4. 00	9. 99
	6. 00	9. 91	5. 00	9. 93	4. 00	9. 94
	6. 00	9. 95	5. 00	9. 93	4. 00	9. 93
平均值/μg · mL⁻¹	6. 00	9. 92	5. 00	9. 93	4. 00	9. 95
实加量/μg · mL⁻¹	4. 00		5. 00		6. 00	
回收量/μg	3. 92		4. 93		5. 95	
绝对误差/μg	0. 08		0. 07		0. 05	
相对误差/%	2. 00		1. 40		0. 83	
回收率/%	98. 00		98. 00		99. 17	

表 1－21　氧芴加标回收测试结果

编　号	1		2		3	
	样本本底值	加标后	样本本底值	加标后	样本本底值	加标后
测定结果/μg · mL⁻¹	1. 00	2. 94	2. 00	3. 97	3. 00	5. 95
	1. 00	2. 96	2. 00	3. 97	3. 00	5. 92
	1. 00	2. 96	2. 00	3. 93	3. 00	5. 92

续表 1－21

编　号	1		2		3	
	样本本底值	加标后	样本本底值	加标后	样本本底值	加标后
平均值/μg·mL⁻¹	1.00	2.95	2.00	3.96	3.00	5.93
实加量/μg·mL⁻¹	2.00		2.00		3.00	
回收量/μg	1.95		1.96		2.93	
绝对误差/μg	0.05		0.04		0.07	
相对误差/%	2.50		2.00		2.30	
回收率/%	97.50		98.00		97.67	

表 1－22　范加标回收测试结果

编　号	1		2		3	
	样本本底值	加标后	样本本底值	加标后	样本本底值	加标后
测定结果/μg·mL⁻¹	1.50	2.96	1.00	2.98	3.50	6.49
	1.50	2.99	1.00	2.94	3.50	6.49
	1.50	2.95	1.00	2.97	3.50	6.48
平均值/μg·mL⁻¹	1.50	2.97	1.00	2.96	3.50	6.49
实加量/μg·mL⁻¹	1.50		2.00		3.00	
回收量/μg	1.47		1.96		2.99	
绝对误差/μg	0.03		0.04		0.01	
相对误差/%	2.00		2.00		0.33	
回收率/%	98.00		98.00		99.67	

参 考 文 献

[1] 窦红兵，畅宾平，郑水山，等．煤焦油加工的国内外现状及发展趋势探讨［J］．河南冶金，2006，14(5)：22～23.

[2] 曲思建，关北锋，王燕芳，等．我国煤温和气化（热解）焦油性质及其加工利用现状与进展［J］．煤炭转化，1998，21(1)：15～20.

[3] 江巨荣．国内煤焦油的加工工业现状及发展［J］．广州化工，2009，37(4)：52～55.

[4] 马宝岐，任沛建，杨占彪，等．煤焦油制燃料油品［M］．北京：化学工业出版社，2010.

[5] 胡发亭，张晓静，李培霖．煤焦油加工技术进展及工业化现状［J］．转化利用，2011，17(5)：31～35.

[6] 陈惜明，彭宏，林可鸿．煤焦油加工技术及产业化的现状与发展趋势［J］．煤化工，2005（6）：26～29.
[7] 李薇，程志刚．煤焦油的加工技术及生产现状［J］．化学工程与设备，2011(3)：137～138.
[8] 肖瑞华．煤焦油化工学［M］．北京：冶金工业出版社，2009.
[9] 张海军．煤焦油加氢反应性的研究［D］．太原：太原理工大学，2007.
[10] 李宝宁．中低温煤焦油的深加工现状与产业研究［J］．科技资讯，2011(36)：64.
[11] 白雪峰，胡树发，吴伟．洗油在精细化学品合成中的应用［J］．化学与粘合，1999(2)：90～92.
[12] 张雄文，闫宏福．新日化公司洗油加工技术简介［J］．燃料与化工，2002，33(4)：212～213.
[13] 马利军．洗油深加工产品的提取及应用前景［J］．化学工业，2011，29(4)：25～26.
[14] 王凤武．煤焦油洗油组分提取及其在精细化工中的应用［J］．煤化工，2004，2(111)：26～27.
[15] 梁晓强，薛永强，栾春晖，等．用气相色谱法测定洗油的主要组分［J］．燃料与化工，2008，39（1）：49～51.
[16] 李波．用气相色谱法测定洗油中萘含量［J］．化工时刊，2004，18(12)：60～61.
[17] 陈明秀，张卫．气相色谱法测定吲哚含量［J］．燃料与化工，2008，39(9)：49～50.
[18] 李亚新，赵晨红．紫外分光光度法同时定量测定多组分混合物——喹啉、吡啶、吲哚、苯酚［J］．环境工程，1994，19(2)：58～60.
[19] 庆伟霞，王勇，姚素梅，等．三波长－分光光度法测定大叶落地生根中总黄酮的含量［J］．分析试验室，2010，29(10)：90～92.
[20] 伍云卿，涂杰峰，范超，等．加标回收实验方案探讨［J］．福建分析测试，2010，19(3)：67～71.
[21] 任成忠，毛丽芬．加标回收实验的实施及回收率计算的研究［J］．工业安全与环保，2006，32(2)：9～10.

2 洗油加工

2.1 洗油加工管理规范

2.1.1 洗油质量要求

作为吸收剂的洗油，在质量上要有较好的流动性，常温下无固体沉淀物结晶析出，并应具有足够的吸收能力。相关文献中的实验表明，沸程范围235～260℃的馏分吸收苯性能最好，其中含有吸收苯能力强的甲基萘、联苯、二甲基萘，引起洗油结晶析出的原因主要是高沸点苊、氧芴、芴等的结晶物存在所致。例如，包钢焦化厂拟采用工业萘停产期间的双塔生产甲基萘、苊馏分，实践表明[1]，用于回收的洗油中若不含这些苊等高沸点结晶物，洗油质量就能保证，洗油加工后各馏分采出量见表2－1。

表2－1 焦油洗油加工物料平衡表

组分	馏程/℃	年产量/t·a^{-1}	用途	
			其他	去回收车间/t·a^{-1}
甲基萘前馏分	220～238	420～480	220～280t/a（入萘油槽）	200
甲基萘馏分	238～248	875～1000	430～680t/a（去扩散剂）	320～445
联苯等中质洗油	248～275	875～1000		875～1000
苊油馏分	275～285	700～800	生产工业苊	
脱苊馏分	285～300	630～720	外销	
			去回收车间“混合洗油”量小计	139～1645

由表2－1可见，“混合洗油”中的主要成分及含量是：甲基萘21%～29%；联苯等轻洗油57%～65%；萘油馏分13%；其中含萘13%是允许的，因为萘可降低共熔混合物的熔点。“混合洗油”中诸如苊、氧芴、芴这些高熔点组分已基本除去，因此，回收的洗油质量和用量都能保证，在工业萘装置上处理洗油是可行的。

2.1.1.1 洗油不溶物的预防措施

A 降低温度，减少氧化变质程度

温度高时蒸发量大，洗油氧化速度加快，所以洗油罐要选择阴凉地点存放，尽量减少或防止阳光暴晒，以降低洗油储存温度，延缓洗油氧化，减少洗油胶质增长的倾向。有条件的话，最好在夏季向储油罐上喷淋低温水，以降低罐体温度达到低温储存洗油的目的。

B 满罐储存，减少气体空间

油罐上部气体空间容积越大、洗油越易蒸发损失和氧化。为此，装油容器除根据油温变化，留出必要的膨胀空间（即安全容量）外，尽可能装满。对储存期较长且装油量不满的洗油容器要适时倒装合并。

C 减少与空气接触

洗油在储存过程中尽可能密封（密封人孔、放散孔安装呼吸器），以降低蒸发损失，保证洗油清洁，延缓氧化变质，减轻容器锈蚀等。另外，密封储存洗油不仅减少了其与空气接触和污染物的侵入，而且还可减少环境污染和火灾爆炸事故的发生。

D 减少与水的混合

洗油在生产过程中可能会混入一定量的蒸汽冷凝水。在有水分存在时，洗油的氧化速度加快，乳化胶质生成量也加大。在外购过程中，要加强洗油的购进环节管理，对每次外购洗油要抽样化验，确保油品质量，并根据每月的用油量计划购进，缩短使用周期。

E 不要和其他性质的油品混合

不同性质的油品不能和洗油相混，否则洗油质量会下降，严重的还会造成洗油变质。特别是各种中高档润滑油、含有多种特殊作用的添加剂油种，当洗油和这些加有不同体系添加剂的油品相混时，就会影响它的使用效果，甚至会使洗油变质沉淀。因此，为防止各种油品和洗油相混污染，采购装运洗油的油罐要冲刷干净，确保没有积存其他油品后方可使用。

2.1.1.2 洗油不溶物的危害

洗油中含有多种芳香族化合物、啶类、茚类与各种含氮、硫、氧的化合物，并且伴有难闻气味等。洗油储罐使用一段时间后，洗油中的不饱和化合物氧化、聚合出的高分子化合物和外来杂质就会沉积在罐底和罐壁上，使储油罐有效容量减少，这不但影响储油罐的使用效率，而且大量的不溶物在洗苯过程中还会沉积在洗苯塔的填料上，从而严重影响洗苯生产和煤气外送等。因此，洗油储罐需要定期进行检查维修和清除罐内沉积物。清除方法主要是利用人工，但人工清除劳动强度大、施工周期长、安全性差、容易造成人员伤亡，而且清出的不溶沉淀物不能合理利用，一般充当垃圾外运，存在严重污染环境等问题。

2.1.1.3 洗油不溶物的再利用

为了避免洗油不溶物充当垃圾外运污染环境，最初把清出的洗油沉积物外运精煤厂配入精煤中作为炼焦煤使用。但是洗油沉积物比较黏稠，不容易和精煤混匀，造成精煤在入炼焦炉过程中易堵塞破碎机（精煤在入炉之前要经过破碎机粉碎达到一定的细度）和煤仓嘴，处理堵塞很困难，使洗油沉积物配入炼焦煤的再利用受到限制。后来经过反复试验摸索，发现洗油沉积物通入直接蒸汽加热后，洗油中的大部分絮状不溶物熔化为液体（大部分洗油不溶物遇到高温后会出现熔融、蒸发）；没有熔化的部分洗油沉积物，由于蒸汽的加热搅拌作用扩散在熔化液中，在短时间内形成稳定的悬浮液（没有溶解的不溶物在熔化液内短期不会再形成新的沉积物）。此时，在洗油罐底放空口连接管处安装一台临时泵，把洗油沉积物熔化液用泵送入鼓冷工段的机械化焦油氨水澄清槽内和焦油、氨水进行混合，使洗油不溶沉积物溶解在焦油中（溶解洗油不溶物后的焦油，通过化验分析，焦油的各项质量指标基本不受影响），达到了回收综合利用的目的。具体的回收操作工艺如图 2－1 所示。

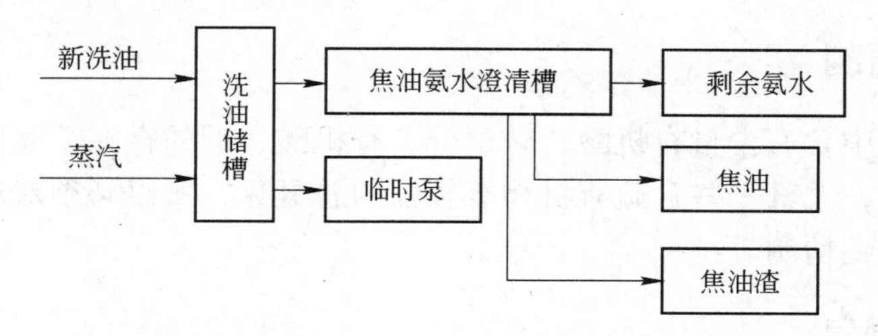

图 2－1　洗油不溶物回收分离工艺

在向洗油槽中通入直接蒸汽加热不溶物时，一定要控制好不溶物的加热温度。加热温度过高，不溶物蒸发成气体随蒸汽排入大气中污染环境；温度偏低，不溶物难以熔化，经过反复实验，加热温度控制在 75～85℃ 比较适宜。另外，不溶物混合液送入鼓冷工段机械化焦油氨水澄清槽后，大部分不溶物溶解在高温焦油中，作为焦油产品外售；没有溶解的不溶物，沉积在机械化焦油氨水澄清槽底部随焦油渣排出，排出的焦油渣脱水后和筑路沥青混配，作为筑路柏油铺设路面使用。而在加热洗油不溶物过程中，产生的水蒸气冷凝液在机械化氨水澄清槽中随氨水一起分离出去，送公司污水处理站进行生化处理后外排。

2.1.2　保证油品质量的管理措施

2.1.2.1　严格油品入库验收制度

在洗油入库过程中，应做到洗油实物与质量标准相符合，不符不接收。针对新购洗油含酚高、初馏点低和 300℃ 馏出量偏少的质量问题，要从源头购进抓起，来稳定新洗油质量。控制洗油的酚含量、初馏点、300℃ 馏出量和含水量，因为酚和水的存在易使洗油变稠，黏度增大，破坏洗苯操作；300℃ 馏出量偏少说明洗油中含有蒽油偏多，容易造成蒽在洗油中结晶沉积，堵塞洗苯塔填料，影响洗苯效果。

2.1.2.2　储运管理

在购进洗油过程中，运输洗油的车辆最好使用专一的洗油罐车运输，如果不能使用专一的洗油罐车运输，可在装车前对油罐进行清洗，避免其他油种污染洗油，引起洗油变质，影响到洗油质量。

当洗油罐底部出现一定量的洗油不溶物时，要及时利用直接蒸汽加热外送机械化焦油氨水澄清槽，使不溶物很好地溶解在焦油中，避免洗油中的不溶沉积物过多进入贫油系统后，积存到洗苯塔填料上，增加洗苯塔阻力，影响洗苯效果及整个粗苯回收系统的正常生产。另外，洗油不溶物和焦油混溶后的综合利用，不但节约了能源，而且还具有明显的经济效益和社会效益，值得在同行业推广应用。

2.2　洗油精制

由于洗油中含有少量有机酸、碱组分，有机酸、碱的存在，既腐蚀设备，又影响产量质量，尤其一些含硫有机物有较强的恶臭味，所以必须对洗油进行酸碱洗涤，使其得到精制。

2.2.1　碱洗精制

碱洗的目的是除掉油品中的硫化氢、硫醇、环烷酸和酚类。酚类是柴油馏分中最有害的组分，能提高油品的残炭值，引起腐蚀以及降低抗震性和热值。碱洗时的用碱量，一般依油品中酸性物质的含量来确定，可根据酸性油的数量、酸值进行计算。

碱洗操作应注意以下几点：

（1）碱液的浓度。当油品酸值较高时，易采用较高浓度的碱液进行中和。如采用30%浓度的氢氧化钠溶液，对除去有机酸较彻底。但碱液浓度过高时，易使碱分离不净，在水洗时产生皂化，结果使有机酸重返油中。为防止皂化，宜采用10%～20%的碱液浓度。

（2）碱洗温度。在较低的温度下使用浓碱液，可以减少环烷酸皂的水解作用，对除酸有利。但低温时，浓碱液容易造成油品乳化。因此，在实际操作中，采用较高的温度和低浓度的碱液进行碱洗是适宜的，碱洗温度一般为70～90℃。

（3）防止油品乳化。在碱洗过程中，如果温度、浓度、搅拌等操作条件不当，很容易造成油品乳化。解决乳化的问题，首先应立足于防止乳化液的产生，因为乳化后进行破乳是很复杂的。在实际生产中，当搅拌速度过高时就容易让油品乳化，所以选择合适的搅拌速度是碱洗过程中的重要的工艺条件。破乳有加热破乳和化学破乳两种方法。化学破乳是利用破乳剂破乳，对于亲水型乳液（水包油型），可选用酒精、食盐、氯化钙等水溶液作破乳剂，对憎水型乳液（油包水型），可采用硫酸、环烷酸钠等溶液作破乳剂。

2.2.2 酸洗精制

酸洗的目的是利用浓硫酸在一定条件下使油品中的某些组分起强烈的化学反应，对某些组分起溶解作用，从而将油品中的有害组分除去[3]。影响硫酸精制效果的因素有：

（1）硫酸浓度。用于油品精制的硫酸要有足够的浓度。若硫酸浓度过低，不能对非理想组分起溶解、缩合和磺化作用，使精制作用不充分。硫酸浓度越高，精制能力越强。但浓度过高时，因磺化反应过于强烈，又会降低油品的收率，同时还使油中磺酸量过多，导致中和困难。一般使用浓度在70%～80%的硫酸较为适宜。

（2）反应温度。不同的油品要求不同的硫酸精制温度。当温度太低时，对于黏度较大的重柴油，由于与硫酸接触不均匀，反应不充分，使酸渣沉降困难，需要沉降时间长。但温度过高，由于反应过于强烈，又会使油中的部分理想组分也参与反应，并遭到破坏，同时还产生过多的油溶性磺酸，增大了基础油的酸值。因此，在能够确保顺利分渣的条件下，硫酸精制的反应温度不宜过高，一般在40～50℃比较适宜。

（3）硫酸用量。硫酸的用量对油品的质量、颜色影响很大。在保证硫酸充分参与反应的前提下，加大硫酸量，会使油品精制程度加深。但硫酸用量过大，不但对油品质量不利，使油品抗氧化性变差，还会显著降低油品的收率，增加油品的成本。合理的硫酸用量需通过具体试验才能确定。根据试验结果，硫酸用量在5%～10%之间比较适宜。

（4）反应时间。在硫酸精制过程中，掌握好油与硫酸反应的时间，以及酸渣沉降时间，对于酸洗油的质量有重要意义。若接触时间不足，硫酸不能与油充分进行反应，一部分硫酸就会浪费，而且油中非理想组分不能彻底除去。若接触时间过长，酸渣中某些组分反倒会溶于油中，影响油品的质量。为缩短反应与沉降时间，在操作中应采取以下措施：将硫酸缓慢均匀洒入，加强搅拌，保持适当的反应温度，使硫酸与油充分进行化学反应；在酸反应后，加入适量的水，加速酸渣沉降，缩短静置分层时间。

2.3 洗油精馏工艺

由于洗油中含有一些高沸点组分，需要进行分离。实现各组分分离的方法很多，有蒸馏、萃取、结晶等，其中蒸馏是最常用的分离手段，也是最有效的分离方法。精馏的目的是除去油品中所含的水分以及一些高沸物，从而提高油品的质量。精馏得到的产品随着馏分温度的升高，颜色逐渐加深。影响油品颜色的主要因素是洗油中胶质的存在。一般情况下，胶质存在于300℃以上的馏分中，并且胶质的存在，对油品的黏度，浊度都有很大的影响，故少量的胶质会给油品的质量带来显著的影响。在300℃以前的馏分中胶质的含量极少，而绝大多数胶质都在300℃以后的馏分中，因此切除掉300℃以上的馏分对油品的质量有利。同时，300℃以上馏分含量一般为洗油的15%左右，可作为副产物去进一步加工制作炭黑油[4]。

洗油的特点是具有较小的H/C比，平均相对分子质量大，密度大，馏程相对较窄，因含有一些含硫化合物，还具有较强的恶臭味。由于缺少240℃以前的轻质馏分，制得的柴油，低温启动性不好，但燃烧值高，爆发力强。洗油馏程实验数据见表2-2。

表2-2　洗油馏程实验数据

馏程/℃	体积分数/%	馏程/℃	体积分数/%
243（初馏点）		275~280	7.5
243~250	6.25	280~285	5.25
250~255	6.25	285~290	3.25
255~260	14.75	290~295	2.75
260~265	14.50	295~300	2.25
265~270	12.50	>300	15.00
270~275	9.75		

2.3.1　洗油切取窄馏分的加工工艺

经过碱洗脱酚和酸洗脱喹啉盐基的洗油，在塔板数为60~70的三个浮阀塔内切取窄馏分，其工艺流程见图2-2，所得产品组成与规格见表2-3。

该工艺在鞍钢化工总厂实施。

表2-3　产品组成与规格

工艺名称	馏分名称	产品成分								产率/%	规格
		萘	β-甲基萘	α-甲基萘	联苯	二甲基萘	苊	氧芴	芴		
洗油脱萘	萘油馏分	79.9	11.4	6.5						15~20	含萘≥74%
	低萘洗油	7.7	17.4	8.7	4.1	16.5	21.1	15.8	6.2	56~60	含萘≤8%，含酚≤0.5%，300℃前流出量≥90%
	脱萘残油						6.3	31.7	37.5	20~30	

续表 2 – 3

工艺名称	馏分名称	产品成分								产率/%	规格
		萘	β – 甲基萘	α – 甲基萘	联苯	二甲基萘	苊	氧芴	芴		
低萘洗油除萘	轻质洗油	12.2	31.3	15.4	7.0	23	9.2	0.98		50 ~ 60	含苊 < 10%，含萘 < 15%，甲基萘 > 40%
	苊油馏分	0.65	3.6	2.0	1.0	13	60	18.5	1.0	22 ~ 25	
	重质洗油	0.18	0.17	0.12		8.3	5.19	36.36	23.6	23 ~ 25	含苊 < 10%，初馏点≤280℃
轻质洗油提取甲基萘	萘油馏分	65								5.4	
	甲基萘馏分	8.1	48.2	27.8	7.1	1.2				35 ~ 40	优级含萘 < 5%，甲基萘≥75%，Ⅰ级含萘≤10%，甲基萘≥70%
	中质洗油	0.7	13.7	11.2	10.6	50.8	12.9	0.43		30 ~ 40	含苊≤18%，含萘 < 2%，初馏点≥250℃，干点≤268℃
	轻质残油	0.4	8.0	7.3	9.0	55.2	20.1			23	含苊 < 18%，初馏点 > 265℃
苊油馏分提取工业苊	工业苊		0.35	0.43			96.2	3.1			
	残油	0.9	6.4	4.4	2.4	20.4	38.4	22.9	3.6	> 1.2	

国外洗油加工以日本新日铁化学公司的洗油加工工艺最先进，不仅能提取纯度很高的 β – 甲基萘，还能提取工业萘、工业甲基萘、工业苊和优质洗油。原料除洗油外，还有含萘或甲基萘较高的馏分，其工艺流程见图 2 – 3。

新日铁化学公司的洗油加工流程为：焦油洗油与其他装置来的萘油混合后进碱洗塔[5]，用一定浓度的 NaOH 溶液洗涤脱酚，通过控制碱洗塔的液位分离已洗混合分和酚盐。已洗混合分经管式炉加热后送入混合分蒸馏塔，蒸馏切取低萘洗油、中油和残油，洗油用于洗苯，残油经精馏得工业苊，中油经管式炉加热后进入工业萘蒸馏塔中切取工业萘、甲基萘和残油。甲基萘油用泵送至酸洗塔，用浓度 30% 的 H_2SO_4 洗涤，以脱除吡啶和喹啉。酸洗后的甲基萘油呈酸性，在中和塔里加入适量的 NaOH 中和至接近中性。然后，在甲基萘蒸馏塔中蒸馏切取工业甲基萘和残油，再将工业甲基萘精馏得纯度大于 98% 的 β – 甲基萘。

为脱除 β – 甲基萘中含量较高的吲哚，可先用酸洗涤工业甲基萘脱除吲哚，再蒸馏制取纯度大于 98% β – 甲基萘。也可用酸脱除纯度大于 98% β – 甲基萘中的吲哚，再进行脱色蒸馏。总之，采用上述洗油加工工艺，可获得优质洗油、工

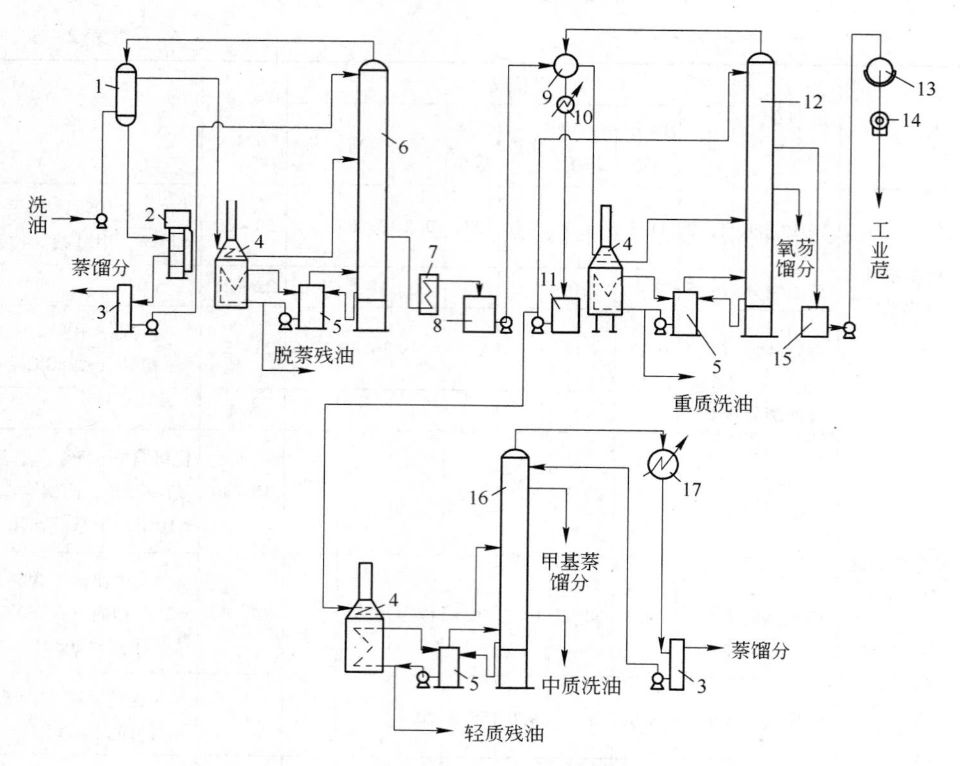

图 2-2　洗油切取窄馏分的工艺流程

1—预热器；2—汽化冷凝器；3—回流柱；4—管式炉；5—蒸发器；6—脱萘塔；7，10—冷却器；8—脱萘洗油槽；9—换热器；11—轻洗油槽；12，16—精馏塔；13—结晶机；14—离心机；15—苊馏分槽；17—冷凝冷却器

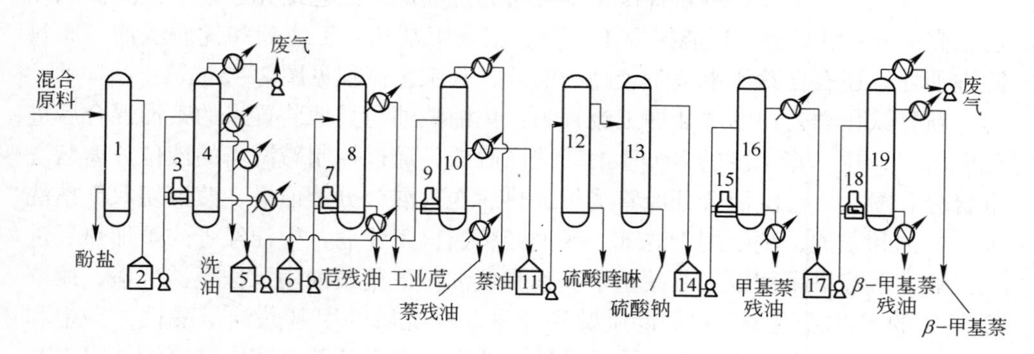

图 2-3　新日铁化学公司洗油加工工艺流程

1—碱洗塔；2—已洗混合原料槽；3—混合原料加热炉；4—混合原料蒸馏塔；5—中油槽；6—苊油槽；7—苊油加热炉；8—苊油蒸馏塔；9—工业萘加热炉；10—工业萘蒸馏塔；11，14—甲基萘油槽；12—酸洗塔；13—中和塔；15—甲基萘加热炉；16—甲基萘蒸馏塔；17—工业甲基萘油槽；18—工业甲基萘加热炉；19—工业甲基萘蒸馏塔

业芘、工业萘、工业甲基萘和纯度大于98%的β－甲基萘等产品。产品中的工业甲基萘和β－甲基萘可根据市场需求来决定产量。

新日铁化学公司洗油加工工艺的特点：

（1）原料的适应范围广，不仅可加工洗油，而且可加工其他萘油和甲基萘油。

（2）原料处理量大，由于使用高效填料，产品的纯度高，其中β－甲基萘的纯度可达到98%以上。

（3）甲基萘油以气相形式采出，可防止甲基萘油的乳化。

（4）混合分蒸馏和填料精馏塔均采用负压蒸馏，可降低系统的温度和对材质的要求，从而保证系统的顺利生产。另外，可充分利用装置自产的蒸汽和温水，降低装置的能耗。

2.3.2 洗油恒沸精馏的加工工艺

洗油恒沸精馏加工工艺采用的原料为工业萘塔底油，其工艺流程见图2－4，原料组成见表2－4，蒸馏曲线见图2－5。由图可见各组分很难分开。

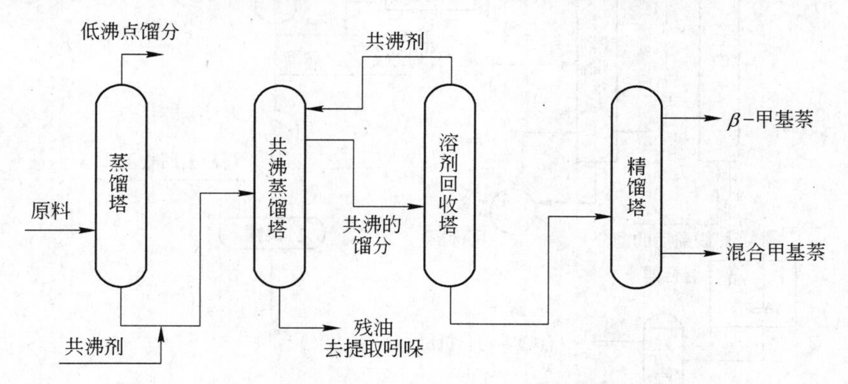

图2－4 洗油恒沸精馏加工工艺流程

表2－4 原料组成

组 分	萘	硫杂茚	喹啉	β－甲基萘	α－甲基萘	异喹啉	吲哚	联苯	其他
质量分数/%	6.3	1.4	8.5	45.5	19.1	1.6	3.2	3.7	10.7
沸点/℃	218	222	238	241	245	243	253	255	

2.3.3 洗油萃取精馏的加工工艺

洗油萃取精馏加工工艺方案是美国的Stephen E. belsky等人提出的，其工艺流程见图2－6。脱酚脱盐基的洗油进入蒸馏塔底部，萃取蒸馏溶剂也送入蒸馏

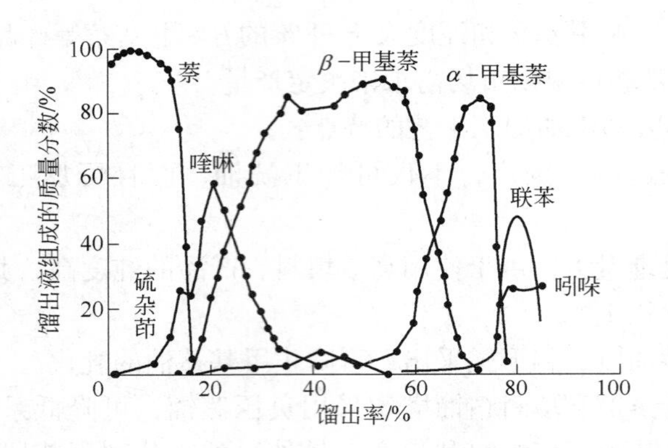

图 2－5　蒸馏曲线

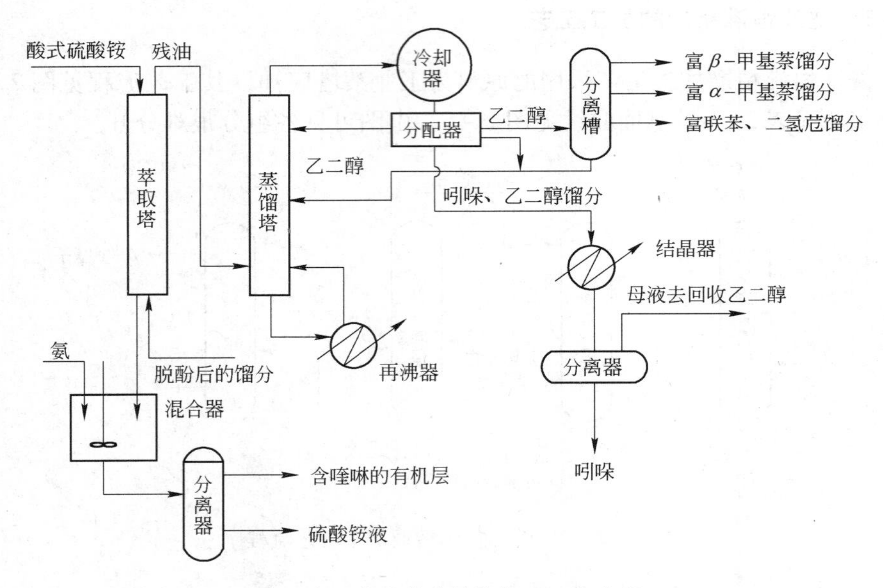

图 2－6　洗油萃取精馏加工工艺流程

塔，抑制吲哚蒸气的形成，并使之不与甲基萘形成恒沸物，直至其他物质从塔顶馏出为止。塔底由重沸器循环供热，高沸点组分适当排出。塔顶的馏出物经冷凝冷却后送到分配器，其中一部分作为塔顶回流，其余采出。最先采出的β－甲基萘馏分、α－甲基萘馏分和联苯、二氢苊馏分在分离槽中分离成碳氢化合物相和乙二醇相。第四种馏分主要是乙二醇，它与分离槽下部的乙二醇一起回到蒸馏塔。第五种含有乙二醇的吲哚馏分送至结晶器，在此形成吲哚乙二醇的浆液，经离心分离后得到吲哚晶体，母液用蒸馏法回收乙二醇，蒸馏残液返回到结晶器或蒸馏塔。

2.3.4 洗油再生工艺

武钢焦化公司一回收车间粗苯回收采用的是1958年的老工艺，其工艺流程见图2－7。洗苯塔底流出的富油主要进入脱苯塔脱苯，但为了保持循环洗油的质量，必须将1.0%～1.5%的富油引入再生器再生。在再生器中用0.8～1.0MPa的间接蒸气将洗油加热到160～180℃，并用过热蒸汽吹蒸；从再生器顶部吹蒸出来的温度为155～175℃的油气和通入的水蒸气进入脱苯塔底部，残留于再生器底部的高沸点聚合物及油渣作为树脂沥青排出。脱苯塔底部出来的贫油进入贫油槽，塔顶分缩器上部出来的粗苯进入两苯塔蒸馏，分缩器中部出来的轻分缩油进入脱萘塔蒸馏，分缩器底部出来的重分缩油循环到富油泵前；两苯塔顶出来的轻苯送到精苯工段精制分离出3种苯，塔底出来的粗重苯到脱萘塔进一步分离；脱萘塔顶出来的重苯送到苯精制工段的粗制塔生产轻苯和粗制残渣，中部出来的送萘到萘精制工序的油槽中，底部出来的洗油进贫油槽[6]。

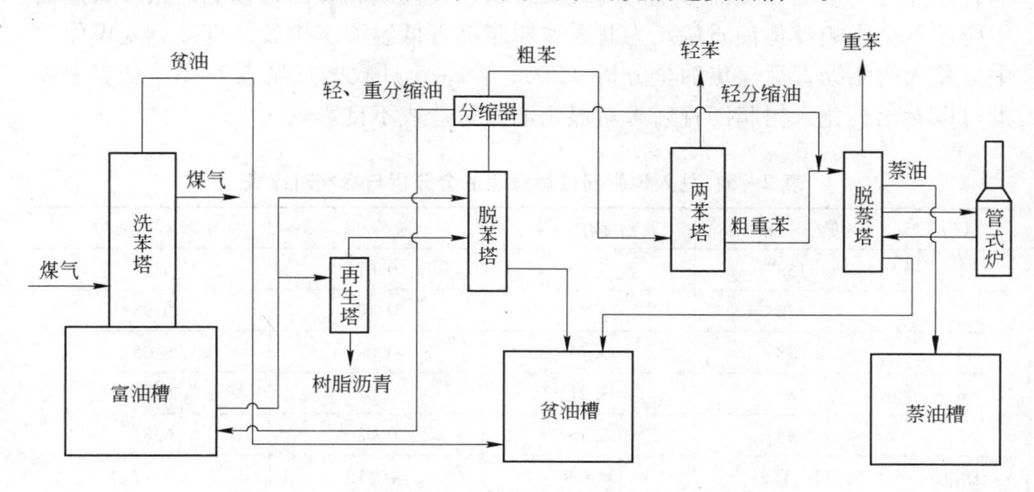

图2－7 洗油再生工艺流程

2.3.4.1 该工艺存在的问题

A 典型的小而全的工艺

首先，此工艺生产的各种产品数量都很少。重苯80t/月，萘油85t/月，树脂沥青19t/月，而回收的洗油只有15t/月左右。其次，每种产品的质量都不高。重苯要送苯精制工段进一步分离出轻苯和残渣；萘油原设计是送工业萘蒸馏，但由于此萘油成分和颜色都不能满足要求，焦油车间又把此萘油送到焦油废油槽，再由焦油废油槽配入焦油槽中。另外，此套工艺的流程长且设备复杂。

B　引起的环境污染严重

为了保证循环洗油质量，该工艺把1.0%～1.5%的循环洗油送到再生器进行再生处理，再生器底部排出的树脂沥青是露天高温液态排放。树脂沥青释放的烟气对大气污染严重，落地的树脂沥青对周围地面污损严重。从回收车间送萘油到焦油车间的管线长800m，由于萘油具有易结晶的特性，为防止堵塞管道，需要用蒸汽保温，造成了巨大的能源浪费。

C　树脂沥青销售困难

树脂沥青是按照软化点80～90℃排放，凝结成固态后销售。但武汉地处南方，每年夏天武汉气温很高，树脂沥青成流体状，外销困难。进行环保投资也存在成本过大的问题。

2.3.4.2　优化措施

A　将树脂沥青兑入焦油

针对树脂沥青存在污染和销售难题，对树脂沥青成分进行分析后认为，树脂沥青是煤气中苯类和洗油形成的高级聚合物，其性质和煤沥青相似，兑入煤焦油中应该不会影响煤焦油质量。为此采取树脂沥青低温液态排放，直接兑入煤焦油中。兑入树脂沥青后煤焦油全分析（2006年1～5月数据）见表2－5。从表中数据可以看出，兑入树脂沥青后未对煤焦油质量造成不良影响。

表2－5　兑入树脂沥青后煤焦油全分析与标准对比表

月份	密度/g·cm^{-3}	黏度/Pa·s	灰分/%	甲苯不溶物/%
1	1.158	3.10	0.07	6.13
2	1.178	2.88	0.10	6.98
3	1.188	3.14	0.09	6.05
4	1.188	3.21	0.07	6.13
5	1.185	3.45	0.08	6.81
标准	1.15～1.21	≤4.0	≤0.13	3.5～7.0

B　取消脱萘塔

取消脱萘塔后，轻、重分缩油循环到富油泵前，然后要解决的就是粗重苯的去向问题。对粗重苯质量进行分析，其质量指标见表2－6。

表2－6　粗重苯质量指标

时　间	密度/g·cm^{-3}	150℃前馏分/%	含萘/%
2005－10－20	0.960	30.0	42.60
2005－11－23	0.998	45.5	45.60

续表 2－6

时　间	密度/g·cm^{-3}	150℃前馏分/%	含萘/%
2005－12－02	0.995	40.0	39.00
2005－12－05	0.932	43.0	40.51
平均值	0.971	39.6	41.92

根据粗重苯的质量指标，拟定了如下处理方案：

（1）粗重苯直接送到苯精制工段进行蒸馏。在蒸馏中发现由于其含萘平均达到41.92%，而萘具有升华属性，这就导致萘很容易通过粗制塔混进苯精制的后续工序中，进而导致苯系产品的比色和溴价超标。因此，粗重苯送苯精制工段不是最佳方案。

（2）粗重苯直接对外销售。但在销售过程中发现粗重苯和水很难分离，外销粗重苯含水很高，最高达到22%，质量异议不断。经过分析认为，粗重苯的密度为0.971g/cm^3，和水相差不多，所以很难与水分离。因此，粗重苯对外销售也不可行。

（3）粗重苯兑入焦油中。在淘汰以上两种方案后，对粗重苯的组成进行了更深入的分析。粗重苯150℃前馏分的质量分数平均为39.6%，而150℃前馏分主要是苯、甲苯和二甲苯的混合物。粗重苯中萘的质量分数达到41.92%，说明粗重苯中含有许多珍贵的化工原料，把它兑入焦油中加工升值应该是很不错的选择。但粗重苯密度和水差不多，且比水略轻，很容易浮在氨水上面，若带入循环氨水中会给焦炉生产带来不利影响。另外，粗重苯浮在氨水上面，挥发出来的苯蒸气容易形成爆炸性气体造成安全事故，还容易污染环境。所以兑入焦油中也同样存在需要解决的技术问题。树脂沥青和粗重苯在同一工序，而外排的树脂沥青密度在1.20g/cm^{3}左右，经过比较，决定利用粗苯工序的送油泵，在泵头把粗重苯和树脂沥青混合，通过泵叶轮的充分搅拌作用，使树脂沥青和粗重苯均匀混合在一起，泵头出来的混合物密度在1.15g/cm^{3}左右，再把此混合物送入焦油中，其和焦油能完全互溶。通过仪表对焦油槽区周边环境检测，苯蒸气浓度小于3×10^{-6}（职业安全卫生要求苯蒸气浓度小于10×10^{-6}），油槽放散口苯蒸气浓度小于500×10^{-6}（苯蒸气的爆炸极限为12×10^{-3}）。槽区和油槽放散口的苯蒸气浓度全部在安全范围内，氨水质量也未发生变化。由此证明，粗重苯兑入焦油中是成功的。粗重苯兑入焦油后，焦油蒸馏生产正常，轻苯（轻油）产量提高30t/月以上。优化后的工艺流程见图2－8。

在2005年9月确定了粗重苯的去向之后，为了确定粗重苯的采出量，保证既采出萘又不增加循环洗油消耗，做了如下测算：终冷塔后煤气含萘在0.3～0.4g/m^{3}之间（平均0.35g/m^3），回收车间粗苯煤气处理量150000m^3/h，假定洗

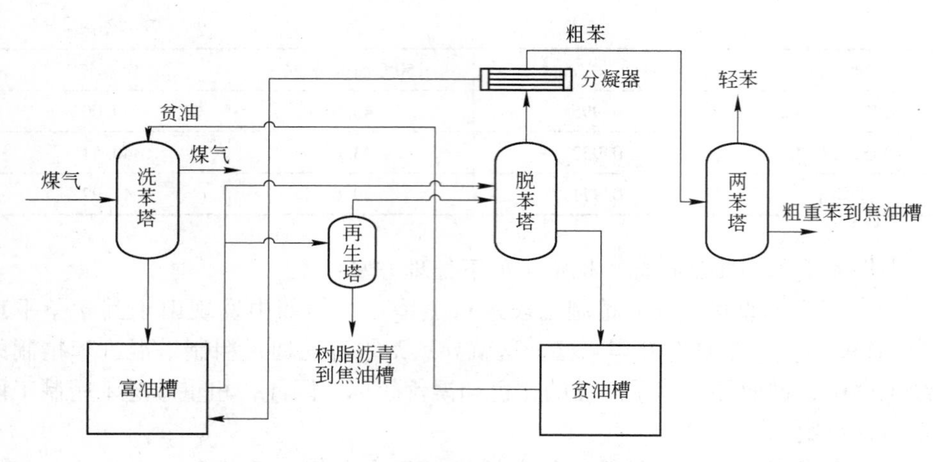

图 2-8 洗油再生优化工艺流程

油对萘的脱除率为100%，24h进入洗油中的萘量为24×150000×0.35/(1000×1000) t=1.26t。根据测算，粗重苯含萘平均约为41.92%，则每天只需排出3t左右的粗重苯就能满足生产需要。为了保证在取消脱萘塔后循环洗油含萘不超标，还强化了煤气初冷和终冷操作，稳定了煤气的冷却温度，以此保证大部分萘在初冷和终冷阶段冷却下来。

2.3.4.3 优化效果

A 煤气系统运行正常

煤气是武钢生产的关键能源，工艺优化不能影响煤气系统的正常运行。经过以上工艺优化之后，鼓风机后压力稳定在15～16kPa，洗苯塔阻力一直稳定在0.95～1.05Pa，这就说明脱萘塔停产并没有恶化洗苯塔的操作，洗苯效果没有受到影响。

洗油再生工艺优化的另一个很重要的指标是洗苯效果。如果洗苯效果降低，那么此工艺改进就是失败的。为便于比较，对工艺优化前后的塔后含苯量进行了化验，具体见表2-7。从表中数据可以看出，洗苯效果不仅没有受到影响，而且还略有提高。

表 2-7 工艺优化前后塔后含苯量

月　份	2005年塔后含苯量/%	2006年塔后含苯量/%
1	2.35	2.19
2	2.25	1.80
3	2.82	1.67
平均	2.47	1.89

B 循环洗油质量和洗油消耗基本正常

循环洗油质量好坏的一个重要指标就是其含萘水平，通过以上工艺优化，循环洗油中的萘大部分被粗重苯带走。经过检测，循环洗油质量保持了较低的含萘水平，循环洗油含萘没有很明显的变化，其质量对比情况见表 2－8。

表 2－8 优化工艺后循环洗油含萘水平

时 间	含萘量/%
2004 年（全年平均）	11.37
2005 年 1～6 月	8.44
2006 年 1～6 月	10.09

洗油再生工艺通过优化，完全能满足生产的需要，同时在生产安全、环境保护、能源消耗等方面也得到了很大改善。此项工艺优化投入很少，但却取得了可观的经济效益和社会效益。因此，本工艺的优化措施对同类型工艺的优化改造具有很好的借鉴作用。

2.3.5 洗油加工柴油的工艺

原料洗油先经过碱洗、酸洗后，再经水洗至中性，然后精馏即可得到产品柴油，其工艺流程见图 2－9。

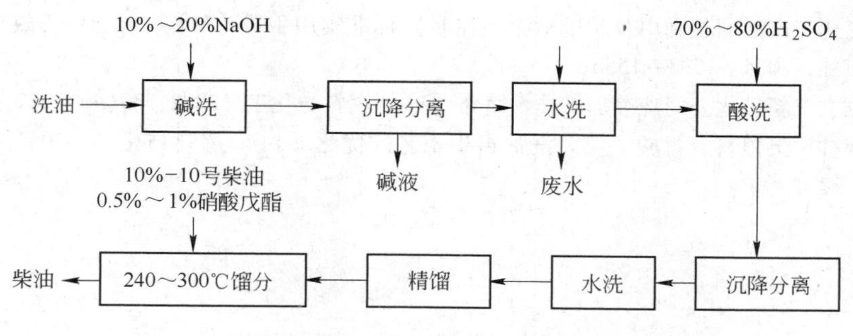

图 2－9 洗油加工柴油工艺流程

由于洗油制得的柴油缺少 240℃以前的轻质馏分，因此产品柴油低温启动性能较差。针对这一问题，采取了如下措施，将其与石油制得的柴油进行调配。经试验，使用 10% 的 －10 号柴油与 89% 的产品柴油调配，并加入助燃剂硝酸戊酯。硝酸戊酯是一种很好的助燃剂，但其用量不能太多。用量多一则会使产品成本增加，更重要的是硝酸戊酯是一种易燃易爆物质，用量多，会增加产品的不安定因素，因此必须限制其用量。经试验，认为硝酸戊酯用量为油品的 0.5% ～1% 效果较好。改进后的产品经检验可达到 －10 号柴油标准，其测定结果见表 2－9。

表 2－9 调和柴油的各项标准测定

项 目		实验数据	项 目	实验数据
馏程	50%馏出温度/℃	270	闪点（闭口）/℃	65
	90%馏出温度/℃	310	凝点/℃	－13
运动黏度/$m^2 \cdot s^{-1}$		6.0×10^{-6}	水溶性酸或碱	无
机械杂质		无	腐蚀（铜片，50℃，3h）	合格

洗油加工柴油这一生产技术已在大同兴泉化工厂应用，效益很好，用户普遍反映良好。由于柴油用量日益增加，而我国煤焦油产量很大，如果这一技术得以推广，在一定程度上可以缓解我国能源紧张的局面。

参 考 文 献

[1] 何庆香，程红，王国平，等．浅析洗油深加工工艺［J］．包钢科技，2002，28(6)：10～11.

[2] 刘中强，苏涛，庞玉亭．洗油不溶物的产生原因和再利用［J］．河北化工，2010，33(7)：52～53.

[3] 王守凯．一种洗油加工工艺及其产品的应用［J］．湖南化工，1999，29(5)：36～37.

[4] 炼焦化工产品回收利用及质量检测（控制）标准实用手册［M］．合肥：安徽文化音像出版社，2004：1533～1556.

[5] 张雄文．新日化公司洗油加工技术简介［J］．燃料与化工，2002，33(4)：212～213.

[6] 罗小林，吴恒喜，肖骏，等．洗油再生工艺的优化［J］．燃料与化工，2007，38(2)：30～33.

3 萘

萘按生产原料不同分为煤焦油萘和石油萘，目前国内外大多数企业主要从煤焦油中提取萘。萘是有机化学工业的基本原料之一，应用在染料、颜料、橡胶助剂、润湿剂、表面活性剂、医药和农药中间体或产品的生产中。

3.1 萘的理化性质、用途及分布

3.1.1 萘的理化性质

萘的分子式为 $C_{10}H_8$，相对分子质量为128；遇明火、高热可燃，燃烧时放出有毒的刺激性烟雾；与强氧化剂如铬酸酐、氯酸盐和高锰酸钾等接触，能发生强烈反应，引起燃烧或爆炸；粉体与空气可形成爆炸性混合物，当达到一定的浓度时，遇火星会发生爆炸。

3.1.1.1 萘的物理性质

萘在常温下是白色有光泽的片状晶体，有特殊的气味，溶于苯、甲苯、二甲苯、乙酸、四氢化萘、丙酮、四氯化碳、二硫化碳、甲醇、乙醇等大多数有机溶剂中。熔融的萘是各种有机化合物的优良溶剂，常温下在有机溶剂中难溶的靛蓝、硝基茜素蓝等染料可溶于熔融的萘。萘溶解大多数含磷、硫、碘的化合物。萘对水的溶解度极小，1L水中0℃时溶解0.019g，100℃溶解0.030g。萘在焦油油类和几种溶剂中的溶解度见表3－1。

表3－1 萘在一些溶剂中的溶解度

温度/℃	苯	甲苯	二甲苯	酚油	萘油	洗油	蒽油	－10号轻柴油	甲醇	乙醇	四氯化碳	硝基苯
60	77.0	72.5	70.5	70.0	67.0	61.6	56.0	46.34	37.89	44.45		
50	66.0	61.0	58.0	56.5	52.5	48.5	42.0	34.24	23.37	27.01		
40	55.0	50.0	47.5	45.5	42.0	36.0	33.0	24.94	15.25	15.25		45.0
30	45.0	41.0	38.3	36.1	33.0	28.9	26.5	16.34	10.71	11.82	31.0	34.5
20	37.0	33.0	30.0	28.0	25.6	20.0	20.0	14.59	7.83	9.26	23.2	26.6
10	30.0	26.0	23.0	21.6	19.3	13.9	14.8		5.30	7.06	16.2	20.0
0	20.3	20.0	17.8	16.0	14.2	9.6	10.8		3.85	4.85	12.0	15.7

3.1.1.2　萘的化学性质

以萘为原料，用五氧化二钒和硫酸钾作催化剂，硅胶作载体，于385～390℃用空气氧化得到邻苯二甲酸酐。在乙酸溶液中用氧化铬进行氧化，生成α－萘醌。加氢生成四氢化萘，进一步加氢则生成十氢化萘。在氯化铁催化下，将氯气通入萘的苯溶液中，主要得到α－氯萘。光照下与氯作用则生成四氯化萘。萘的硝化比苯容易，常温下即可进行，主要产物是α－硝基萘。萘的磺化产物和温度有关，低温得到α－萘磺酸，较高温度下，主要得到β－萘磺酸。萘易挥发，易升华，起取代反应比起加成反应容易。

3.1.2　萘的用途

萘是工业上最重要的稠环烃，主要用于生产苯酐、各种萘酚、萘胺等，是生产合成树脂、增塑剂、染料的中间体、表面活性剂、合成纤维、涂料、农药、医药、香料、橡胶助剂和杀虫剂的原料。萘的用途分配，各国有所不同。用于生产苯酐的大致占70%，用于染料中间体和橡胶助剂的约占15%，杀虫剂的约占6%，鞣革剂的约占4%。美国用于生产杀虫剂的比例较大，主要是用于生产西维因。以萘为原料，经过磺化、硝化、还原、氨化、水解等单元操作，可制得多种中间体。精萘的应用还在拓宽，新产品“超级塑性材料”即萘磺酸盐甲醛缩合物，可用作水泥添加剂，能够增加混凝土的塑性变形而不降低其强度。今后几年萘的需求量将以5%～10%的速度增长。

3.1.3　萘的生产分布

3.1.3.1　国内萘的生产分布

中国生产萘的企业主要集中在冶金系统，其中上海宝钢公司、辽宁鞍钢公司、湖北武钢公司、四川攀钢公司以及北京首钢公司是主要的萘生产大户。化工系统中，北京焦化厂、上海焦化厂、石家庄焦化厂等企业的产量也很可观，主要产品是工业萘[1]。精萘的生产厂家仅有鞍钢化工总厂、宝钢焦化厂、首钢焦化厂等少数厂家，其中鞍钢化工总厂精萘生产能力为2万吨，是目前我国工业萘和精萘生产能力和产量最高的生产企业。我国工业萘及精萘的生产规模较小。1996年工业萘的产量13.3万吨，精萘4万吨；1997年工业萘的产量11.7万吨，精萘5.1万吨。据炼焦行业协会统计，1999年工业萘的产量14.9万吨，精萘4.9万吨。近几年来工业萘及精萘的产量逐年所增加，据统计，2003年我国工业萘（包括精萘）的产量31.5万吨，2006年则增长为50万吨，2008年的产量约为58万吨。

20世纪90年代初，我国每年约消耗15万吨的工业萘和精萘；1995年国内工业萘的消费量为17.7万吨，精萘7.7万吨。20世纪90年代前后及90年代末我国萘的消费情况见表3－2和表3－3。

表 3-2 20 世纪 90 年代前后我国萘的消费构成

消费领域	苯酐	2-萘酚	卫生	甲萘胺	扩散剂	H 酸	其他
所占比例/%	66	13	7	3	3	2.4	5.6

表 3-3 20 世纪 90 年代末我国萘的消费构成

消费领域	苯酐	2-萘酚	H 酸	表面活性剂	其他	合计
消费量/万吨	8.26	5.12	1.50	1.59	1.22	17.7
所占比例/%	46.71	28.95	8.48	8.95	6.91	100

21 世纪前 10 年间，萘的消费构成出现了一些变化。萘系高效减水剂和染料及有机颜料中间体对于工业萘和精萘的需求出现逐年增加的趋势。据统计，2005 年高效减水剂的产量约为 110 万吨，其中工业萘的消耗量为 36 万吨。我国是世界上染料及有机颜料中间体的最大生产国，染料及有机颜料中间体的生产过程中消耗大量的精萘。2005 年我国染料及有机颜料中间体对精萘的需求约为 12.7 万吨。另外，萘在农用化学品和医药领域也有重要应用，主要产品包括植物生长调节剂和除草剂、熏蒸剂、鞣革剂、饲料添加剂、计生药品等，这将成为萘消费的主要增长点。目前，我国萘的出口量很少，且出口大多都为精萘。据海关统计，1997～2000 年我国精萘出口量分别为 1451t、1388t、1593.7t、4776t；2001 年 1～3 月份累计出口量为 147t，精萘出口最多的年份同期也未超过 300t。为满足国内市场需求，我国每年还进口部分精萘。2001～2004 年精萘进口量分别为 11590t、16100t、17581t、24743t。近几年国内精萘产量已经有了较大增长，但市场需求的增加远远高于产量的增加，因而依然无法摆脱对进口精萘的依赖。

3.1.3.2 国外萘的生产分布

A 北美洲

1996 年北美洲萘的总生产能力 17.3 万吨（包括石油萘），总产量 12.4 万吨/年。由于没有资源、受到钢铁工业的技术进步及其他因素的限制，为了适应新发展，位于加拿大 Napierrill 的 Recochem 公司通过设备改造适应原料的变化，具备了加工石油炼制馏分和煤焦油馏分生产萘的能力[2]。

1996 年，北美洲消费萘 12.6 万吨，苯酐是最大的用户、其次是表面活性剂、分散剂和高效混凝土添加剂。2005 年美国一些以萘生产 PEN 装置投入使用。如用萘生产 PEN 取得较大的进展，将需要更大的产能，新增产能有可能通过扩产（进口煤焦油）和生产石油萘来实现。

B 西欧

1996 年底西欧萘的生产能力为工业萘 18.1 万吨，精萘 8.5 万吨。最大的生产厂是吕特格公司的 VFT 煤焦油加工公司。受煤焦油供应的限制，西欧萘的生产能力从20世纪80年代中期开始下降。1996年西欧成品萘的消费量为11.4万吨，其中苯酐领域消费量最大，为4.5万吨。在萘系衍生物消费中，消费量最大领域是高效混凝土添加剂。用萘生产2，6－萘二甲酸在美国已成为现实。

C 日本

1996年日本萘的生产能力为24.1万吨。日本钢铁工业的技术进步正影响着日本对煤炭的需求，从而也影响了煤焦油的供应，为此日本一些厂商正在设法开发石油炼制萘的资源。1996年日本消费萘约为20万吨。苯酐、混凝土添加剂是两大主要消费领域。NipponKokan公司已和Chiyoda公司合作开发出用萘合成PEN的工艺路线，但目前装置能力还很小。未来日本萘的需求增长的主要领域为PEN，这将取决于未来几年PEN生产技术的开发程度。

其他地区一些大的萘生产装置有波兰的Bla－chownia公司（工业萘3.5万吨、精萘1.0万吨）、捷克共和国的Deza公司（工业萘2.4万吨、精萘1.0万吨）、韩国的Posco公司（工业萘4.2万吨、精萘1.0万吨）。许多公司正在通过生产精细化学品和研制PEN来增加萘的附加值。2000年，美国90%的萘由煤焦油生产，西欧煤焦油也占大部分，日本全部由煤焦油生产，三个地区萘的生产总值达270～280百万美元。2000年，美国、西欧、日本萘的生产能力分别为14.3万吨、23万吨、22.1万吨；开工率分别为75%、89%、81%；其中，西欧主要用于苯酐和萘磺酸的生产，占萘总消费量34%[3]。

3.2 工业萘的生产技术

根据煤焦油蒸馏工艺的不同，工业萘的生产原料有萘油馏分、萘洗混合馏分和酚萘洗三混馏分三种。工业萘的提取工艺有精馏法（双炉双塔、单炉双塔、单炉单塔）和结晶法等。工业萘精制率分别为：≥97%（萘油馏分）；96%～97%（萘洗混合馏分）；94%～95%（酚萘洗三混馏分）。所得工业萘产品国家标准见表3－4（GB 6700—86）。

表3－4 工业萘国家标准（GB 6700—86）

指标名称	一　级	二　级
结晶点/℃	≥78.0	≥77.5
不挥发物/%	≤0.04	≤0.06
灰分/%	≤0.01	≤0.02

3.2.1 精馏法

3.2.1.1 双炉双塔常压连续精馏

昆明焦化制气有限公司15万吨/年焦油加工装置配套的工业萘蒸馏系统采用

双炉双塔常压连续蒸馏工艺流程（见图3－1）[4]。

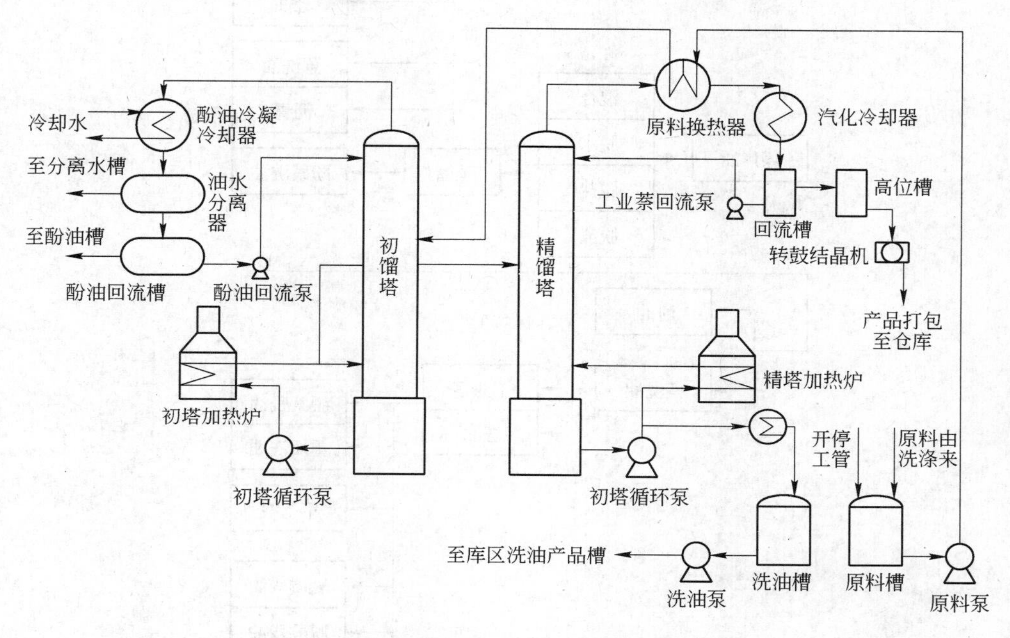

图3－1 双炉双塔工业萘蒸馏系统工艺流程

三混馏分经过洗涤工序碱洗脱酚成为已洗混合分，已洗混合分用原料泵送至工业萘换热器，换热后进入初馏塔进行精馏，分离成为酚油和萘洗油，初馏塔底部的萘洗油由初馏塔循环泵抽出，经管式炉加热后一部分送回初馏塔提供热量，其余部分送至精馏塔进行再次精馏。在精馏塔中，工业萘从萘洗油中分离出来，生产出合格的工业萘和洗油产品，精馏塔底部的洗油由精馏塔循环泵抽出，一部分经管式炉加热后送回精馏塔提供热量，其余部分作为洗油产品采出，冷却后送至洗油槽。工业萘生产工艺流程框图见图3－2。

3.2.1.2 单炉双塔加压连续精馏

单炉双塔加压连续精馏工艺流程见图3－3。脱酚后的萘油经换热后进入初馏塔。由塔顶逸出的酚油气经第一凝缩器，将热量传递给锅炉水使其产生蒸汽。冷凝液再经第二凝缩器进入回流槽，在此，大部分作为回流返回初馏塔塔顶，少部分经冷却后作脱酚的原料。初馏塔底液被分成两路，一部分用泵送入萘塔，另一部分用循环泵抽送入重沸器，与萘塔顶逸出的萘气换热后返回初馏塔，以供初馏塔热量。为了利用萘塔顶萘蒸气的热量，萘塔采用加压操作，压力靠调节阀自动调节加入系统内的氮气量和向系统外排出的气量而实现。从萘塔顶逸出的萘蒸气经初馏塔重沸器，冷凝后入萘塔回流槽，在此，一部分送到萘塔顶作回流，另

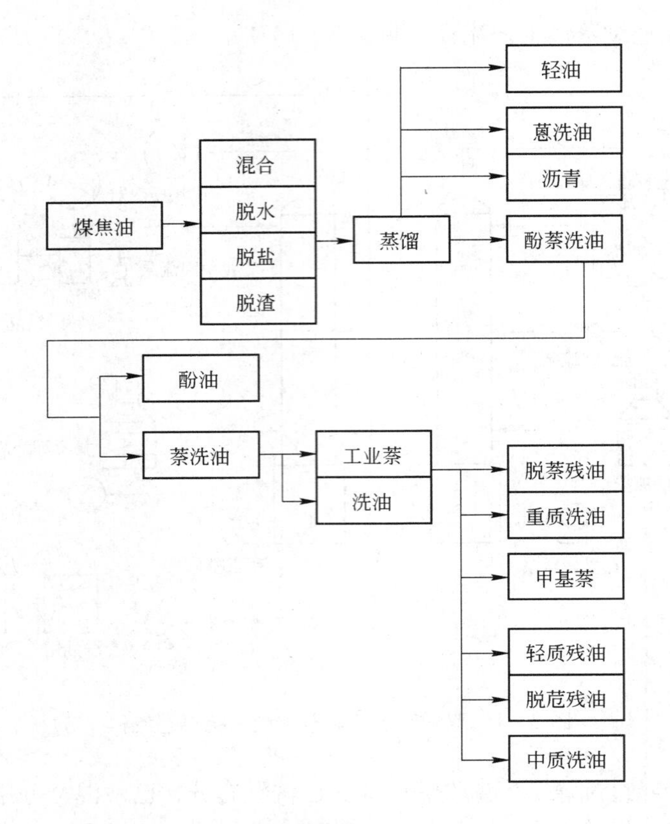

图 3－2　工业萘生产工艺流程图

一部分送入第二换热器和冷却器冷却后作为产品排入储槽。回流槽的未凝气体排入排气冷却器冷却后，用压力调节阀减压至接近大气压，再经过安全阀喷出气凝缩器而进入排气洗净塔。在排气冷却器冷凝的萘液流入回流槽。萘塔底的甲基萘油，一部分与初馏原料换热，再经冷却排入储槽；另外大部分通过加热炉加热后返回萘塔，供给精馏所必需的热量。

3.2.1.3　单炉单塔连续精馏

单炉单塔连续精馏工艺流程见图 3－4。已洗含萘馏分于原料槽加热、静置脱水后，用原料泵送往管式炉对流段，然后进入工业萘精馏塔。由塔顶逸出的酚油气，经冷凝冷却、油水分离后，流入回流槽，在此，一部分酚油送往塔顶作回流，剩余部分采出，定期送往洗涤工段。塔底的洗油用热油循环泵送至管式炉辐射段加热后返回塔底，以此供给精馏塔热量。同时，从热油泵出口分出一部分作洗油采出，经冷却后进入洗油槽。工业萘由精馏塔侧线采出，经汽化冷凝冷却器冷却后进入工业萘高位槽，然后放入转鼓结晶机。

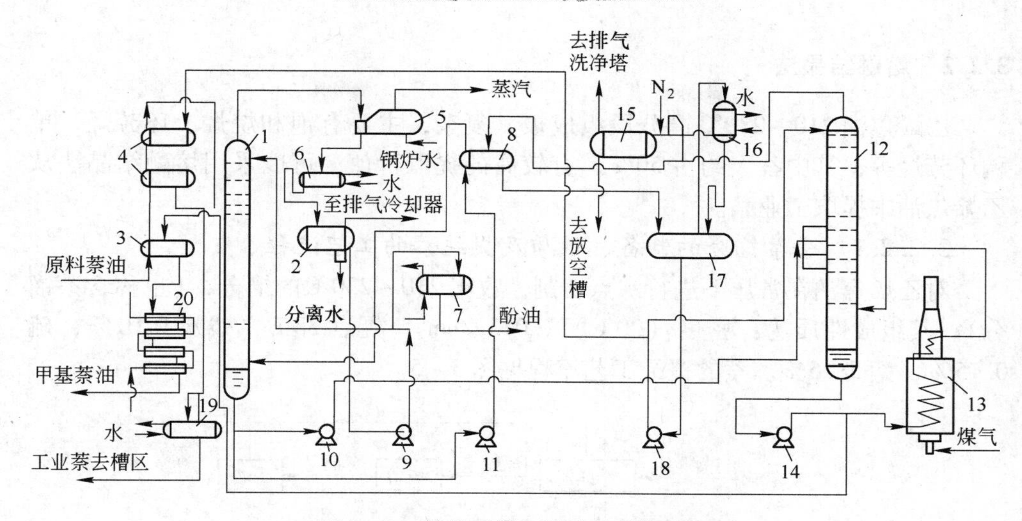

图3-3　单炉双塔加压连续精馏流程

1—初馏塔；2—初馏塔回流液槽；3—第一换热器；4—第二换热器；5—初馏塔第一凝缩器；6—初馏塔第二凝缩器；7—冷却器；8—重沸器；9—初馏塔回流泵；10—初馏塔底液抽出泵；11—初馏塔重沸器循环泵；12—萘塔；13—加热炉；14—萘塔底液抽出泵；15—安全阀喷出气凝缩器；16—萘塔排气冷却器；17—萘塔回流槽；18—萘塔回流循环泵；19—工业萘冷却器；20—甲基萘油冷却器

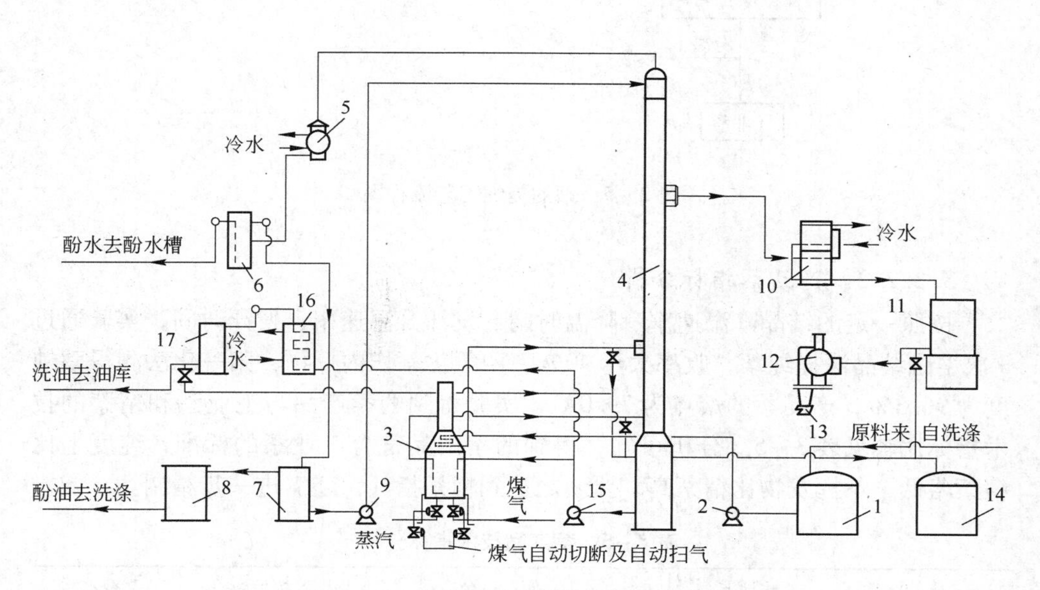

图3-4　单炉单塔工业萘连续精馏流程

1—原料槽；2—原料泵；3—管式炉；4—工业萘精馏塔；5—酚油冷凝冷却器；6—油水分离器；7—酚油回流槽；8—酚油槽；9—酚油回流泵；10—工业萘气化冷凝冷却器；11—工业萘储槽；12—转鼓结晶机；13—工业萘装袋自动称量装置；14—中间槽；15—热油循环泵；16—洗油冷却器；17—洗油计量槽

3.2.2　熔融结晶法

乙烯焦油 210～230℃ 馏分段组成极其复杂，主要有饱和烷烃、环芳烃、单稠环芳烃等，其中萘大约占 50%，有较高的提取价值。可以采用熔融结晶法从乙烯焦油中提取工业萘。

3.2.2.1　含萘馏分的制备、性质及提纯萘的工艺流程

对乙烯焦油在常压下进行沸点切割，收集 210～230℃ 的馏分，（也称含萘馏分）。其组成性质为：密度（20℃）1.013g/cm^3，凝点 38℃，残炭 0.01%，硫 0.15%，萘 58.5%。萘的提纯工艺流程见图 3－5。

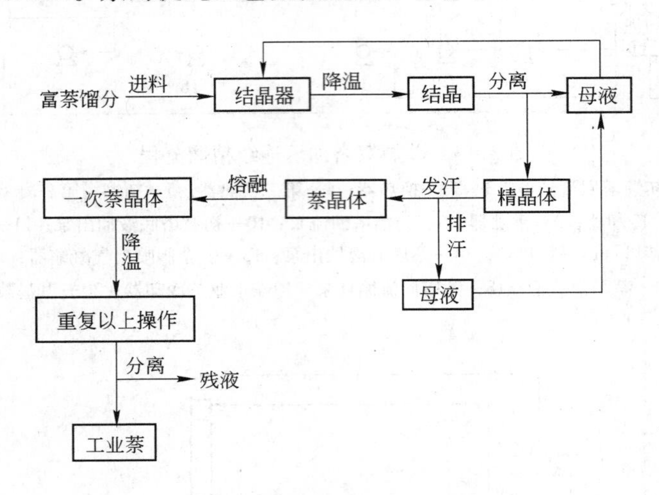

图 3－5　萘的提纯工艺流程图

3.2.2.2　产品萘指标分析

按照一定的结晶降温速率、降温时间、发汗升温速率、发汗时间，实验通过 3 次熔融结晶法提纯萘，收率大于 40%，四氢化萘作内标物，归一化法测得萘纯度为 96.3%，产品萘的熔点为 79.0℃，实验得到的萘产品与工业萘和精萘的技术指标比较见表 3－5。分析可知，得到的萘产品符合工业萘的标准，纯度上比精萘略低，不挥发物比精萘高，要使之达到精萘指标，还需进一步精制。

表 3－5　萘产品技术指标分析

指标名称	结晶点/℃	颜　色	不挥发物/%	灰分/%
工业萘技术指标	≥78	白色或微红、微黄色	≤0.04	≤0.01
精萘技术指标	≥79.3	白色，允许带微红或微黄色	≤0.02	≤0.008
产品	79.0	微黄色	0.035	0.008

用熔融结晶法提纯萘得到的萘纯度比较高，且不用添加任何其他溶剂，结晶过程中产生的母液可经前工序提纯再作为结晶过程的原料，无污染排放，因此是一个绿色工艺过程。

3.2.3 从萘油当中提取工业萘

3.2.3.1 萘油脱酚

工业萘油中含有大量的有机杂质，其对萘油的纯度影响很大。将萘油中的酚进行分离，既可以提高萘油的纯度又可以带来一些附加值，这对于工业生产是非常有利的。分离实质就是分离萘和酚类物质，而对于萘油中的其他物质如吲哚等起不到分离作用。

3.2.3.2 氢氧化钠溶液洗脱法回收酚工艺简述

氢氧化钠溶液洗脱法回收酚工艺流程见图3－6。用进料泵将原料储罐中的煤焦油送入蒸馏塔内，对其进行加热。根据煤焦油中组分沸点的不同将其分为两部分，其中油储罐1中富含酚和萘（萘油）。将萘油从碱洗塔下部通入并与上部通入的碱液进行充分接触，以达到最好的分离效果。油相富含萘组分进入脱酚油罐，水相富含酚组分进入粗酚钠罐。粗酚钠在分离塔中与通入的 CO_2 反应进行酸解（这一过程要连续进行两次以达到提纯酚的作用），最后进入粗酚储罐。将酸解得到的另一产物 Na_2CO_3 加入纯碱进行苛化处理最终得到稀碱液，可用作再生产使用。从该工艺中我们可以看出，从萘油中分离酚和萘的过程并不矛盾，可同时进行，并且还有一定的相互促进作用。

碱洗反应： $R—OH + NaOH = R—ONa + H_2O$

当馏分中同时存在盐基和酚时，则盐基与酚生成分子化合物，对碱洗不利。这是因为盐基呈弱碱性，酚呈弱酸性，当两者在馏分中同时存在时，就会生成分子化合物。而且该反应可逆，其平衡与酚和盐基含量比例有关。如果馏分中酚含量大于盐基含量时，所形成的化合物酸洗时不易分解；反之，则碱洗时不易分解。因此，若酚含量大于盐基含量时，应先脱酚后脱盐基；反之，则应先脱盐基后脱酚；这样做可以使反应左移，破坏化合物的生成。应该指出，盐基能溶解在盐基硫酸盐中，当酸量不足时，在盐基硫酸盐中会存在游离的盐基，因此为了从馏分中完全提取盐基，在最后酸洗阶段必须供给足够的酸。另外，盐基硫酸盐易溶解在酚盐中，为了降低盐基的损失，在第一阶段脱酚之后、脱盐基之前，馏分含酚以小于5%为宜[5]。

工业萘的收率主要取决于萘油中的萘集中度、萘油质量和萘塔塔效三个因素。提高萘油中萘油集中度的唯一办法就是放宽萘油的切割范围。萘油中含有相当量的宽馏分萘油时的主要特点是：密度增加、含萘量下降和二甲酚、高级酚含量上升。高级酚特别是二甲酚随萘油进入初馏塔后，只有提高塔顶温度，才能将

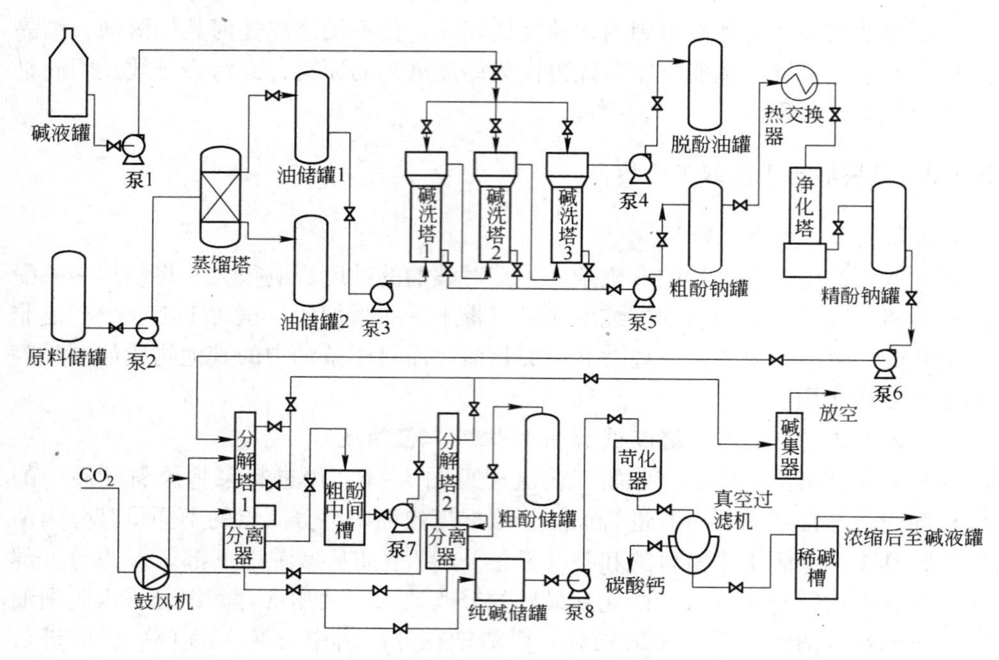

图 3－6　氢氧化钠溶液洗脱法回收酚工艺流程

二甲酚从头馏分中馏出，这会增加萘损失。若使头馏分含萘降低，就会增加精馏塔原料的含酚量，必然使大量二甲酚进入工业萘。因此，这种方法是不合理的。

至于萘油质量，关键还是含酚量和酚组成。含酚少，初馏塔头馏分中的萘损失就少，工业萘容易合格；含酚多，初馏塔头馏分中的萘损失多，工业萘也难以合格。当原料萘油含酚，特别是含沸点与萘相近的酚类超过某一数值时，就不能生产出合格的工业萘。由此可知，在一定的范围内，萘油质量对工业萘收率的影响是难以用提高萘塔塔效的办法来弥补的。

众所周知，萘油脱酚主要靠碱洗，这是因为工业萘初馏塔只能蒸出低级酚，所以不应盲目强调初馏塔的脱酚作用，否则就会造成萘油的脱酚效率下降和碱洗设备脱酚负荷过重的恶性循环[6]。

为满足制取工业萘的要求，萘油馏分必须经碱洗、酸洗（脱酚以防止酚与萘之间通过氢键缔合），同时回收酚类产品。制取产品萘和粗酚的工艺流程见图 3－7。

由于酚类物质的沸点范围宽及多种酚可与萘形成低沸点的共沸物，为了避免萘油中的酚类物质如甲酚类、二甲酚物质和萘形成共沸物，保证萘的纯度，必须经过碱洗将酚类除去，而这样还可以回收酚类物质。因此，已洗萘油含酚量对工业萘收率的影响很大，在切取宽馏分的萘油时，更加要严格控制萘油碱洗脱酚效

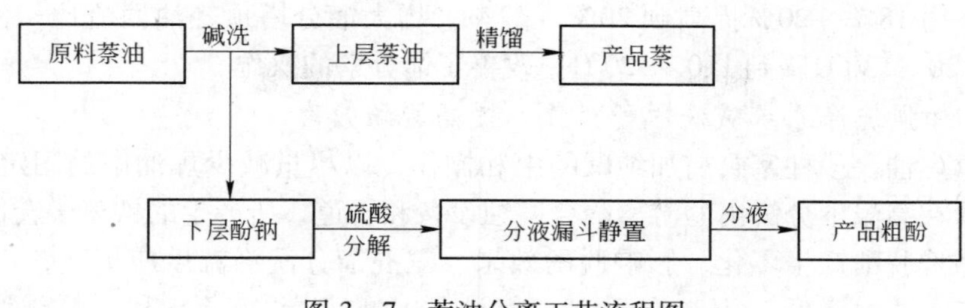

图 3－7　萘油分离工艺流程图

率，表 3－6 列出了萘和酚类形成的低沸点共沸物参数。

表 3－6　煤焦油中萘与酚类共沸物的组成

组分名称（A－B）	沸点/℃		恒沸点/℃	组分 B 的质量分数/%
	A	B		
邻甲酚－萘	191.5	218	193.72	68.90
对甲酚－萘	202.5	218	202.35	96.43
间甲酚－萘	202.6	218	202.40	97.00
萘－3，4－二甲酚	218	226.9	217.80	88.90
萘－3，5－二甲酚	218	219	216.80	74.90

由此可见，萘油分离一般分两步进行：首先进行氢氧化钠洗脱，将酚以酚钠的形式从萘油中分离出来；然后再采用酸化的方法生成酚，达到萘油分离酚的目的。

3.2.4　工业萘的生产改进措施

3.2.4.1　工业萘双炉双塔工艺的改进

双炉双塔提取萘的过程中，需要提高萘的提取率，具体措施有以下几点。

A　提高萘的集中度

提高萘在酚萘洗馏分的集中度是提高萘提取率的首要环节和关键措施。萘集中度是衡量焦油蒸馏系统生产操作好坏的重要指标，一塔式切取酚萘洗混合馏分流程的萘集中度一般要求≥90%，通过改进蒸馏操作条件使萘集中度由 88% ~ 90% 提高到了 93% 以上。

将管式炉辐射段出口温度由 390 ~ 395℃ 提高到 400 ~ 405℃，增加了焦油蒸馏的热能，降低了蒽油含萘量，蒽油含萘由 8% 以上降低到了 4% 以下。

将酚萘洗三混馏分侧线调到 26、24、16 层，同时 Ⅰ 蒽油和 Ⅱ 蒽油混合由馏分塔底切取，增大了塔底热量，提高了酚萘洗馏分与蒽油馏分的分离效率，三混馏分产率由18% ~20%提高到20% ~22%。增大馏分塔顶轻油回流比，使塔顶温度由120 ~130℃降到110 ~120℃，改善了馏分塔的操作。

B 加强洗涤系统碱洗脱酚操作，提高脱酚效率

注重焦油一段柱塞泵前加纯碱的中和操作，以尽量减少焦油中的固定铵盐。固定铵盐在高温下分解出的游离酸会腐蚀设备和管道，所产生的铁离子会使三混馏分的碱洗脱酚产生乳化，影响脱酚效果。三混馏分洗涤温度应提高，以85 ~90℃为宜，这对降低三混馏分黏度，保证酚盐的正常沉降有利。稀碱浓度以11% ~13%为宜，太低脱酚效果差，易使已洗含水量增加，而大于13%时又易生成树脂状物质。严格控制洗涤的反应时间（1.5 ~2.0h）和静置时间（2.0 ~3.0h），有条件时应尽量延长碱洗后的静置时间，因为宽馏分与酚盐的比重差小，分离相对困难一些。搅拌风压应≥0.3MPa。要特别控制好酚盐的排放，在排放后期，严格控制排放速度，增加排放次数，以降低已洗馏分含酚盐量和酚盐含中性油量。

下面以化工企业为例，介绍工业萘生产操作的改进措施。

【实例一】

无锡焦化有限公司生产的工业萘主要用于本厂氧化生产苯酐。20世纪90年代该厂工业萘生产装置经过改造，采用双釜双塔连料生产工艺，由于设备、工艺操作、生产管理方面存在问题，生产一直不稳定，工业萘结晶点勉强达到77.5℃，产品合格率较低。

a 问题分析

原料萘油馏分质量差，210℃前和230℃后馏分比例过高，含萘量低，萘的集中度差。原料萘油碱洗脱酚效果差，采用含碱>6%的废水酚钠、回用碱性酚钠和10% ~14%碱液脱酚，脱酚效果差。初馏生产操作稳定性差，侧线进塔温度偏低，塔顶酚油采出量过小，酚油带入萘洗馏分中，影响萘洗馏分质量。精馏生产操作控制波幅较大，连料量不稳定，工业萘侧线采出量忽高忽低，造成精馏塔经常淹塔，降低了塔的分离效果。初馏塔、精馏塔使用时间较长，塔板局部被游离碳堵塞，造成塔的分离效果明显下降，带来生产操作困难。设备停产检修频繁，影响工序正常生产。

b 改进措施

调整焦油生产，切取萘油馏分含萘量≥80%，210℃前馏出量≤5%，减少230℃后馏分含量，提高萘的集中度。原料萘油馏分碱洗操作采用回用碱性酚钠和10% ~14%稀碱，改变先用废水酚钠后用稀碱脱酚的操作方法，保证了已洗萘油的质量。控制原料萘油预热温度≥200℃，塔顶酚油含萘量在30%左右，釜底萘洗油滴点≥215℃。精馏塔顶温度控制≥215℃，侧线采出工业萘调整在48层塔板，保证工业萘结晶点≥77.8℃。调整生产操作，严格控制温度、压力工艺

操作指标。侧线进塔连料量≥350kg/h，工业萘侧线采出量≤300kg/h，塔顶采出量≤50kg/h。为了改善初馏塔、精馏塔的分离效率，停产检修期间，用循环水泵供水由上而下进行冲洗，清理塔板上沉积的游离碳，消除塔板堵塞。完善设备保养制度，对连料泵、塔顶冷凝器、连料管线、回流管线、采出管线定期检查，及时更换。

c 改进效果

自从1999年制订了相应的改进措施后，产品质量逐年提高，2002年已完全达到国家一等品标准，具体见表3-7。目前工业萘生产日趋稳定，取得了显著的经济效益。

表3-7 工业萘产品质量

年 份	结晶点/℃	含萘量/%	不挥发分/%	灰分/%
1999	77.640	95.391	0.0389	0.0103
2000	77.827	95.770	0.0282	0.0070
2001	77.930	95.960	0.0296	0.0097
2002	78.040	96.170	0.0283	0.0083

【实例二】

昆明焦化制气有限公司15万吨/年焦油加工装置配套的工业萘蒸馏系统采用双炉双塔连续常压蒸馏工艺流程。

a 存在问题

该工厂蒸汽系统压力、温度偏低，伴热系统不完善，工艺管道容易堵塞，导致装置经常被迫停工，开停工操作较为频繁。开停工管道系统在设计、安装过程中存在缺陷，影响了装置的正常生产和开停工操作。煤气质量不好，煤气管线不合理，影响管式炉的温度控制和调节，产品质量波动大。酚油冷却系统、回流系统不完善，管道安装不规范，难以控制酚油冷却后温度，初馏塔顶温度波动较大。

b 工业萘蒸馏系统工艺改进措施

（1）蒸汽系统改造措施。对装置的吹扫蒸汽与伴热蒸汽系统进行了改造，从蒸汽总管引出2根支管，分别供管道吹扫和伴热使用，避免了吹扫蒸汽与伴热蒸汽相互影响。

（2）管式炉煤气系统改造措施。工业萘蒸馏系统有2台管式加热炉，分别为初馏塔和精馏塔提供精馏操作所需的热量，但2台管式炉只有1个煤气流量计，对初馏塔和精馏塔的生产操作影响较大。另外，由于管式炉燃料为焦炉煤气，且煤气质量不好，管式炉燃烧器火嘴易被煤气中的焦油、萘等杂质堵塞，导致管式炉煤气供给不足。为解决上述问题，采取了以下措施。

1）增加初馏塔管式炉煤气流量计，2 个管式炉的煤气流量都可显示于中控室 DCS 画面中。改造后，操作人员能更准确控制精馏塔加热炉后物料温度，保证了精馏塔操作的精确和稳定。

2）在管式炉煤气管的最低点增加冷凝液排放管，并对燃烧器火嘴进行改造，适当增大煤气分配孔的孔径。改造后，管式炉煤气带水和夹带焦油的现象明显好转。

（3）酚油冷却和回流系统改造措施。在工业萘蒸馏系统中，初馏塔对已洗混合分进行初步蒸馏，把酚类与萘油和洗油分离开。但是，由于装置中的酚油冷却和回流系统设计时考虑不全面，安装不规范，系统存在酚油冷却器后温度难以控制、酚油管道堵塞严重、酚油回流系统不能正常运行等问题，导致初馏塔顶温度波动较大，影响了整个蒸馏系统的正常运行。经过多次讨论分析和生产调试，对酚油冷却和回流系统进行了如下改造和完善。

1）酚油冷却器增加冷却水旁通阀（DN25），既能及时准确控制冷却器后油温，又方便操作。

2）对酚油油水分离系统进行改造。增加 1 个容积约 $2m^3$ 的立式槽，由酚油冷却器出来的酚油进入新增立式槽，在此进行初步油水分离后，水自流至焦油工序分离水槽，油进入原有的卧式油水分离器，解决了油水分离效果不好的问题。

3）酚油回流泵增加循环管，实现生产操作的安全、方便和及时调节。

（4）改造效果。

1）改造后，工业萘蒸馏系统的安全性、连续性、稳定性得到了提高。

2）已洗混合分处理能力由设计的 2.86t/h 增加到 4.0 ~ 4.5t/h。

3）工业萘蒸馏系统各产品质量都优于设计指标，增强了产品的市场竞争能力。工业萘的结晶点可根据市场要求灵活调节（77.5 ~ 78.5℃），洗油产品的质量达到了低萘洗油的质量指标要求。

4）工业萘的精制率由 92% ~ 93% 提高到 95% ~ 96%，取得了良好的经济效益。

3.2.4.2　PCL 控制系统在工业萘生产中的应用

在工业萘加工生产过程中，采用 PCL 自控系统控制塔顶温度、洗油采出口温度和入塔循环油温度。当塔板上的物料组分发生变化时，各点温度变化情况转化成电信号反馈给 PCL 自控系统，PCL 再发出指令对可控系统进行调整，从而达到稳定产品质量和提高收率的目的。

对于双炉双塔连续生产工艺，是通过蒸馏方法将三混油中的轻油、萘油、洗油进行分离，并得到主产品工业萘和副产品轻油、洗油。此工艺是一个典型的多输入、多输出流程，工艺参数的相互耦合性强，动态响应时间缓慢，滞后性强，工艺指标在线监测难度大，有明显的时变性和非线性。针对上述控制难点，引入了 PCL 控制系统，对精馏塔初馏塔顶温度、洗油采出口温度及管式炉循环油出口温度进行了逐一自动控制，较好地解决了工业萘生产中人工调节频繁、调节不及时不准确、产品质量不稳定和劳动强度大等问题。同时也使塔顶采出的主产品工业萘和侧线采出的副产品洗油的质量和产率得到了稳定及提高。

A PCL 控制方案的设计

工业萘蒸馏生产的变量较多，一直是自动控制的难点。只有稳定住循环油及洗油的采出口温度、控制好塔顶的回流量，塔顶温度才能很好地稳定，而采用传统的常规仪表监控很难达到理想的效果。对此现状，技术人员通过查资料，研究确定采用 PCL 自动控制技术分别对精馏塔和初馏塔的塔顶温度、洗油采出口温度和管式炉的循环油出口温度进行监控（初馏塔 70 层塔板，精馏塔 67 层塔板）。当全塔的塔板上物料组成发生变化时，各个温度随之发生变化，并通过反馈给 PCL 的信号大小，分别对塔顶的回流量、洗油的采出口流量以及管式炉的煤气压力进行控制调节，从而使整个系统的物料、流量和汽液达到平衡，实现工业萘生产工艺的稳定、高产、优质和低耗。整个蒸馏系统控制流程见图 3－8。

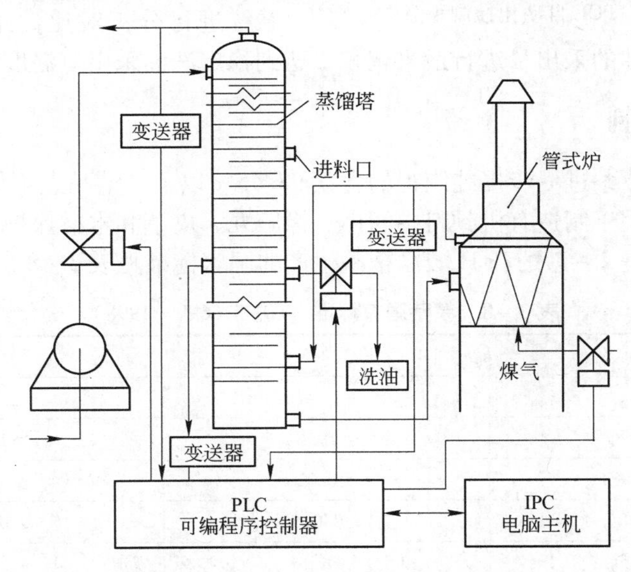

图 3－8 工业萘生产蒸馏系统控制流程

B PCL 控制方案的实施

（1）在塔顶温度的控制方面，通过建立计算机自动调节的数学模型，来实现塔顶温度的自动调节。将塔顶的回流量与塔顶温度进行连锁反馈，根据塔顶温度的高低，提前调节塔顶的回流量，实现了塔顶温度的自动调节。具体的 PCL 控制示意图见图 3－9。

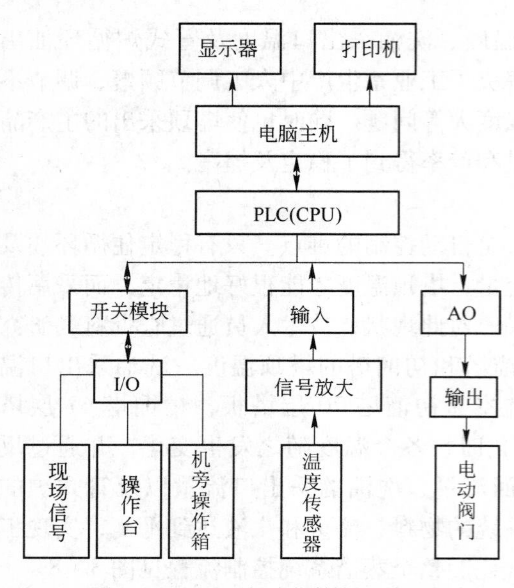

图 3-9　PCL 自动化控制示意图

（2）在管式炉循环油出口的温度调节方面，将管式炉出口的油温与加热管式炉的煤气进口流量进行连锁反馈。由于煤气压力波动较大，节阀动作频繁，且洗油采出口极不稳定，为此在 PCL 系统中设置了限位函数，对煤气压力进行条件反馈调节。在煤气压力极不稳定的情况下，通过控制煤气流量来稳定炉膛温度，实现了管式炉循环油出口温度的自动调节。

（3）在洗油采出口温度的控制方面，将洗油的采出口油温与洗油的采出量进行连锁反馈。当洗油采出口温度下降时，温度信号反馈给 PCL 系统进行分析对比，并由 PCL 系统发出指令对洗油的采出量进行适当调整，达到稳定洗油采出口温度的目的。

3.3　萘的精制

精萘是工业萘进一步提纯制得的含萘 98.45% 以上、结晶点不低于 79.3℃ 的萘产品。精萘用于制造有机颜料中间体、樟脑丸、皮革和木材保护剂等，其中产能最大的品种是 2-萘酚和 H 酸。精萘生产的国家标准见表 3-8。

表 3-8　精萘国家标准（GB/T 6699—1998）

指标名称	指标	
	一　级	二　级
结晶点/℃	≥79.6	≥79.3
不挥发物/%	≤0.02	≤0.02
灰分/%	≤0.006	≤0.008
酸洗比色	按标准规定	
比色液	不深于 4 号	—

在精萘的众多制备工艺中以结晶分离法和加氢精制法应用最为广泛，除此之外还有其他一些化学精制法（加氢精制法也是化学精制法的一种）以及升华法。

3.3.1　结晶精制法

结晶精制法是利用形成共沸物的组分熔点相差较大，通过冷却、浓缩、形成结晶而分离组分[7]。结晶精制一般可归纳为三步：

（1）结晶过程。产生晶体，放掉残液。

（2）发汗过程。通过加热，使结晶晶体中的杂质缓慢熔化，渗透出晶体的表面而被除去。

（3）全熔过程。通过提高热载体的温度，将一次结晶全部熔化。

生产萘的原料油主要是馏程为210~230℃的萘油馏分。由于萘的沸点和硫茚的沸点相差不到2℃，精馏法只能得到95%的萘。但是两者结晶点相差48℃，因此利用结晶法可制取精萘。将萘油组分装入结晶箱后快速降温，降至82℃后转为均匀降温，以2℃/h的降温速度冷却至60℃，排放富含硫茚的第一次晶析萘油，作为中间馏分待后处理。然后将结晶箱内的物料以4℃/h的速度升温，每半小时取样一次，测其结晶点，根据结晶点的不同，分别排入对应馏分槽可得到较高纯度的精萘。

此种方法是应用固液平衡原理以工业萘为原料生产精萘[8]。由于是物理方法精制，没有三废污染问题，产品质量和收率较高，因而在各国得到广泛应用。连续式结晶以Brodie工艺为代表，最大精萘装置6600t/a，间歇式结晶法制精萘装置以改进的MWB工艺产量最大，达60000t/a。上海焦化总厂1980年开发了利用定向结晶原理的精萘生产工艺，1988年首次在无锡投产。随后两年先后有浙江高林化工厂、首都钢铁公司焦化厂、重庆东方有机化工厂、上焦德清化工联营厂、马鞍山市化工一厂、上海川沙申立化工厂、黑龙江化工厂、甘肃酒泉钢铁公司焦化厂等相继建设精萘生产装置。现在采用这种工艺的精萘总生产能力已超过10000t/a。精萘质量超过国家标准，用于生产甲萘胺、周位酸、2-萘酚等，用户反映良好，认为国产精萘质量不低于国外名牌产品。上海宝钢焦化厂从日本引进Brodie精萘生产装置，年产量2830t（现半负荷操作）。该工艺是连续晶析装置，设备和操作技术都比较复杂，公用工程消耗高，萘的收率也低。

结晶法精制工艺中所用结晶器的类型很多，按溶液获得过饱和状态的方法可分为蒸发结晶器和冷却结晶器；按流动方式可分为母液循环结晶器和晶浆（即母液和晶体的混合物）循环结晶器[9]；按操作方式可分为连续结晶器和间歇结晶器[10]。结晶精制操作工艺如图3-10所示。

常用的结晶器主要有以下几种类型：

（1）结晶槽。一种槽形容器，器壁设有夹套或器内装有蛇管，用以加热或冷却槽内溶液。结晶槽可用作蒸发结晶器或冷却结晶器。为提高晶体生产强度，可在槽内增设搅拌器。

结晶槽可用于连续操作或间歇操作。间歇操作得到的晶体较大，但晶体易连成晶簇，夹带母液，影响产品纯度。这种结晶器结构简单，生产强度较低，适用于小批量产品（如化学试剂和生化试剂等）的生产。

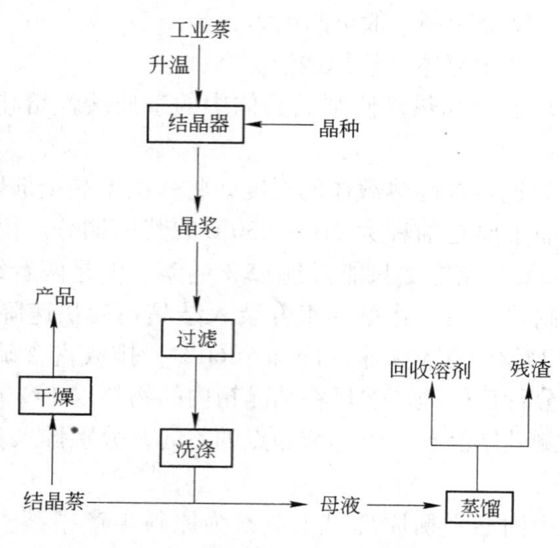

图 3－10　结晶法生产精萘操作工艺

（2）强制循环蒸发结晶器。一种晶浆循环式连续结晶器。操作时，料液自循环管下部加入，与离开结晶室底部的晶浆混合后，由泵送往加热室。晶浆在加热室内升温（通常为 2～6℃），但不发生蒸发。热晶浆进入结晶室后沸腾，使溶液达到过饱和状态，于是部分溶质沉积在悬浮晶粒表面上，使晶体长大。作为产品的晶浆从循环管上部排出。强制循环蒸发结晶器生产能力大，但产品的粒度分布较宽。

（3）DTB 型蒸发结晶器。即导流筒－挡板蒸发结晶器，也是一种晶浆循环式结晶器[11～15]。器下部接有淘析柱，器内设有导流筒和筒形挡板，操作时热饱和料液连续加到循环管下部，与循环管内夹带有小晶体的母液混合后泵送至加热器。加热后的溶液在导流筒底部附近流入结晶器，并由缓慢转动的螺旋桨沿导流筒送至液面。溶液在液面蒸发冷却，达过饱和状态，其中部分溶质在悬浮的颗粒表面沉积，使晶体长大。在环形挡板外围还有一个沉降区。在沉降区内大颗粒沉降，而小颗粒随母液入循环管并受热溶解。晶体于结晶器底部入淘析柱。为使结晶产品的粒度尽量均匀，将沉降区来的部分母液加到淘析柱底部，利用水力分级的作用，使小颗粒随液流返回结晶器，而结晶产品从淘析柱下部卸出。

（4）奥斯陆型蒸发结晶器。又称克里斯塔尔结晶器，是一种母液循环式连续结晶器[15～17]。操作的料液加到循环管中，与管内循环母液混合，由泵送至加热室。加热后的溶液在蒸发室中蒸发并达到过饱和，之后经中心管进入蒸发室下方的晶体流化床（见流态化）。在晶体流化床内，溶液中过饱和的溶质沉积在悬浮颗粒表面，使晶体长大。晶体流化床对颗粒进行水力分级，大颗粒在下，小颗粒在上，从流化床底部卸出粒度较为均匀的结晶产品。流化床中的细小颗粒随母液流入循环管，重新加热时溶去其中的微小晶体[18]。若以冷却室代替奥斯陆型蒸发结晶器的加热室并除去蒸发室等，则构成奥斯陆型冷却结晶器。这种设备的主要缺点是溶质易沉积在传热表面上，操作较麻烦，因而应用不太广泛。

在以上介绍的结晶器中，以结晶槽应用最为广泛。

3.3.1.1 熔融结晶法

熔融结晶法的原理是基于混合物中各组分在相变时有重分布现象。因实际生产中采用熔融结晶法的较多，所以下面介绍几种熔融结晶法。

A 连续式多级分步结晶法——Brodie 法

此法又称萘区域熔融精制。区域熔融法相当于精馏操作，它种用结晶和熔化的液体在容器内做相对运动，使结晶反复熔化并析出，结晶在移动中萘浓度不断提高，最后在结晶器的一端得到高纯度萘，另一端得到富含杂质的油。20 世纪 70 年代澳大利亚联合碳化物公司研制了此法，主要由晶析精制、精萘蒸馏、制片包装和温水循环 4 个系统组成。区域熔融法生产精萘工艺流程见图 3－11。

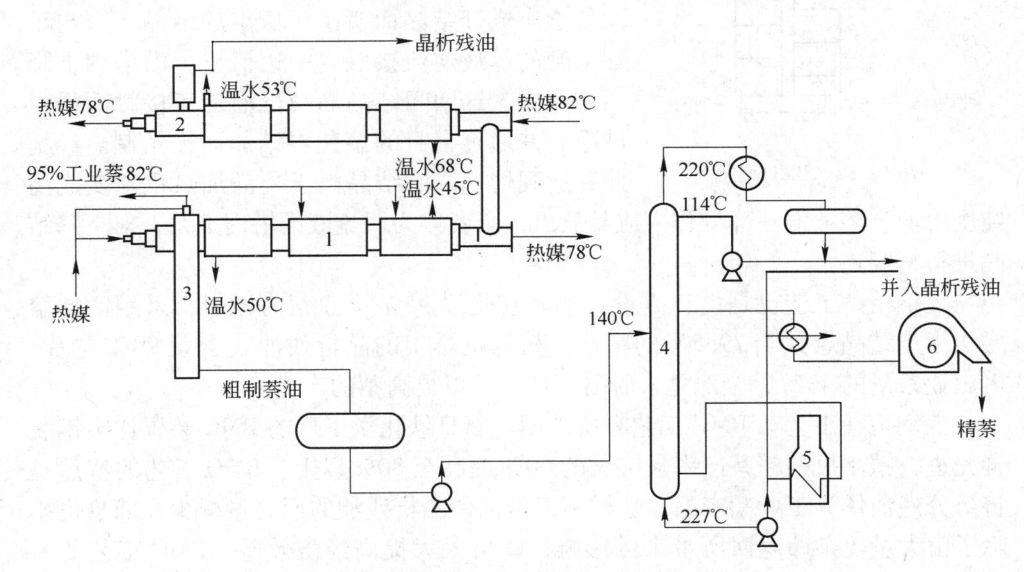

图 3－11 区域熔融法生产精萘工艺流程

1，2，3—精制机管；4—精馏塔；5—加热炉；6—循环冷却器

95% 工业萘从精制机管 1 中部进入，从管 2 上部顶端引出晶析残油。管 3 底部加热器使萘结晶熔化抽出一部分作产品，另一部分作回流，由下往上流动，与从上往下移动的结晶接触，带走其中夹入的低熔点杂质。从精制机底部出来的精萘在纯度上符合要求，已达 99%。为了改善其色泽，在精馏塔中再精馏一次，

分出少量的塔顶和塔底馏分并入晶析残油。从侧线抽出萘，经冷却、制片即得产品精萘。

此法的特点是：连续生产过程，产品质量稳定。但因其基建投资和操作费用高，操作条件要求较严，所以在我国目前还没有得到普遍应用。上海宝钢化工1985年采用此装置，宝钢三期精萘装置从法国BEFS公司引进，也是分步结晶法。

B　连续结晶BMC精制技术

日本新日铁化学工厂已研制成功了新型的连续结晶BMC精制技术，自1979年投产以来运转一直非常顺利。该工艺主要装置见图3-12。

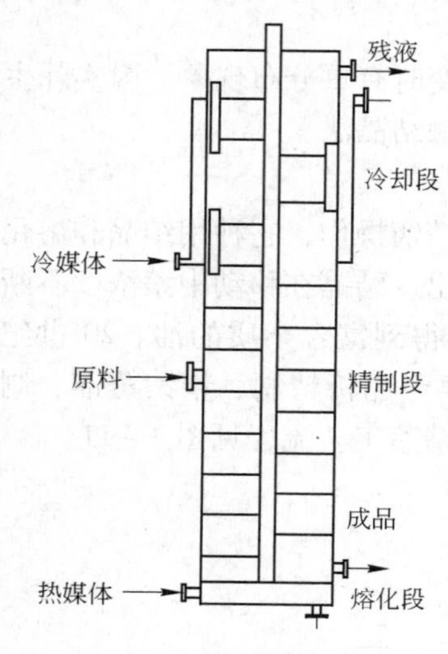

图3-12　BMC装置

原料质量分数：萘95.0%、硫茚2.9%；装料量：340kg/h；产品：凝固点79.9℃，硫茚1.1%；回收率：79.4%。塔内设有回转轴，在冷却段装有结晶刮板，在精制段装有结晶搅拌叶片。原料F以液态装入，塔内升到冷却段，靠外部冷却使液态成分结晶而析出。析出的结晶一边与正在上升的母液逆流接触，一边借重力沿塔内下降至熔化段。这期间结晶靠与母液逆流接触而得以洗净，并通过自身的熔化再结晶而被精制。经精制并达到熔化段的结晶由于外部加热重新变成高纯度溶液。溶液的一部分作为成品放出，余者作为回流液沿塔内上升，对下降结晶进行精制。

宝钢精萘工艺也是由日方设计的。它是以95%工业萘为原料，采用区域熔融法生产结晶点大于79.5℃的精萘。精制机排出的晶析残油（含萘90%左右）占工业萘量的43%，全部兑入脱酚萘油中，以提高萘的产量。

宝钢精萘工艺与BMC工艺有所不同。新日铁化学工厂的BMC装置比宝钢装置先进，精制机的精萘产率较宝钢的60%提高至80%以上。BMC工艺的特点是将部分残油作为工业萘产品，这样不但可以使晶析残油的回兑量减少，而且也排除了由大量硫杂茚返回所带来的影响，还可大大提高经济效益。BMC工艺的另一特点是只有一台立式塔，占地极小，塔内的转动部分只有一台搅拌机，易于操作、维修，且设备费用低，塔内强烈的搅拌设备，可防止由陡急的温度梯度而产生结晶与固结，有利于高回收率操作。BMC工艺对宝钢精萘工艺的改进有一定的借鉴作用。

C　间歇式分步结晶法——Prosd法

此法是由20世纪60年代的法国Prosd公司开发，在捷克乌尔克斯焦油加工厂实施。主要设备是8个结晶箱，分4步进行。结晶箱的升温和降温通过一台泵、一台加热器和两台冷却器与结晶箱串联起来实现。

分布结晶法制取精萘的特点是：原料单一，不需要辅助原料；工艺流程和设备及操作都比较简单，设备投资少；操作时仅需泵的压送、冷却结晶、加热熔融，操作费用和能耗都比较低；生产过程中不产生废水、废气、废渣，对环境无污染；原料可用工业萘也可用萘油馏分，产品质量可用结晶循环次数加以调节，灵活性较大；生产工艺较成熟，产品质量稳定，也可用于生产工业萘。

D　立管降膜结晶法——MTB 法

此法在 20 世纪 80 年代末由瑞士 Sulzer 公司开发。由于采用独特的降膜结晶技术，有效地强化了萘熔体的传染与传质过程，设备处理能力提高。我国鞍山化工总厂 1992 年引进苏尔寿精萘加工装置，1994 投产，年产 2 万吨。

3.3.1.2　动态结晶法

首钢研究所根据瑞士苏尔寿 MUB 动态结晶理论，研究出动态结晶法生产精萘的新工艺。

动态结晶原理是多次结晶，逐步提高萘的纯度，直到达到标准规定。萘在结晶器内以一定速度与冷却水同向流动，结晶在结晶器内的冷却表面上，结晶热经结晶层和冷却表面传给冷却水，进行热交换。随着萘温度的逐渐下降，高纯度萘不断析出，从而形成一个纯度由高到低的萘的“降膜”结晶层，最后加热熔化得以提纯。该工艺流程见图 3－13。

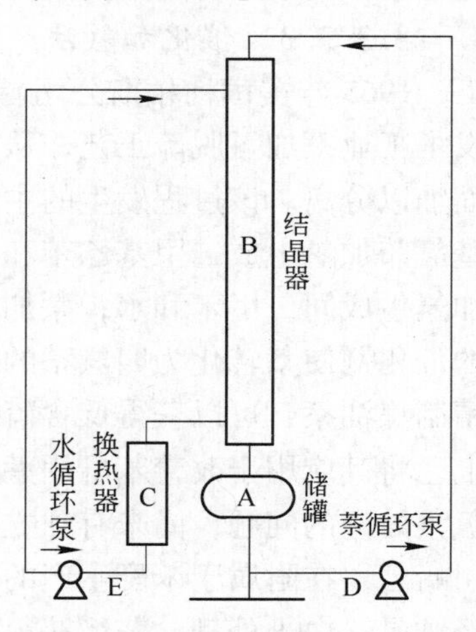

图 3－13　动态结晶法生产精萘的工艺流程

物料熔化为液萘进入储槽 A，通过萘循环泵 D 进入结晶器 B，在系统内不断循环。在加物料的同时，冷却水经换热器 C 和水循环泵 E 进入结晶器进行循环。冷却水在结晶器内同萘作热交换，使其在器内结晶并逐渐增大，达到一定厚度时放出残渣。萘结晶完成后，冷却水经换热器被换热，使结晶萘熔化，从而得到高纯度萘。

动态结晶法工艺简单，易于操作，无需传动设备，设备费用低，占地面积小，精萘纯度和收率高。该法不仅适用于提纯萘，也适用于提纯同类的其他产品，有很大发展前途。

3.3.2　化学精制法

3.3.2.1　酸洗精馏法

该法一般用浓硫酸作为净化剂，使原料中硫杂茚和不饱和化合物与其发生磺化反应，聚合为树脂，称为酸焦油；酚类经碱洗除去。碱洗后的液体萘经真空蒸馏，从塔顶采出精萘。在酸洗过程中，磺化反应使萘损失率较高，有的高达10%以上。硫杂茚去除率不高，产品一般只能达到国家二级精萘标准。酸洗设备因腐蚀严重需采用特殊钢材。另外，酸洗过程中产生的再生酸和污水等废液难以处理。由于这些缺点，该传统工艺目前已被淘汰。

3.3.2.2　溶剂法

该法利用硫杂茚与萘在某些溶剂中溶解度的差异而加以分离，完成萘的提纯过程。需要一种选择性能良好的溶剂，一般通过两次萃取即可得到二级精萘。若再提高纯度就需进行精馏或白土处理。其缺点是所用溶剂有一定的毒性，设备较庞杂，精制效果不佳。目前，国外很少采用此法，国内虽有几个乡镇小厂用此法生产，但因溶剂价格贵、损耗大，产品成本高，也没有得到推广。

3.3.2.3　催化加氢法

1965年美国柯柏斯公司首先借鉴石油工业生产中的加氢脱硫精制技术，开发了工业萘加氢脱硫工艺，从而使萘中的硫茚、酚等杂质转化成易于除去的物质而加以分离。该过程发生的主要反应有：基苯腈加氢生成间二甲苯和NH_3；二甲基氧茚加氢生成二甲基乙苯和水；硫茚加氢生成乙苯和硫化氢；3，5－二苯甲酸加氢生成间二甲苯和水；萘加氢转化为四氢萘。该工艺成功的关键在于找到合适的催化剂使萘转化为四氢萘的概率减小，而使其他的转化率提高。用加氢精制法精制焦油萘，可以获得低含硫的萘，且没有其他化学处理带来的污染问题，工业上已将其应用于改善苯酐用萘的质量。但是，这种方法存在氢气来源、副产品四氢萘处理的问题，尚未有独立的加氢精制法生产精萘的工业装置。目前仅有日本川崎公司在附属于苯酐生产的粗萘加氢精制装置（30000t/a）中抽出部分脱硫萘经结晶、白土处理、蒸馏获得精萘[19]。

催化加氢精制是炼油和石油化工中常用的方法，也适用于萘的精制。由美国环球石油公司和联合石油公司开发的联合精制法已实现工业化生产。目前在美国、英国和日本至少建有5套装置，总处理量约17万吨/年。中国科学院山西煤化所和上海焦化厂等单位协作进行过工业萘加氢精制小型与中型试验，取得了较好的效果。

萘的催化加氢就是将原料内所含硫、氧、氮化合物及烯烃等杂质加氢裂解生成相应的硫化氢、氨、水、芳烃及饱和烃。该反应是在一定的压力、温度、空速、氢油比的条件下，在固定床催化剂上进行的。萘的加氢精制工艺流程见图3－14。

原料萘与氢混合，经换热器和加热炉加热至所需要的反应温度，进入装满催化剂的固定床反应器上进行加氢反应。反应后的气态产物经换热和冷却进入高压分离器分离出氢气循环使用，排出一部分并补充一部分新鲜氢以维持循环氢气的质量。从高压分离器流出的液态产物在稳定塔（或精馏塔）蒸馏出沸点比萘低

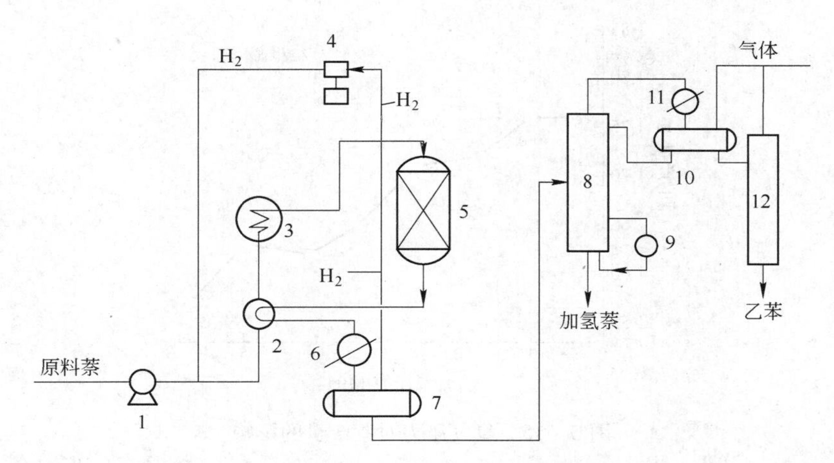

图 3－14 萘的加氢精制工艺流程

1—原料泵；2—换热器；3—加热炉；4—循环氢气压缩机；5—反应器；6—冷却器；7—高压分离器；8—稳定塔；9—再沸器；10—气体分离器；11—冷凝冷却器；12—汽提塔

的轻组分（主要是乙苯），塔底流出精制萘，塔顶产物再在汽提塔中进一步除去气态产物，从塔底流出乙苯。

萘加氢精制法在催化剂上容易积炭。反应温度高虽然有利于抑制四氢萘的生成和甲基萘脱甲基，但更容易积炭，因此反应温度不宜过高。解决这一问题的主要措施是降低反应压力和提高催化剂的选择性。

加氢法精制工艺步骤如下：将工业萘加入到反应釜中，同时加入适量的钴钼催化剂以加快加氢的速度。将氢气连续稳定地通入反应釜并严格控制反应釜内的温度、压力等条件。加氢的条件对萘的精制效果有着很重要的影响，下面对加氢压力、加氢时间等因素进行分析。

氢气压力对萘产量的影响见图 3－15。由图可知，当加氢压力为 0.5MPa 时可以得到较高产量的萘。当压力过高时，萘的产量有所下降，这可能是因为在高压力的条件下部分氢气与萘发生了反应，生成四氢化萘，偏离了本实验的目的产物。通过实验对比，加氢的压力为 0.5～1.0MPa。

反应时间也直接影响着萘的产量，所以加氢反应时间也是一个非常关键的考察因素。通过实验，考察加氢时间对萘产量的影响，实验结果见图 3－16。

由图 3－16 可知，当加氢 1.5min 时可以得到较高产量的萘。当反应时间过长时，萘的产量有所下降，这可能是因为在氢浓度高的条件下部分氢气与萘发生了反应，生成别的副产物，因此应尽可能地减少加氢时间。通过实验对比，加氢反应的时间为 1.5～2.0min。

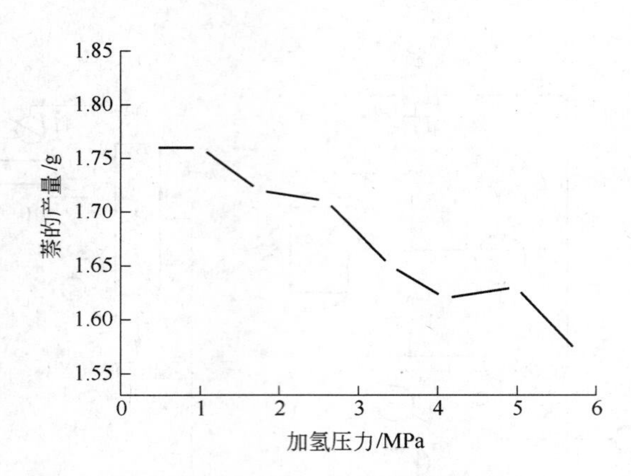

图 3－15　氢气压力对萘产量的影响

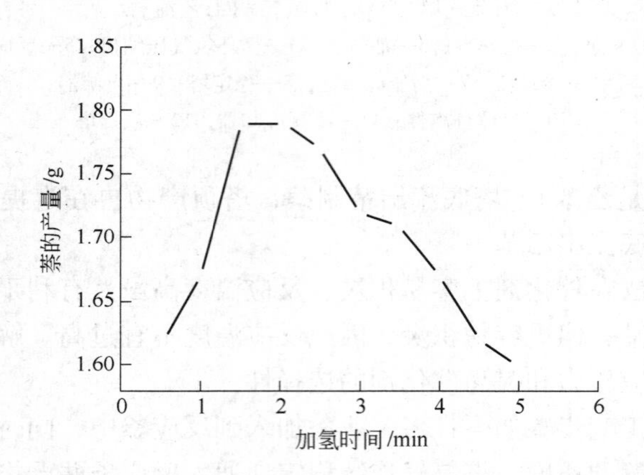

图 3－16　加氢时间对萘产量的影响

利用结晶法时，将降温速度控制到1℃/h，结晶最低温度控制在40～60℃时结晶效果较好，纯度较高。利用加氢精制时，将加氢压力控制在0.5～1.0MPa，加氢时间控制在1.5～2.0min时所得萘的纯度较高。

3.3.2.4　升华法

萘在远低于沸点时已具有较高的蒸气压。蒸气冷却时可经过液相直接凝结成固体。利用此性质，可使原料中的萘与高沸点油类杂质分离，得到纯度高的升华萘。工艺过程是将熔化后的粗萘装入蒸发器并保持115～125℃，液面上萘蒸气温度不应超过97℃，以免油类被萘蒸气带出而降低升华萘的纯度；萘蒸气进入升华室，室内温度40～50℃，萘即凝结成片状结晶。萘的升华也可以在减压下进行，以降低升华温度，增加升华速度。

此法在现实生产中采用较少。

3.4　萘的深加工

萘是一种重要的基本化工原料，主要用于生产苯酐、各种萘酚、萘胺等，以生产合成树脂增塑剂、橡胶防老剂、表面活性剂、合成树脂、合成纤维、染料、涂料、农药、医药等，具体应用见图 3 – 17。

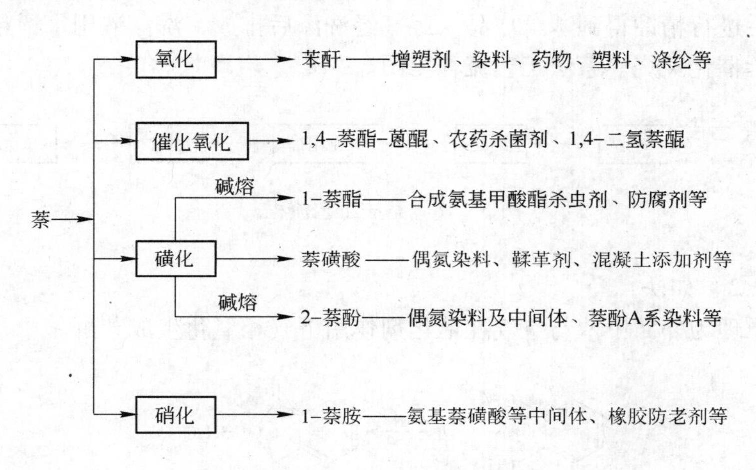

图 3 – 17　萘的应用示意图

3.4.1　苯酐

苯酐，全称为邻苯二甲酸酐，常温下为一种白色针状结晶（工业苯酐为白色片状晶体），易燃，在沸点以下易升华，有特殊轻微的刺激性气味，能引起人们呼吸器官的过敏性症状，其粉尘或蒸气对皮肤、眼睛及呼吸道有刺激作用，特别对潮湿的组织刺激更大。苯酐主要用于生产 PVC 增塑剂、不饱和聚酯、醇酸树脂以及染料、涂料、农药、医药和仪器添加剂、食用糖精等，是一种重要的有机化工原料。在 PVC 生产中，增塑剂最大用量已超过 50%，随着塑料工业的快速发展，苯酐的需求随之增长，国内外苯酐生产也得到快速发展。自 1917 年世界开始以氧化钒为催化剂，用萘生产苯酐后，苯酐的生产逐步走向工业化、规模化，并先后形成了萘法、邻法两种比较成熟的工艺。

3.4.1.1　萘法

反应原理为萘与空气在催化剂作用下气相氧化生成苯酐。

$$C_{10}H_8 + \frac{9}{2}O_2 \xrightarrow{V_2O_5} C_8H_4O_3 + 2CO_2 + 2H_2O$$

空气经净化、压缩预热后进入流化床反应器底部，喷入液体萘，萘汽化后与空气混合，通过流化状态的催化剂层，发生放热反应生成苯酐。反应器内装有列管式冷却器，用水为热载体移出反应热。反应气体经三级旋风分离器，把气体携带的催化剂分离下来后，进入液体冷凝器，其中有40%～60%的粗苯酐以液态冷凝下来，气体再进入切换冷凝器（又称热融箱）进一步分离粗苯酐，粗苯酐经预分解后进行精馏得到苯酐成品。尾气经洗涤后排放，洗涤液用水稀释后排放或送去进行催化焚烧。萘法工艺流程见图3－18。

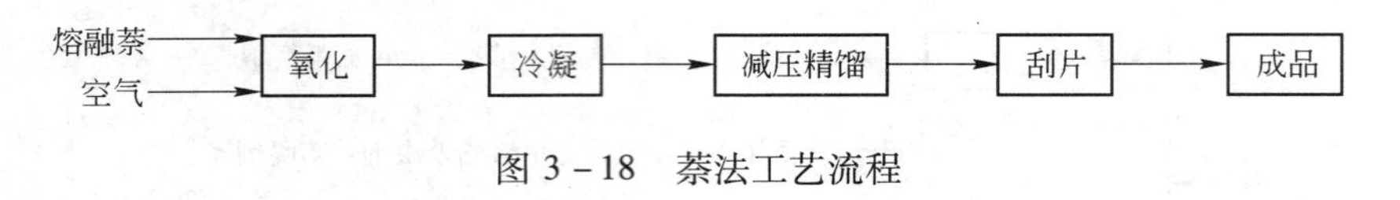

图3－18　萘法工艺流程

3.4.1.2　邻法

反应原理为邻二甲苯与空气在催化剂作用下气相氧化生成苯酐。

$$C_6H_4(CH_3)_2 + 3O_2 \xrightarrow{V_2O_5} C_6H_4(CO)_2O + 3H_2O$$

过滤、净化后的空气经过压缩、预热后与汽化的邻二甲苯混合进入固定床反应器进行放热反应，反应管外用循环的熔盐移出反应热并维持反应温度，熔盐所带出的反应热用于生产高压蒸汽（高压蒸气可用于生产的其他环节也可用于发电）。反应器出来的气体经预冷器进入翅片管内通冷油的切换冷凝器，将苯酐凝结在翅片上，然后再定期通入热油将苯酐熔融下来，经热处理后送连续精馏系统除去低沸点和高涨点杂质，得到苯酐成品。从切换冷凝器出来的尾气经两段高效洗涤后排放至大气中。含有机酸浓度达30%的循环液送到顺酐回收装置或焚烧装置，也可回收处理制取富马酸。邻法工艺流程见图3－19。

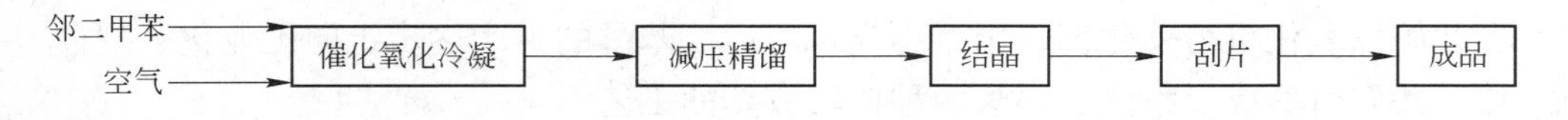

图3－19　邻法工艺流程

3.4.2　二异丙基萘

二异丙基萘（DIPN）是通过萘与丙烷进行烷基化反应后得到的。它是多种异构体的混合物，主要组成是2，6－DIPN和2，7－DIPN，外观无色透明，密度（20℃）≤0.98g/cm^3，闪点145℃，凝点－45℃，沸点303～308℃。DIPN具有无色、无味、高沸点、低凝点、对染料良好的溶解性、无毒和可生物降解等特点，应用于无碳复写纸，无色染料的溶剂，电力电容器的绝缘油，喷墨印泥的溶剂等。DIPN 最有前途的应用是 DIPN 中的 2，6 - DIPN 可以用来合成聚萘二甲酸乙二醇酯（PEN），PEN 和现在广泛应用的聚对苯二甲酸乙二醇酯（PET）相比，具有更好的耐热性和机械强度，可以用来制造软磁盘、磁带、电绝缘薄膜、食品包装薄膜、热装食品包装材料、摄影胶片片基及高性能电子产品接插件等，将成为 PET 的代替产品。

DIPN 也可由萘和丙烯在催化剂的作用下进行烷基化反应得到。反应物中除了 DIPN 外，还有未反应的萘、一异丙基萘（MIPN）、三异丙基萘和四异丙基萘（TIPN），反应方程式如下：

$$C_{10}H_8 + CH_2 \!=\!\!=\! CH—CH_3 \xrightarrow{C_2T} C_{10}H_8 + MIPN + TIPN + DIPN$$

目前，国内采用间歇法生产 DIPN。萘和催化剂一起加入烷基化反应器，然后通入丙烯进行烷基化反应。反应物经洗涤过程除去催化剂，废水经处理后外排，洗涤后的产物在精馏塔中进行分离，首先分离出未反应的萘及 MIPN，使其返回烷基化反应器继续反应，再分离出 DIPN 和 TIPN。TIPN 可以在催化剂的作用下与萘进行烷基转位反应。DIPN 馏分经精制后达到产品纯度要求，即作为产品。间歇法生产 DIPN 工艺流程见图 3 - 20。

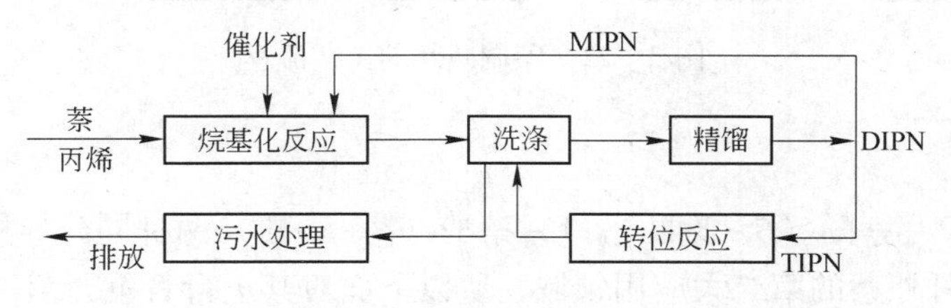

图 3 - 20　间歇法生产 DIPN 工艺流程

日本、美国、德国等采用连续法生产 DIPN。萘首先与 TIPN 进行转位反应，再通过精馏，分离出萘和 MIPN，萘和 MIPN 与丙烯在烷基化反应器中进行烷基化反应，产物中仍含有的未反应的萘和 MIPN 也通过精馏分离出来。DIPN 和 TIPN 混合物再通过精馏分离出 DIPN，TIPN 返至转位反应器与萘进行反应，少量残液排出系统。连续法生产 DIPN 工艺流程见图 3 - 21。

两种生产方法相比，间歇法催化剂不能回收，水洗后产物含水不能完全脱除，能耗大，且排放大量废水，生产成本高；连续法采用的是固体催化剂，省去中和水洗过程，简化了流程，自动化水平高，生产成本低。

3.4.3　高效混凝土减水剂

萘系高效减水剂，外观为黄褐色粉末状固体，溶于水，含有少量 Na_2SO_4。

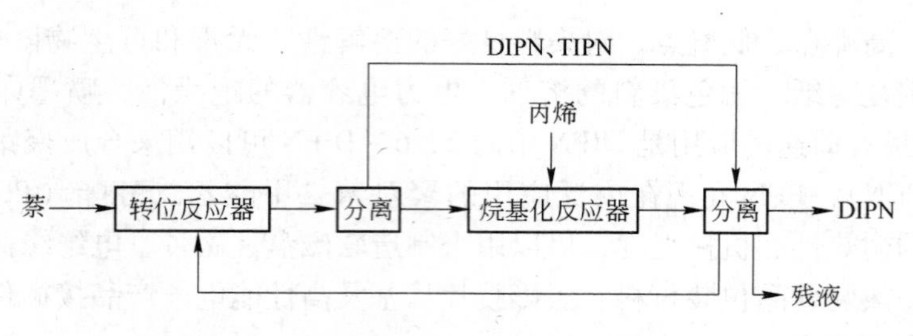

图 3－21　连续法生产 DIPN 工艺流程

减水剂主要应用于建筑行业中，在混凝土中加入少量的减水剂即可起到缓凝、减水、早强、高强、泵送引气等改善混凝土的作用，在大坝、桥梁等建筑上必须使用。国外有的国家，如美国、日本使用水泥要求必须添加减水剂。萘制减水剂工艺流程为：萘同硫酸进行磺化反应，加入氢氧化钠中和过剩的硫酸，然后加甲醛聚合，干燥后即为产品。工艺流程见图 3－22。

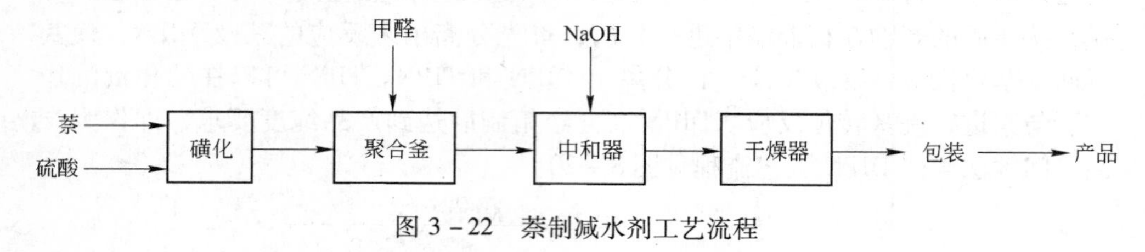

图 3－22　萘制减水剂工艺流程

3.4.4　萘酚

萘酚有 2－萘酚（β－萘酚）、1－萘酚（α－萘酚）两种同分异构体。因 2－萘酚是除苯酐外萘的第二大应用领域，所以下面对其进行着重介绍。

萘磺化后，用碱中和萘磺酸生成萘磺酸钠，再经氢氧化钠水解，升华可制 2－萘酚。由 2－萘酚可制成 R 酚（2－萘酚－3，6 二磺酚）、G 酚（2－萘酚－6，8－二磺酚）等染料中间体。此外，由 2－萘酚还可制取冰染染料萘酚 AS 的中间体 2，3 酸（2－羟基－3 萘甲酸）以及直接染料耐晒兰和灰枣红等。2－萘酚还可作抗氧剂、橡胶防老剂丁以及农药与药物的原料。在有机颜料方面，中国 2－萘酚主要用于生产金光红 C、立索尔大红、甲苯胺等约 20 个品种，近年由于国内消费增长和出口扩大，产量有较大增长。在橡胶助剂方面，2－萘酚主要用于生产防老剂丁，但由于具有毒性和新品种的替代，其产量正逐年减少。在医药和农药方面，乙萘酚主要用于生产萘普生和除草剂萘丙胺、植物生长调节剂 2－萘氧基乙酸等。

萘经磺化、碱熔得到的 α－萘酚可合成氨基甲酸杀虫剂西维因。氨基甲酸酯是广谱性接触杀虫剂，用于取代禁用的 DDT 及其他含氯化合物。氨基甲酸酯是产量和消费量增长最快的农药之一。α－萘酚还可作防腐剂、抗风湿药物、橡胶防老剂的基本原料或中间体及彩色电影胶片的成色剂，并且是许多醛及矿物油和植物油的有效抗氧剂。

3.4.5 其他萘下游产品

萘氧化除了制得苯酐外，还可得到1，4－萘醌，用于合成染料中间体蒽醌衍生物和还原染料。萘经硝化、硫化钠还原制得1－萘胺，1－萘胺是主要的中间体，可制造氨基萘磺酸等染料中间体及橡胶防老剂、农药灭鼠剂安妥等。萘经磺化得到的萘磺酸盐，除了可合成一系列偶氮染料外，还可用于制革业合成鞣革剂。近年来萘磺酸盐用于表面活性剂和分散剂的消费量日趋增长，可作湿润剂如涂料、纸张着色剂、杀虫剂、染料等的分散剂。美国开发萘系表面活性剂新应用领域十分引人注目，即在混凝土配方中用作添加剂，这种被称为“超塑性材料”的新产品，可增加混凝土的塑性变形而不会降低其强度。

其他萘系列主要品种有1，5－萘二磺酸二钠盐、1－萘酚－5－磺酸（L酸）、2－萘酚－3，6－二磺酸钠盐（R盐）、2－萘胺－6－磺酸、2－萘胺－3，6，8－三磺酸（K酸）、2－萘酚－6，8－二磺酸（G盐）、2－羟基萘－7－磺酸（F酸）、1－乙酰氨基－8－萘酚－3，6－二磺酸（乙酰H酸）、1，4酸（1－萘胺磺酸钠盐）、1－萘酚－4－磺酸（尼文酸）、1－萘胺－磺酸钠盐、甲萘胺、1－萘酚－4－磺酸、1－萘酚－3，6二磺酸、1，5二硝基萘、1，8－二硝基萘、1，5－二氨基萘、1，8－二氨基萘、1，5－二羟基萘、1，5－二磺酸萘及其钠盐、1，5－二磺酸萘盐、2，6－二磺酸萘二钠、2，7－二磺酸萘二钠、2－萘酚－3，6－二磺酸钠、α－萘乙酸、1，6－萘二磺酸、1，5－萘二磺酸等。

3.4.6 国外萘应用技术

国外有关萘应用方面具有创新性的专利有：Nielsen 等人[20]以萘－2－硼酸、6－氢萘－2－硼酸及其碱金属盐作为液体洗涤剂中的酶稳定剂。Shroot 等人[21]以聚萘取代衍生物1－甲基－6－（5，6，7，8－四氢－5，5，8，8－四甲基－2－萘基）－2－萘甲酸治疗皮肤病，可治愈皮肤上的各种斑点；将其用于洗涤剂凝胶、香皂、洗发水中则可以除去皮肤和头发上的油脂，保护暴露于太阳下的皮肤，使之不发生病变，减轻皮肤生理性的干燥，使皮肤保持湿润，促进头发生长，抑制头发脱落。另外，含有可转化为羟基的氮杂环萘衍生物[22]可用于胶片冲洗，用作热显影光敏材料的显影抑制剂的释放剂，使冲洗出来的照片具有较高的分辨率（S/N 比高）及色素高密性，从而使照片更加清晰和逼真。

萘衍生物有用作医药方面的专利[23~25]，可用于治疗神经系统、前列腺方面的疾病以及用作抑制肺癌细胞生长的抑制药剂；有用作杀虫剂方面的专利[26,27]；

还有用于染料工业的新型萘系偶氮类活性染料和含有磺酸取代的偶氮萘化合物专利技术[28,29]等。作为八大化工原料之一的萘，其日益广泛的应用领域仍在不断地拓展，由萘衍生而来的各种下游产品在当今世界的各行各业正悄然起着越来越重要的作用。与萘系物产品的生产或研发有关的国内单位应看清这一趋势，积极加入到开发萘系物的大潮中来，以尽最大可能缩短与国外发达国家的水平。

3.5　甲基萘的提取及深加工

3.5.1　甲基萘的性质及用途

甲基萘是一种无色油状液体，有类似萘的气味，能与蒸气一同挥发，易燃，不溶于水，易溶于乙醚和乙醇。相对密度（20℃）1.025，沸点245℃，闪点82.2℃。甲基萘是生产分散染料助剂（分散剂）的主要原料，还可作热载体和溶剂、表面活性剂、硫黄提取剂，也可用作生产增塑剂、纤维助染剂，还可用作测定烷值和十六烷值的标准燃料。随着精细化工的发展，工业甲基萘、α－甲基萘、β－甲基萘等化工产品的应用范围不断扩大。其中β－甲基萘比α－甲基萘用途更广，它主要用于生产维生素K_3、止血剂、纺织工业的洗涤剂、乳化剂、润湿剂和还原燃料的辅助剂，也是聚酯纤维的染色体载体、纤维助染剂、植物生长调节剂、饮料的添加剂、水泥减水剂、去垢剂等的主要原料[30]。

3.5.2　洗油中提取β－甲基萘的方法

3.5.2.1　共沸精馏和异构化相结合的方法[31]

日本川崎钢铁公司以洗油为原料，在该公司的半工业性装置中生产出了β－甲基萘，其工艺由共沸精馏、加氢脱硫、精馏和异构化四部分组成[32]，流程如图3－23所示。共沸精馏的目的是有效地除去洗油中的含氮化合物，技术关键在于选择良好性能的共沸剂，可用乙二醇、二乙二醇、单乙醇胺作共沸剂，其中乙二醇的效果最好。乙二醇共沸精馏有利于含氮化合物脱除，但几乎不能除去沸点差很小的含硫化合物，所以采用了加氢脱硫方法以除去原料中的含硫化合物。在精馏工段，经过共沸精馏和加氢脱硫后几乎不含有含氮化合物和含硫化合物，但还含有以下杂质：脱除甲基硫茚类的残渣烷基苯类、甲基四氢化萘等低沸点组分和二甲基萘、联苯等高沸点组分。考虑到后序的异构化工段，甲基四氢化萘是必要的添加剂，同时具有抑制结焦的效果，并且分离了高纯度的β－甲基萘后残留的α－甲基萘富集馏分将作为异构化原料而加以利用，所以有效的精馏方式是在一个塔中进行间歇精馏。当然也可以采用连续精馏。关于α－甲基萘的异构化，通过对催化剂进行试验，将基本的HY型沸石进行脱铝处理，催化剂寿命极大地提高，异构化收率达50%～60%。

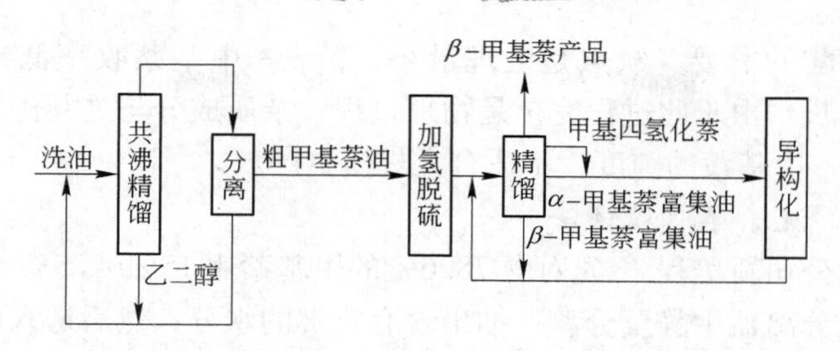

图 3-23 从洗油中提取β-甲基萘的工艺流程

该方法的优点是：（1）工艺流程较短，可操作性强；（2）采用α-甲基萘异构化技术，提高了β-甲基萘的产量；（3）能够比较彻底地除去洗油中的含氮化合物、含硫化合物，提高了β-甲基萘的纯度；（4）四氢化萘反应后，经脱氢处理又重新返回甲基萘油中，不需另作分离处理；（5）若选用脱铝且负载微量Pt的Y型沸石催化剂，在适宜的反应温度和压力下，可有效地抑制副反应。该方法的缺点是有副产物萘和二甲基萘产生[33]。

3.5.2.2 *蒸馏冷冻结晶法*

杨宝昌等人[34]采用从煤焦油中富集的230~245℃的甲基萘馏分（甲基萘含量为50%左右）为原料，采用间歇蒸馏的方法（见图3-24），从塔顶采出237~241℃的β-甲基萘主馏分。此蒸馏操作全回流4h，回流比15~30。当α-甲基萘含量>8%时，适当减小采出量，当塔顶采出温度>241℃时停釜，切取的是β-甲基萘≥75%的主馏分。

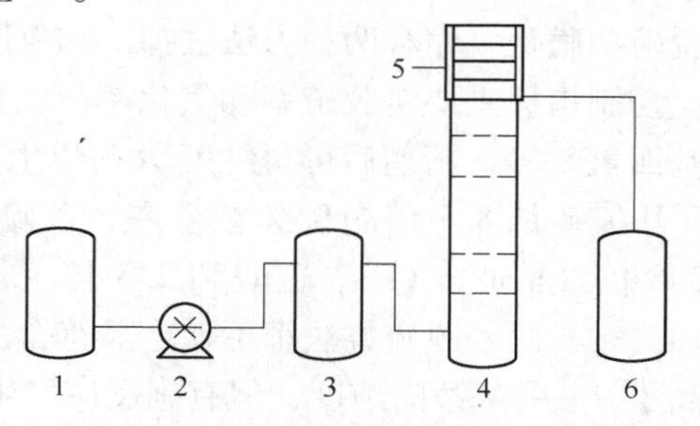

图 3-24 间歇蒸馏工艺流程

1—原料槽；2—原料泵；3—蒸馏釜；4—蒸馏塔；5—冷凝器；6—收液槽

然后将该馏分冷却，送入结晶分离工序（见图3-25）。经过在-2~2℃下结晶，结晶时间72~84h，形成结晶体，离心分离，取出滤饼，加热熔化，过滤除去杂质，可获得纯度≥95%的β-甲基萘。

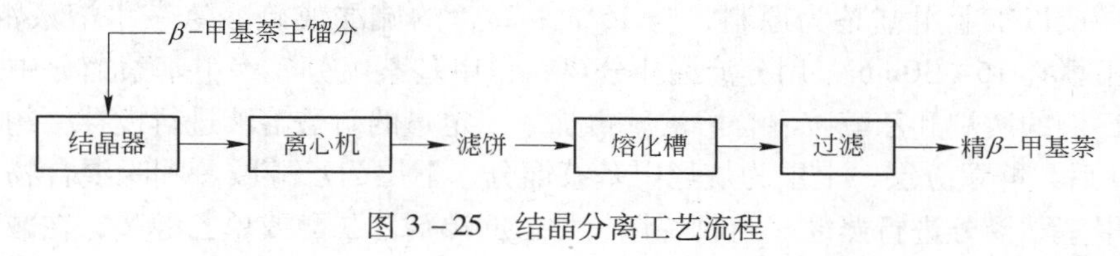

图 3-25 结晶分离工艺流程

该方法的优点是工艺简单，操作方便，主馏分的富集度可通过改变回流比得到明显改变，能满足兽药行业生产维生素 K_3 的需要，也能满足国内染料厂生产

1，4－萘二甲酸的需要。缺点是处理量小，精β－甲基萘收率低，纯度不易提高，结晶时间长。由于此过程完全是物理过程，杂质成分与之共沸，难以做到大幅度提高精β－甲基萘的纯度，不适合大规模生产。

3.5.2.3 洗涤萃取精馏法

武汉钢铁公司靳美程[35]先对含78.6%的甲基萘用15%～25%的H_2SO_4进行酸洗，之后在分离器中静置分离，抽出含有喹啉的水分；然后送入碱液槽中，加入10%～20%的KOH洗涤除去吲哚等杂质；经过除杂质槽，送到精馏塔的中部进行精馏，最后在靠近精馏塔顶部提取得到纯度大于90%的β－甲基萘，其提取率大于60%。该法优点是工艺简单，生产成本较低，一般精馏塔即可；缺点是当纯度要求高时，需进一步提高β－甲基萘的纯度。

王守凯[36]介绍了日本川崎制铁化学事业部生产喹啉、β－甲基萘、α－甲基萘、吲哚的工艺情况。将洗油用硫酸处理后静置分层，油层含吲哚和甲基萘，吲哚接触到硫酸后，发生聚合反应，从而固体化，然后过滤与中性油分离，滤液用于提取甲基萘。滤液用碱中和后，杂质主要是约为0.007%甲基硫茚，可用加氢脱硫和磺化－缩合两种方法去掉。加氢脱硫所用催化剂是Mo－Co/C－Al_2O_3，反应控制指标主要是脱硫率和氢化率。加氢后的甲基萘还残存硫化氢、烷基苯、甲基四氢萘等，精馏后可得纯度98%以上的β－甲基萘。磺化－缩合时，使用相当于甲基硫茚8.7倍的95%浓硫酸，含硫量可降到$1.27\times10^{-3}\%$以下，缩合时用0.8倍（mol/mol）浓硫酸和2.3倍（mol/mol）37%甲醛，含硫量降至$7.4\times10^{-4}\%$。两种脱硫方法都可使产品符合JIS标准。这种生产方法的优缺点是：提高了β－甲基萘的纯度，但有副反应发生，且再分离时较困难；工艺存在着酸碱消耗量大、收率低等问题，效果不理想。

洪汉贵等人[37]提出对从煤焦油中回收的经过酸洗脱喹啉的粗甲基萘富集蒸馏，然后加入二甘醇进行共沸蒸馏，最后精馏可制得含量在95%以上的精β－甲基萘。

3.5.2.4 减压蒸馏和共沸蒸馏相结合的方法

滕占才[38]以煤焦油洗油为原料，在常、减压条件下进行精馏，获得甲基萘馏分。或以工业甲基萘为原料，与15%～25%的硫酸或硫酸氢铵水溶液混合，室温下搅拌15～30min，用分液漏斗分离，得甲基萘组分。将甲基萘馏分中加入一定比例的庚烷和乙醇胺混合溶液，再加入一定量的硫酸溶液进行搅拌，约30～60min后，静置分层，上层为烷烃甲基萘馏分，下层为乙醇胺－吲哚混合物。将烷烃甲基萘馏分进行蒸馏，回收烷烃。加入共沸剂乙二醇或单乙醇胺，在减压下精馏，压力为0.05～0.52MPa，回流比为（10～15）：1的条件下，切取200～210℃馏分。收集到的甲基萘馏分再进行精馏可得到纯度为98%的β－甲基萘，产品的收率达55%。该减压精馏和共沸精馏法工艺路线简单、合理、可行，基本上没有三废污染。

3.5.2.5 重结晶法[39]

对于纯度大于90%的粗β－甲基萘，为除去含硫和含氮有机物，采用乙醇胺重结晶法效果明显。乙醇胺加入量为原料质量的2～4倍，在30～40℃下溶解，然后冷却结晶，β－甲基萘优先析出。过滤得到的结晶物中，几乎不含有硫和氮的有机物。图3－26为间歇式结晶工艺流程。在带有搅拌器的结晶槽中，装入含有75%的β－甲基萘和23.5%的α－甲基萘馏分7.7kg以及甲醇2.3kg，然后用循环泵循环。当槽内温度为1.2℃时，β－甲基萘开始析出，混合液结晶浓度达到22%，此时将母液用循环泵送到离心机，得纯度为97%的β－甲基萘，经水洗后达98%。从离心机分出的7.8kg母液入母液槽，然后再导入结晶槽降低结晶温度，其余操作同前，最后得到1.6kg纯度98%的β－甲基萘，总收率达66%。水洗液送水洗槽去废水处理装置。

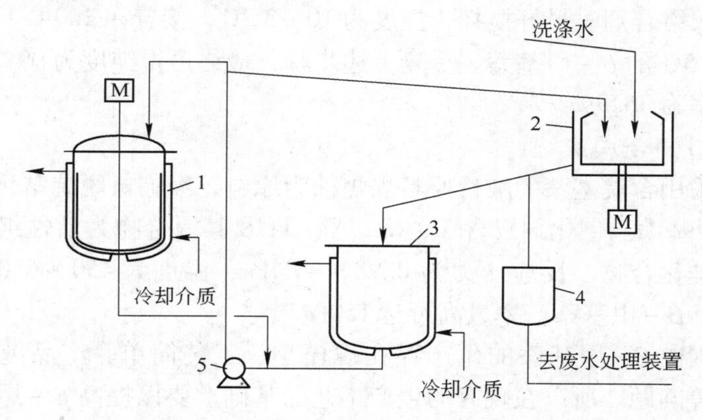

图3－26 间歇式结晶工艺流程

1—结晶器；2—离心机；3—母液槽；4—水洗液槽；5—循环泵；M—电动搅拌器

3.5.2.6 共沸精馏和熔融晶析结合法

日本住金化工公司鹿岛厂[40]采用共沸蒸馏和晶析设备，以洗油为原料，加入共沸剂，首先蒸出甲基萘馏分，然后再依次蒸馏出联苯、苊、吲哚，之后用晶析设备生产高纯度的β－甲基萘，β－甲基萘纯度可达99%以上，产品的收率很高。

3.5.2.7 烷基化法

烷基化法是通过化学反应使α－甲基萘进行双取代烷基，β－甲基萘进行单取代烷基，这样二者的物理性质会发生较大的区别而达到分离，分离后再脱烷基得到两种甲基萘[41]。这种方法成本高，不适于扩大到工业规模。

3.5.2.8 沸石分离法

沸石分离法通过利用气相吸附的原理将甲基萘的两种异构体进行分离。α－甲基萘在100℃左右时在ZSM－5或ZSM－22沸石上有较大的吸附力，而β－甲基萘却很小，这样经过吸附，可获得高纯度的β－甲基萘。日本专利也报道了利用Y型沸石，在150℃用苯甲醚做洗脱液，可使两种异构体得到较好的分离，但这类方法未见有工业实施的报道。

3.5.2.9　压力结晶法

压力结晶法以浓度60%～90%的β－甲基萘为原料，在压力5～100MPa/cm^{2}下结晶精制β－甲基萘。这个方法的特点是喹啉、异喹啉等杂质在常压下与β－甲基萘形成固熔体，用冷冻结晶法很难除掉，而在高压条件下结晶可达到较好的结果[42]。但是该法对设备的要求很高，工业化不易实施。

3.5.2.10　络合法

络合法是将甲基萘馏分与一种新型络合剂9，9－双蒽接触形成络合物，向混合物中加入络合剂时最好搅拌，温度为10～35℃；接着在200℃下热分解即可得纯度为86.5%的β－甲基萘。重复上述步骤，最终可得纯度为99%的β－甲基萘。此法收率为76.9%[45]。

3.5.2.11　合成法

合成法采用含烷基萘的廉价原料煤焦油为原料，经临氢脱烷基化反应制得高纯度的β－甲基萘。催化剂以含V、Cr、Ni、Pt及其混合物为活性组分，载体主要成分为铝硅化合物、反应压力为0.98～49MPa，温度为450～650℃，反应时间为3～35s，β－甲基萘产率最高可达150%[43]。

目前，国内β－甲基萘的生产存在规模小、工艺简单、产品纯度低、能耗大、收率低等问题。所以在现有的生产工艺的基础上要以提高β－甲基萘的质量和收率为宗旨，同时以低耗、增效为目的，探讨研究适宜的溶剂，采取共沸蒸馏法或其他更有效的方法，除去β－甲基萘中的吲哚、喹啉、联苯等杂质，投入人力物力解决我国β－甲基萘生产过程中的问题，使我国的β－甲基萘生产规模、技术水平早日赶上或超过世界其他国家的生产水平。

3.5.3　甲基萘的深加工及应用

3.5.3.1　混合甲基萘的深加工及应用

混合甲基萘（m－甲基萘）可用作医药和表面活性剂的原料，此外甲基萘经HF/BF_3催化处理可制备中间相沥青[44]，中间相沥青是制备碳纤维的优质原料。

Y. Kouai等分别以α－甲基萘、β－甲基萘和m－甲基萘为原料，用HF/BF_3作催化剂，在3MPa压力条件下，制备出了α－甲基萘、β－甲基萘和m－甲基萘等3种中间相沥青，收率为80%～90%。由甲基萘制得的中间相沥青中含有一定数量的甲基和环烷基成分，这些成分使中间相沥青具有较高的溶解性、较低的软化点和较高的氧化反应性。从α－甲基萘和β－甲基萘中分别脱除12%和7%的H、S组分，可得到体积分数为100%的中间相沥青。

m－甲基萘与浓H_2SO_4反应，然后与37%的甲醛水溶液缩合，再用强碱中和，制得的萘磺酸甲醛缩合物，可用作水基混相的分散剂[45]，如水泥减水剂、染料涂料分散剂、水煤浆分散剂、乳液聚合分散剂等，还可用于碱性染料的黏结剂、阳离子物质的沉淀剂、含有硝酸铵肥料的抗凝结剂，以及石膏工业、耐火砖制造、农业配方及陶瓷工业等领域。攀枝花大学[46]做了以精甲基萘为主要原料合成萘系高效减水剂的研究。在一定温度下将一定配比的工业萘与甲基萘的混合物与浓H_2SO_4发生磺化反应，生成的α－萘磺酸水解后得到β－萘磺酸，最后生成的萘磺酸甲醛缩合物与Na_2SO_4混合即成目的产品——萘系高效减水剂。

用*m*－甲基萘还可以合成高性能PEN的前体2，6－二甲基萘，黑龙江大学[47]以*m*－甲基萘为原料，均四甲苯和偏三甲苯为烷基化剂，无水$AlCl_3$为催化剂，CH_2Cl_2为溶剂，进行甲基转移化反应合成了2，6－D甲基萘，并考察了反应温度、催化剂和烷基化剂的加入量以及烷基化剂种类对反应结果的影响。

3.5.3.2 α－甲基萘的深加工及应用

α－甲基萘可用于生产氯乙烯纤维和涤纶印染载体表面活性剂、热载体、医药中间体、硫黄提取剂、增塑剂、纤维助染剂，也可作为柴油十六烷值测定剂、农药杀虫剂的溶剂、蒽醌法双氧水生产用溶剂，还可用来生产植物生长调节剂1－萘乙酸。

3.5.3.3 β－甲基萘的深加工及应用

β－甲基萘比α－甲基萘用途更广泛，主要用来生产维生素K_3、聚酯纤维染色体载体、纤维助染剂、有机颜料、混凝土添加剂、洗涤剂、乳化剂、止血剂、润湿剂、植物生长调节剂、饮料添加剂、饲料添加剂、口服避孕药和彩色胶卷染料等。维生素K_3是2－甲基－1，4－萘醌及其加成物的通称，目前国内外大多采用铬氧化法进行生产，主要生产国有德国、法国、意大利、瑞士等，工艺过程为β－甲基萘与$H_2Cr_2O_7$及H_2SO_4发生氧化反应生成2－甲萘醌，2－甲萘醌在$NaHSO_3$溶液中发生磺化反应生成维生素K_3。

近年来，又开发了以β－甲基萘为原料生产2，6－萘二羧酸[48]的新工艺，即β－甲基萘经烷基化得2，6－二甲基萘，再经氧化后制得2，6－萘二甲酸二甲酯（2，6－NDC），2，6－NDC与乙二醇缩聚制得PEN。PEN是一种具有优良气体阻隔性、防水性、抗紫外线性、耐热性、耐化学品性、耐辐射性等性能的热塑性聚酯，其作为一种新的功能性高分子材料而令人瞩目，被认为是替代聚对苯二甲酸乙二酯（PET）的第三代高分子材料。

沈剑平等发明了一种以β－甲基萘为原料合成2，6－二甲基萘的方法。该方法以交联黏土层柱材料为催化剂，使β－甲基萘经歧化反应生成2，6－二甲基萘。不同柱高、柱密度及柱含量的铝镓交联层柱对β－甲基萘的催化结果表明，β－甲基萘主要进行异构化反应，反应活性与酸量、异构化选择性与弱酸量、歧化选择性与L酸量均有很好的对应关系，柱高度降低及柱密度的增加均有利于2，6－二甲基萘的生成。

白雪峰[49]则做了以β－甲基萘、甲苯及二甲苯为原料，通过烷基化、酰基化、加氢、脱水、脱氢环化、异构化和分离等过程，合成2，6－二甲基萘的工艺研究。

周群[50]研究了不同硅铝比和β沸石对β－甲基萘合成2，6－二甲基萘的催化性能，证明催化活性与沸石的酸量成顺变关系；在硅铝比较高的β沸石上，主要发生异构化反应，在硅铝比较低的β沸石上主要发生歧化反应，且歧化反应的选择性主要受催化剂的L酸中心影响。

金田充弘等人[51]也公开了一种以β－甲基萘为原料（其中可混有萘）生产2，6－二甲基萘的技术。该方法以$AlCl_3$或$AlBr_3$为催化剂，在芳香族硝基化合物（如硝基苯）存在下，以六甲基苯为甲基化剂，使萘或β－甲基萘在溶剂二氯苯中进行液相甲基化反应生产2，6－二甲基萘。

Bouillet、Logan等人[52]提出用甲基萘磺酸钠作为洗涤剂起防结块、漂白作用的添加剂的组分之一，使加入添加剂的洗涤剂可用于清洗织物、纤维制品，也可以用于硬表面物品的洗涤。

附：煤焦油　萘含量的测定　气相色谱法
（YB/T 5078—2010）（节选）

1　范围

本标准规定了煤焦油萘含量的气相色谱测定原理、试剂和材料、仪器设备、试验条件、分析步骤和结果计算。

本标准适用于高温炼焦时所得的煤焦油中萘含量的测定。

2　原理

用N，N－二甲基乙酰胺溶解煤焦油，在该溶液中加入一定量的内标物正十二烷，利用商品化毛细管色谱柱进行分离。用微量注射器直接进样，汽化的试样被载气携带，分流后一部分进入毛细管色谱柱，在柱出口处追加氮气后由氢火焰检测器检测待测物质。以内标法计算出萘的百分含量。

3　试剂

3.1　N，N－二甲基乙酰胺：分析纯。

3.2　萘：色谱纯。

3.3　正十二烷：色谱纯。

4 仪器和设备

4.1 气相色谱仪：具有氢火焰检测器，程序升温功能，安装毛细管色谱柱的接口及分流、不分流装置，灵敏度为 $Mt \leqslant 1 \times 10^{-11}$ g/s 的气相色谱仪。

4.2 色谱工作站或色谱数据处理器。

4.3 微型旋涡混合仪（转数：2000r/min，振幅：6mm）。

4.4 色谱柱：石英弹性毛细管柱 DB－5，30m×0.32mm×0.25μm，或能达到分离要求的同类型毛细管柱。

4.5 分析天平：感量 0.1mg。

4.6 氢气：纯度≥99.99%；氮气：纯度≥99.99%；空气：净化后的压缩空气。

4.7 微量注射器：10μL。

4.8 移液管：10mL。

4.9 带密封垫样瓶：12mL。

4.10 50mL 烧杯。

5 试样的采取

煤焦油试样的采取按 GB/T 1999 的规定进行。

6 分析步骤

6.1 按下述柱温及表 1 所规定的条件调整气相色谱仪，允许根据实际情况作适当变动，但需保证萘峰与十二烷峰的相对分辨率（R）≥1.5，进样量和仪器的灵敏度应控制在萘的线性相应范围内。R 值按式（1）求得：

$$R = \frac{tr(\alpha) - tr(\beta)}{Y_{1/2}(\alpha) + Y_{1/2}(\beta)} \tag{1}$$

式中 R——相对分辨率；

$tr(\alpha)$——正十二烷的保留值，mm；

$tr(\beta)$——萘的保留值，mm；

$Y_{1/2}(\alpha)$——正十二烷的半峰宽，mm；

$Y_{1/2}(\beta)$——萘的半峰宽，mm。

柱温（程序升温）：起始温度 95℃，保持 6min；以 40℃/min 速率升温至 150℃，保持 1min；再以 40℃/min 速率升温至 250℃，保持 1min；然后以 40℃/min 速率升温至 300℃，保持 7min。

表 1 典型色谱操作条件

控制项目	控制值
汽化温度/℃	300
检测温度/℃	300
柱流量(N_2)/mL · min^{-1}	2.63

续表 1

控制项目	控制值
柱前压(N_2)/MPa	0.08
氢气(H_2)/mL · min^{-1}	35
空气(Air)/mL · min^{-1}	380
半峰宽/min	3
分流比	50 : 1
尾吹(N_2)/mL · min^{-1}	25
进样量/μL	0.4
最小峰面积/mm^2	100

6.2　在典型色谱操作条件下，主要组分的相对保留时间见表 2。

表 2　煤焦油主要组分定性结果

组分名称	煤焦油各组分相对保留值（R_i）	标准物质相对保留值（R_s）
萘	1.000	1.000
β－甲基萘	1.411	1.412
α－甲基萘	1.446	1.448
联苯	1.743	1.743
苊	1.798	1.801
氧芴	1.843	1.845
芴	1.953	1.941
菲	2.1948	2.201
蒽	2.204	2.209
咔唑	2.246	2.249
2－甲基蒽	2.330	2.338
荧蒽	2.477	2.485
芘	2.534	2.539

6.3　校正因子的测定

6.3.1　标样的制备

按照煤焦油萘含量的变化范围，配制一系列萘（色谱纯）的标准溶液（含内标物）。准确称取萘 0.01g、0.02g、0.03g、0.04g、0.05g、0.06g（精确到 0.1mg），准确称取 0.030g 正十二烷（精确至 0.1mg）于带密封垫的样瓶中，用移液管加入 6mL N，N－二甲基乙酰胺，混合均匀后备用。

6.3.2 标样的色谱分析及校正因子的计算

按6.1调整好色谱仪，用微量注射器注入0.4μL标准样，每个标样平行测定3~5次，由色谱工作站（或色谱数据处理器）测定萘与内标物正十二烷的峰面积比（A_i/A_s），取平均值。

按式（2）计算萘相对于内标物（正十二烷）的相对校正因子：

$$f_i = \frac{A_s}{A_i} \cdot \frac{m_i}{m_s} \tag{2}$$

式中 f_i——相对校正因子；

A_s——正十二烷的峰面积，mm^2；

A_i——萘的峰面积，mm^2；

m_i——萘的质量，g；

m_s——正十二烷的质量，g。

6.3.3 在正常条件下，校正曲线每隔三个月校准一次，以保证定量的准确性。但如果色谱条件改变，则必须重新验证校正因子。

6.4 试样的测定

按6.1调整好色谱仪，准确称取煤焦油试样0.5g（精确到0.1mg），称取0.030g正十二烷（精确到0.1mg）于带密封垫的样瓶中，用移液管加入6mL N，N－二甲基乙酸胺，在80~100℃烧杯水浴中加热2~3min，在旋涡混合仪上振荡10s将样品均匀后，用微量注射器取0.4μL样品，在规定的试验条件下进行分析。每个样品重复测定两次，取两次分析的平均值作为测定结果。

7 结果计算

按式（3）计算煤焦油萘（无水基）的百分含量：

$$X_{萘(无水基)}\% = \frac{A_i}{A_s} \cdot f_i \cdot \frac{m_s}{m_{试}} \cdot \frac{100}{100 - M_{ad}} \tag{3}$$

式中 A_i——样品中萘的峰面积，mm^2；

A_s——样品中正十二烷的峰面积，mm^2；

f_i——萘的相对校正因子；

m_s——正十二烷的质量，g；

$m_{试}$——试样的质量，g；

M_{ad}——煤焦油分析试样中水分的质量分数，%。

8 精密度

重复性：同一化验室两次平行试验结果重复性：不大于1.0%。

参 考 文 献

[1] 汪浩．乙烯焦油中萘系物的利用［J］．石油化工技术经济，1990(1)：53~55.

[2] 潘筱菁，周荣琪．蒸馏－结晶耦合法的初步研究［J］．现代化工，1998(1)：31～33.

[3] 葛宜掌．煤低温热解液体产物中的酚类化合物［J］．煤炭转化，1997，20(1)：14～19.

[4] 杨明富．工业萘蒸馏系统的工艺改造［J］．燃料与化工，2012，43(2)：57～58.

[5] 中华人民共和国卫生部．GB/T 5009. 27—2003 食品中苯并（a）芘的测定［S］．北京：中国标准出版社，2004.

[6] 回瑞华，侯冬岩，李铁纯，等．黄柏挥发性化学成分分析［J］．分析化学，2001，29(3)：361～364.

[7] Alan A Herod，Brian J Stokes，Hans－Rolf Schulten. Coaltar analysis by mass spectrometry—a comparison of methods［J］. Fuel，1993，72(1)：31～43.

[8] 李翔毓．煤焦油萘的技术、市场及下游产品开发［J］．上海化工，2001(12)：32～35.

[9] Durand Jean－Pierre，Robert Eric，Ruffier－Meray Veronique. Integrated analysis process and device for hydrocarbon characterization by distillation simulation：US，6237396 B1［P］. 2001－05－29.

[10] Durand Jean－Pierre，Robert Eric，Ruffier－Meray Veronique. Characterising hydrocarbons by simulated distillation and chro－ matography：GB，2346094［P］. 2000－08－02.

[11] 谢东宏．DBT 型蒸发结晶器［J］．化工机械，1993，21(1)：55～57.

[12] 徐翰初，韩永霞，宫玉秀，等．煤焦油精制新技术［J］．山东冶金，2004，26(6)：65～69.

[13] Li N N. Permeation through liquid surfactant membranes［J］. AIChE Journal. 1971，17(2)：459～463.

[14] 阮湘泉，郭崇涛．分步结晶－萃取精馏法在精萘生产中的应用［J］．煤气与热力，1991，11(1)：15～19.

[15] Kremesec V J. Modeling of dispersed－emulsion separation systems［J］. Separation and Purification Methods，1981，10(2)：117～157.

[16] 阎承伟，邓贻钊，赵树昌．工业萘的结晶精制［J］．煤化工，1992(1)：201～209.

[17] 周霞萍，高晋生，王曾辉．煤焦油中萘－硫茚分离技术的研究［J］．华东理工大学学报，1997，23(1)：45～48.

[18] 戎大明．精萘生产简介［J］．染料工业，2000(4)：98～102.

[19] Bluemer G. Modern coaltar distillation－producing technology of aromatics and heterocyclic aromatics［J］. Erdland Kohl－Erdgas－Petrochemic，1983(1)：22～27.

[20] Nielsen. Naphthalene boronic acids：US，5834415［P］. 1998－11－10.

[21] Shroot. Polysubstited derivitives of naphthalene，their process of preparat ion and their application in the cosmetic and pharmaceutical fields：US，4886907［P］. 1989－12－12.

[22] Kitaquchi. The use of naphthalene derivatives：US，4678735［P］. 1987－07－07.

[23] Baudy. 5H，8H－2－oxa－1，3，5，8－tetraaza－cyclopenta－naphthalene－6，7－diones：US，5719153［P］. 1998－02－17.

[24] Taniquchi. Naphthalene derivatives as prostaglandin I. sub. 2 agonsists：US，5763489［P］. 1998－06－09.

[25] Howard, Jr. Use of naphthalene derivatives in treating lung carcinoma: US, 5821245 [P]. 1998 - 10 - 13.

[26] Rajamannan. Method of controlling soil and plant pests with a naphthalene containing composition: US, 5668184 [P]. 1997 - 09 - 16.

[27] Lachut. Pesticidal surfactant mixtures comprising alkyl polyglycosides and alkyl naphthalene sulfonates: US, 5516747 [P]. 1996 - 05 - 14.

[28] Tzikas. Monoazo dyes having a fiber - reactive 2 - vinylsulfony - 5 - sufoaniline diazo component and a fiber - reactive halo triazinyl substituted coupling component of the benzene or naphthalene series: US, 5731421 [P]. 1998 - 03 - 24.

[29] Mausezahl. Mixture of disazo dyes containing sulfo - substituted 1, 4 - naphthalene middle components: US, 5298036 [P]. 1994 - 03 - 29.

[30] 金昌伟. 石油副产 C10A 重芳烃及 2 - 甲基萘的开发 [J]. 中国化工, 1996(12): 45.

[31] 许杰, 张威毅, 房明, 等. 甲基萘的应用与生产技术进展 [J]. 石化技术与应用, 2004, 22(1): 12 ~ 15.

[32] 铃木利英. 2 - 甲基萘的新颖生产法 [J]. 武钢技术, 1996(12): 12 ~ 15.

[33] 戚作芝. 从吸收油分离 2 - 甲基萘的新工艺 [J]. 河北理工学院学报, 1996(4): 70 ~ 73.

[34] 杨宝昌, 巴德彪. 从甲基萘馏分中提取精 2 - 甲基萘和精 α - 甲基萘 [J]. 沈阳化工, 1999, 28(3): 39 ~ 42.

[35] 靳美程, 陈旭东. 提取 2 - 甲基萘和 1 - 甲基萘的方法及装置: 中国, 1122320A [P]. 1996 - 05 - 15.

[36] 王守凯. 一种洗油加工工艺及其产品的应用 [J]. 湖南化工, 1999, 29(5): 36 ~ 40.

[37] 洪汉贵, 郭金海, 魏运秩. 从煤焦油粗甲基萘精制 β - 甲基萘的方法: 中国, 1172096A [P]. 1998 - 02 - 04.

[38] 滕占才, 毕红梅, 夏远亮, 等. 高纯度 β - 甲基萘的制备工艺研究 [J]. 黑龙江八一农垦大学学报, 2002, 14 (2): 100 ~ 102.

[39] 肖瑞华. 煤焦油化工学 [M]. 北京: 冶金工业出版社, 2002: 152 ~ 154.

[40] 坚古敏彦. 甲基萘生产技术改进 [J]. 燃料与化工, 1998, 30(3): 147 ~ 149.

[41] Nickels Joseph E. Separation of naphthalene isomers: US, 2598715 [P]. 1952 - 06 - 03.

[42] 顾广隽, 崔志民, 秀维庆, 等. 从洗油中分离甲基萘、联苯、吲哚的研究 [J]. 燃料与化工, 1988, 19(4): 223 ~ 227.

[43] Toda Fum - io. Process for separating alky - lsubstituted naphthalene derivatives using clathrate complexes: US 5856613 [P]. 1999 - 01 - 05.

[44] Korai Y. 甲基萘经 HF/BF3 催化制备中间相沥青 [J]. 新型碳材料, 1995 (1): 56 ~ 58.

[45] 王功平. 石油萘下游产品的开发和利用 [J]. 上海化工, 2001(8): 12 ~ 13.

[46] 胡相红, 王洋. 以工业萘和粗甲基萘为主要原料合成萘系高效减水剂 [J]. 化学研究与应用, 2001, 13 (4): 11 ~ 13.

[47] 吴伟，刘一夫，白雪峰．甲基萘转移甲基化合成2，6－二甲基萘 [J]．黑龙江大学自然科学学报，2002，19(2)：99～102.
[48] 张荣，张敏宏，张毅．2，6－二烷基萘制备技术 [J]．石化技术，2000，7(3)：185～188.
[49] 白雪峰，吴伟，张国强．2，6－二甲基萘的合成 [J]．化学与粘合，2000(2)：76～78.
[50] 周群，孙芳，裘式纶，等．β沸石上β－甲基萘的催化反应性能研究 [J]．精细石油化工，2000(6)：42～44.
[51] 金田充弘．Production of 2，6－dimethylnaphthalene：JP，4120029 [P]．1992.
[52] Edmond Bouillet，William R Logan，Pierre Sarot. Composition and process for washing and bleaching：US，4326976 [P]．1982－04－27.

4 喹啉系化合物

工业上，喹啉及其衍生物主要从煤焦油洗油中提取或催化法化学合成。煤焦油洗油提取法是工业生产喹啉的传统方法。喹啉类化合物可用于制取医药、染料、感光材料、橡胶、溶剂和化学试剂等。

4.1 喹啉和异喹啉的理化性质及用途

4.1.1 喹啉和异喹啉的理化性质

喹啉分子式为 C_9H_7N，相对分子质量为129.16，属无色液体，有特殊气味；吸湿性强，能吸收22%的水分，能被水蒸气蒸馏，难溶于冷水，可溶于热水、稀酸、乙醇、丙酮、苯、氯仿和二硫化碳等，能溶解多种物质；储存时颜色逐渐变深。喹啉呈弱碱性（20℃，$pK_a=4.85$），能溶于酸而成盐，其苦味酸盐熔点203~204℃。能与卤代烷反应生成季铵盐。还原时根据反应条件不同可以生成1，2-二氢喹啉和1，2，3，4-四氢喹啉。氧化时，生成吡啶-2，3-二羧酸，再脱去 CO_2 变成烟酸。喹啉在浓硫酸中进行硝化时，3位和5位发生取代。在乙酸中硝化时可得到3-硝基喹啉。卤化反应通常在3位发生取代，但在浓硫酸中进行卤化时，可在5位和8位发生取代。

异喹啉属无色片状结晶或液体，熔点26.48℃，沸点242.2℃（99.1kPa），相对密度1.09101（30/4℃），折光率1.62078（30℃），闪点107℃；能与多种有机溶剂混溶，溶于稀酸；具吸水性，碱性较喹啉强；有类似茴香油和苯甲醚气味；能随水蒸气挥发；存放后，颜色发黄。异喹啉的 $pK_a=5.4$，碱性略强于喹啉，能与各种酸成盐，其盐酸盐熔点209℃，苦味酸盐熔点223℃。N上能发生酰基化及烷基化反应，其甲碘化物熔点159℃。亲电取代发生在5位或8位，亲核取代发生在1位。易发生氧化及还原反应。存在于煤焦油中，可用比施勒-纳皮耶拉尔斯基合成法或波默兰茨-弗里奇反应制取。一些重要的生物碱中含有异喹啉环。

4.1.2 喹啉和异喹啉的用途

喹啉是有机合成原料和溶剂。医药工业用于制烟酸系、8-羟基喹啉系和奎宁系类药物；还可制尼可刹米和驱虫剂，治肾盂肾炎药及没有瘾的镇痛剂等。可用作合成树脂的溶剂以及医药、染料、烟酸等的原料；也可作阴离子交换树脂的原料；还可作酰化反应和烯烃聚合反应的催化剂、可溶性酚醛树脂的固化剂、金属防腐剂等。与金属离子形成的不溶性盐，可用于定量分析，用作分析试剂，如作沉淀剂、溶剂。

异喹啉能制造药物和高效杀虫剂，氧化后可制成吡啶羧酸，其衍生物可用于制造彩色影片与染料；可用作合成药物、染料、杀虫剂的中间体及气相色谱固定液。

4.1.3　喹啉系化合物的生产现状

在焦油中，喹啉还存在同分异构体，即异喹啉。喹啉及其同类物存在于煤焦油各馏分中，喹啉在萘油中占0.61%，在洗油中占1.15%，在蒽油中占0.05%，而异喹啉在以上馏分中分别占0.35%、1.39%和0.24%。从煤焦油中得到的粗喹啉中异喹啉约占1%。由于异喹啉相当于苄胺的衍生物，故异喹啉的碱性（$pK_b=8.6$）比喹啉（$pK_b=9.1$）强，利用碱性的不同可将它们分开。

工业上常利用喹啉的酸性硫酸盐溶于乙醇，而异喹啉不溶的性质将二者分离。焦油馏分中的喹啉经稀酸多次洗涤并精馏后得到工业喹啉，然后再精制得到精喹啉。催化法化学合成通常以苯胺或邻氨基苯甲醛等芳胺类化合物为起始原料，与α，β-不饱和醛或酮（或其他试剂）发生 Michael 加成等一系列反应可得到喹啉类化合物。这类方法包括 Skraup 法、Doebner - Von 法、和 Friedlander 法等[1]。

煤焦油洗油馏分中提取的喹啉，不可避免地含有吲哚等杂质，喹啉含量一般在97%以下，而化学合成法制备的喹啉，杂质含量少，产品质量高，喹啉含量最高可达99%。据调查，我国85%以上的喹啉由煤焦油洗油原料生产，不到15%的喹啉来自于化学合成法生产。我国自1963年开始生产喹啉，它是随着煤焦油深加工工业的发展而开发的一种高附加值产品。据我国炼焦行业协会统计，1999年我国有5家喹啉生产厂，总产能1020t/a，产量778t/a。

随着我国洗油深加工技术的提高，喹啉产能和产量得到快速增长。截至2009年年底，我国喹啉生产能力17600t/a，总产量12520t，开工率71.1%。2004~2009年我国喹啉产能和产量见表4-1。

表4-1　2004-2009年我国喹啉产能和产量

年　份	产能/$t \cdot a^{-1}$	产量/t	开工率/%
2004	5200	4330	83.2
2005	8300	6560	79.0
2006	11000	8510	77.4

续表4-1

年 份	产能/$t \cdot a^{-1}$	产量/t	开工率/%
2007	13400	10610	79.2
2008	15700	11730	74.7
2009	17600	12520	71.1

4.2 工业喹啉和异喹啉的提取

4.2.1 精馏法提取工业喹啉

由我国钢铁工业协会提出，上海宝钢化工有限公司和冶金工业信息标准研究院共同组织起草的我国工业喹啉行业标准《工业喹啉》（YB/T 5281—2008）（见表4-2）于2008年9月1日正式开始实施。

表4-2 工业喹啉质量标准（YB/T 5281—2008）

指标名称	指 标
外观	无色至浅褐色液体
密度（20℃）/$g \cdot mL^{-1}$	1.085~1.096
水分质量分数/%	0.5
喹啉质量分数/%	95.0

洗油中有中性、弱酸性、弱碱性三类物质，喹啉及其同系物属弱碱性物质。洗油经稀硫酸洗涤以后，得到硫酸喹啉，硫酸喹啉溶于水层，能与洗油分离，再用碱或氨分解，分离出来的粗喹啉用高效精馏塔精馏，即可得到工业喹啉产品。

4.2.1.1 工业喹啉的提取实例一

鞍钢新轧钢公司化工总厂的工业喹啉生产工艺是以焦油中的重吡啶为原料，蒸馏切取55%左右的喹啉馏分，再经精馏得到工业喹啉（235~240℃馏出量≥95%，色谱分析喹啉含量>90%）。

原有的工业喹啉装置由粗制釜和精制釜组成。首先用泵将重吡啶装入粗制釜，用间接蒸汽加热进行减压蒸馏；粗制塔塔顶真空度控制在0.092MPa，粗制釜的真空度为0.08MPa；分别切取水、浮选剂Ⅰ、喹啉馏分（含喹啉>55%）和浮选剂Ⅱ后停止加热。釜底残液用泵抽出，兑入燃料油中；水送环保车间处理；浮选剂Ⅰ与浮选剂Ⅱ混合后外销；喹啉馏分作为精制原料送入喹啉馏分槽。

精馏时用泵将喹啉馏分装入精制釜，用间接蒸汽加热进行减压精馏，分别切取水、浮选剂Ⅰ、喹啉馏分Ⅰ、工业喹啉（含喹啉>90%）、喹啉馏分Ⅱ和浮选剂Ⅱ后停止加热。釜底残液与浮选剂Ⅱ作为制取异喹啉的原料；水送环保车间处理；浮选剂Ⅰ送至浮选剂成品槽；喹啉馏分Ⅰ和喹啉馏分Ⅱ送入喹啉馏分槽；产品工业喹啉外销。

粗制塔是40块塔盘的铸铁泡罩塔，精制塔是60块塔盘的铸铁泡罩塔。由于两座塔的理论板数均较少，故只能生产喹啉含量90%的工业喹啉。

4.2.1.2　工业喹啉的提取实例二

国内外提取喹啉的方法大都是化学法或盐液萃取法。先把洗油中喹啉等碱性物质分离提取出来，得到粗喹啉，再用常压或减压精馏，得到工业喹啉。化学法是一种比较经济合理的方法。有些化工企业用化学法生产喹啉，但工艺步骤较多，主要有酸洗、苯洗、碱洗、水洗及减压精馏五步。在该实例[2]当中，采用化学法提取喹啉时，已尽可能地简化了工艺步骤。酸洗选用硫酸，是因为该试剂比较经济易得。

提取工业喹啉的主要难点是要减少粗喹啉中的杂质，以便于下一步精馏。前人的工作是增加一道除杂质的苯洗工艺，本实例试验则只在酸洗时加入盐，增加比重，使洗油与硫酸喹啉分离较充分，以此尽可能减少杂质带入量。另外，在碱中和的同时用甲苯萃取，可减少粗喹啉中盐和水的带入量，以利精馏。试验达到预期效果。

将洗油先酸洗，再碱中和，最后常压精馏得到喹啉含量大于90%的工业喹啉。其流程见图4－1。

以武钢焦化厂焦油车间洗油产品作为原料，其组成成分见表4－3。

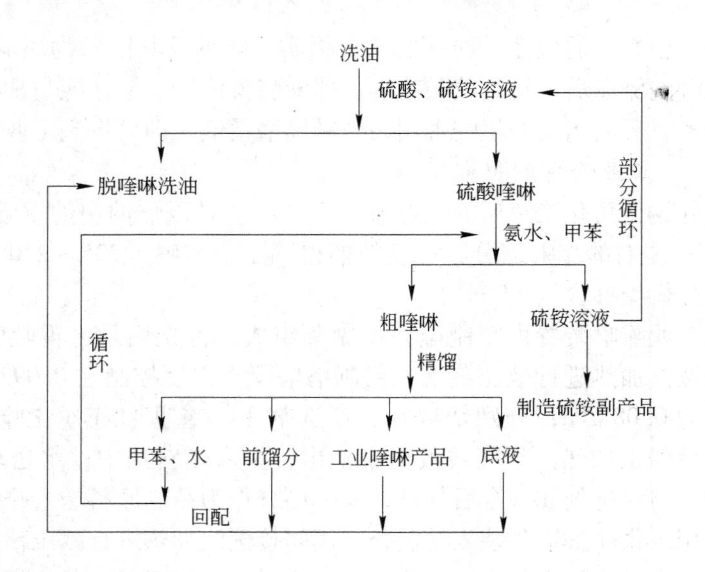

图4－1　从洗油中提取喹啉流程图

表 4-3 洗油组成成分

组分	萘	β-甲基萘	α-甲基萘	喹啉	异喹啉	2-甲基喹啉	其他
含量/%	10.43	20.96	8.30	3.00	0.12	0.67	56.52

酸洗（硫酸作酸洗剂）反应原理：

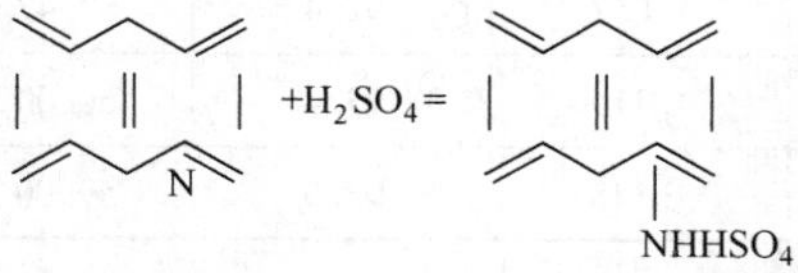

N $+H_2SO_4=$ $NHHSO_4$

该反应迅速，对温度、时间等条件要求不高。硫酸和 $(NH_4)_2SO_4$ 一起配成一定浓度的酸洗剂，在恒温水浴中，加入一定量的洗油，机械搅拌，在一定温度、时间下，硫酸与喹啉等弱碱性物质反应生成硫酸喹啉等盐，该盐溶于水层，与洗油分层，用分液漏斗静置分层，然后将硫酸喹啉水层分出。

碱中和（选用氨水作中和剂）反应原理：

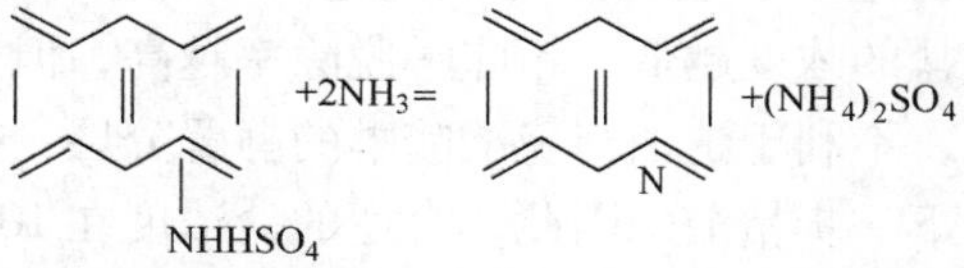

$NHHSO_4$ $+2NH_3=$ N $+(NH_4)_2SO_4$

硫酸喹啉与氨水反应，生成粗喹啉和硫铵溶液，再加甲苯，将粗喹啉萃取出来，用分液漏斗静置分层，然后分出粗喹啉。

精馏分两个过程，先脱水和甲苯，再精馏切取工业喹啉馏分。用 1.5m 高玻璃精馏柱，内装三角螺旋填料，理论塔板数 35 块，进行间歇常压精馏。

酸洗条件的选择：

（1）粗喹啉脱除率与硫酸浓度的关系。反应条件：硫酸与粗喹啉（喹啉 + 异喹啉）的摩尔比 1.5，酸洗温度 60℃，时间 60min，盐浓度 10%，加氨水到 pH = 7 ~ 8，洗后静止时间 4h，中和后静止时间 2h。

粗喹啉脱除率与硫酸浓度的关系见表 4-4，硫酸浓度对粗喹啉脱除率影响不大，只要硫酸与粗喹啉摩尔比大于 1，该反应就较完全。当硫酸浓度较大时，硫酸易与洗油中其他物质反应，就会使其他物质混入粗喹啉中，降低粗喹啉的浓度。有资料表明：用 18% 的硫酸洗涤时，基本上只有喹啉盐基起反应，吲哚尚未反应，随着酸浓度提高和用量增加，吲哚反应率急剧增加，因而硫酸浓度不宜过高。若硫酸浓度低，则酸洗剂的相对密度降低，不利于洗油与硫酸喹啉水层分离。洗油相对密度 d_4^{20} 约 1.050，10% 硫酸（含 10% 盐）酸洗剂 d_4^{20} 约 1.119，大于洗油相对密度，因此，较好的硫酸浓度在 10% 左右。有资料认为硫酸浓度在 17% 较好，实际上是该浓度下的相对密度较合适，$d_4^{20}=1.117$，这有利油水分离。当提高酸洗剂相对密度时，硫酸浓度可以降低，低于17%。

表 4－4　粗喹啉脱除率与硫酸浓度的关系

硫酸浓度 /%	盐浓度 /%	酸液相对密度（d_4^{20}）	粗喹啉脱除率/%	粗喹啉组成（w）/%		
				喹啉	异喹啉	合计
5	10	1.067	92.4	63.47	11.82	75.29
10	10	1.119	93.4	60.00	11.33	71.33
15	10	1.148	93.2	59.00	11.38	70.38

（2）粗喹啉脱除率与盐浓度的关系。反应条件：硫酸浓度10%，盐浓度变化，其他条件同上。

粗喹啉脱除率与盐浓度的关系见表4－5，随着盐浓度的增加，粗喹啉脱除率逐步降低。从分子反应理论看，硫酸的浓度一定时，盐的浓度越大，硫酸分子与喹啉分子之间的障碍越多，它们之间碰撞越困难，因而反应变差，脱除率降低。从另一方面看，盐的浓度越低，粗喹啉脱除率越高，但是，盐的浓度低，酸洗剂的相对密度就低，不利于洗油与硫酸喹啉的静置分层，得到的粗喹啉含量就低，杂质多，不利于下一步精馏，因此，合适的盐浓度在10%左右。

表 4－5　粗喹啉脱除率与盐浓度的关系

盐浓度 /%	硫酸浓度 /%	酸液相对密度（d_4^{20}）	粗喹啉脱除率/%	粗喹啉组成（w）/%		
				喹啉	异喹啉	合计
5	10	1.084	95.6	59.44	11.94	71.38
10	10	1.119	93.4	60.00	11.33	71.33
20	10	1.171	87.1	61.10	12.28	73.38
30	10	1.232	85.1	63.50	11.72	75.22
40	10	1.291	75.1	56.18	12.54	68.72

（3）粗喹啉脱除率与酸的摩尔比的关系。反应条件：硫酸浓度10%，盐浓度10%，反应温度60℃，反应时间5 min，加氨水到pH＝7～8，洗后静止时间4h，中和后静止时间2h。硫酸与粗喹啉（喹啉＋异喹啉）的摩尔比为硫酸摩尔数除以粗喹啉摩尔数。

粗喹啉脱除率与酸的摩尔比的关系见表4－6，随着摩尔比的增加，粗喹啉脱除率逐步增加，但摩尔比大于1.5时，粗喹啉脱除率增加不大，从节约成本角度，摩尔比1.5左右较合适，保证反应完全，略有过剩。

表 4-6　粗喹啉脱除率与酸的摩尔比的关系

酸摩尔比	盐浓度/%	硫酸浓度/%	酸液相对密度（d_4^{20}）	粗喹啉脱除率/%	粗喹啉组成（w）/%		
					喹啉	异喹啉	合计
1.2	10	10	1.113	88.7	58.33	5.26	63.59
1.5	10	10	1.113	93.5	56.92	7.87	64.79
1.8	10	10	1.113	93.6	64.61	8.04	72.65

（4）粗喹啉脱除率与酸洗温度的关系。温度升高能使反应加快，油分黏度减少，利于流动和分子接触；但温度过高，易产生聚合反应，增加油类挥发。本课题做了酸洗温度为30℃、40℃、50℃、60℃、70℃时粗喹啉的脱除率，试验结果表明酸洗反应与反应温度关系不大，反应温度在40～60℃即可，足以保证反应进行。

（5）粗喹啉脱除率与酸洗时间的关系。在其他条件不变的情况下，本课题做了酸洗搅拌时间为2min、5min、10min、20min、30min等情况下的粗喹啉脱除率，结果表明时间对脱除率影响不大，反应物只要充分混合5min即可（在60℃条件下）。前人做这个试验是搅拌1h，实际没有必要，可以缩短这个时间。在工艺上可以选择在常温搅拌釜中反应，或在洗涤塔中逆流接触洗涤。

通过以上对酸洗条件的分析可看到，只有脱除率高，油水分层好，粗喹啉含量才会高。较好的酸洗条件是，硫酸对粗喹啉的摩尔比1.5，硫酸浓度10%，盐浓度10%，反应温度40～60℃，洗涤时间充分搅拌5min左右，可以得到原料中粗喹啉脱除率95%以上，粗喹啉中喹啉含量大于60%。

选用氨水作中和剂。若用NaOH中和硫酸喹啉，最后得到副产物Na_2SO_4，难以处理。可以选用较纯氨气作中和剂，这有利反应进行。常温下，在硫酸喹啉溶液中加入氨水，浓度25%～28%，保证溶液中和完全，粗喹啉生成，pH＝7.0～8.0，再在溶液中加入甲苯萃取粗喹啉，加入量为粗喹啉量的0.5倍。加入甲苯的好处是可以减少粗喹啉中的水分和硫酸铵的含量，以利粗喹啉下步精馏，但甲苯加入量多，会增加精馏处理量，降低效率，因此甲苯量不宜过多。碱中和时，粗喹啉没有损失，可全部回收。

采用表4-7中粗喹啉1266g做精馏试验。从表4-7中的各成分沸点可以看出，喹啉与异喹啉的沸点接近，含量较多；β-甲基萘、α-甲基萘尽管沸点与喹啉、异喹啉接近，但含量较少；萘、2-甲基喹啉和4-甲基喹啉与喹啉的沸点有一定温差，通过精馏可以分离；甲苯的沸点很低。因此，可以选先蒸馏出甲苯及少量水后，再精馏分离出喹啉和异喹啉馏分，得到喹啉含量大于90%的工业喹啉产品。

表 4－7　粗喹啉的组成及沸点

项　目	成　分								
	甲苯	萘	喹啉	异喹啉	β－甲基萘	α－甲基萘	2－甲基喹啉	4－甲基喹啉	其他
含量/%	46.52	0.82	28.38	5.44	1.56	0.67	4.16	2.18	10.27
去溶剂含量/%	0	1.53	53.07	10.17	2.92	1.25	7.78	4.08	19.20
沸点/℃	110.6	217.9	238	240	243	241	246.6	265.6	

由表4－8看到，精馏过程分两步进行，先脱水和溶剂，后精馏切取馏分；喹啉最高含量为95.36%，此时温度为231℃；通过计算可得，喹啉含量大于85%，馏分的回收率为87.3%，喹啉含量大于92%，馏分的回收率为71.6%。

表 4－8　粗喹啉精馏试验结果

顶温/℃	流量/g	甲苯/%	萘/%	喹啉/%	异喹啉/%	β－甲基萘/%	α－甲基萘/%	2－甲基喹啉/%	4－甲基喹啉/%	其他/%
110	437	甲苯＋水								
214～230	31	3.71	33.89	50.44	0.26	1.43	0	0	0	10.27
231	92	0	0.88	95.36	0.07	3.49	0	0	0	0.2
231.5	104	0	0	94.18	0.43	4.92	0.38	0.38	0	0
232	54	0	0	88.90	4.15	5.61	1.01	0.15	0	0.18
235	82	0	0	62.55	24.75	4.84	3.73	3.81	0	0.32
238.5	89	0	0	26.18	40.09	2.46	3.80	22.65	0	4.82
253	106	0	0	2.45	11.71	0.44	4.64	27.16	18.63	34.97
底液	186	0	0	0	0	0	0	0.53	2.65	96.82

综合上面三步，减少粗喹啉中杂质，提高精馏塔效率，有利于喹啉纯度提高，最高含量可到95%，喹啉回收率可以达到94.1%，取得较好效果。

4.2.1.3　工业喹啉的提取实例三

工业喹啉提取的工艺流程[3]为：洗油→精馏→萃取→分离→中和→分离→精馏→喹啉产品。将煤焦油洗油加入精馏釜中，切取常压沸点为230～260℃的馏分，回流比控制在5～15。将该馏分与酸性物质混合，室温搅拌30～60min，静止分层，分离。下层为喹啉盐溶液，再用甲苯或二甲苯萃取，分出的水层用氨水中和，静止分离，将得到的粗喹啉油溶液进行精馏，获得喹啉产品。

由于洗油组成比较复杂，喹啉含量偏低，因此通常切取230～260℃甲基萘馏分，结果见表4－9。

表 4-9 甲基萘馏分组成

组成	萘	喹啉	异喹啉	吲哚	β-甲基萘	α-甲基萘
含量/%	0.34	4.15	0.87	3.29	65.34	26.58

用上述富集甲基萘的馏分与不同的酸性物质进行萃取反应，可以将喹啉类物质与中性组分分离，实验结果见表 4-10。

表 4-10 喹啉和异喹啉萃取结果

实验序号	萃取剂名称	浓度/%	萃取前后 pH 值		喹啉含量/%		吲哚含量/%		喹啉收率/%	备 注
			前	后	前	后	前	后		
1	NaH_2PO_4	20	1.78	2.74	4.15	0.12	3.29	3.16	96.38	磷酸调 pH 值
2	$KHSO_4$	20	0.68	2.56		0.13		3.20	96.38	硫酸调 pH 值
3	H_2SO_4	2.5	0.8	2.94		1.76		3.04	63.61	
4		5	0.44	1.32		0.09		2.96	97.42	
5	NH_4HSO_4	10		0.43		0.12		2.31	96.43	
6		15	1.02	2.25		0.21		3.25	93.24	
7		30	1.01	2.37		0.12		3.26	96.29	
8		20	0.45	1.38		0.11		3.22	97.68	
9		20	0.83	1.56		0.10		3.26	97.82	
10		20	1.03	2.12		0.11		3.24	97.60	
11		20	1.19	2.64		1.00		3.28	82.26	
12		20	1.28	3.04		2.06		3.27	63.63	

从表 4-10 中的结果可看出，pH 值是决定萃取效果好坏的关键。pH 值高，萃取效果差，喹啉类物质的收率低；pH 值低，喹啉收率高，但并非越低越好。硫酸作萃取剂时，$pH < 0.8$，虽然萃取效果好，但吲哚的含量同时降低，这是由于在强酸条件下吲哚发生低聚反应所致。另外酸性强亦会增加中和步骤碱的消耗量，而采用 NH_4HSO_4 作萃取剂可避免此现象，NaH_2PO_4 和 $KHSO_4$ 虽然也能达到此效果，但成本较高。因此，萃取剂应选择 NH_4HSO_4，pH 值控制在 0.8 ~ 1 之间最好。

粗喹啉的分析结果见表 4-11。

表 4-11 粗喹啉分析结果 （%）

喹啉	异喹啉	吲哚	β-甲基萘	α-甲基萘
67.85	17.89	0.18	12.33	1.93

将粗喹啉在53块塔板的精馏塔中减压精馏，就可获得高纯度产品，粗喹啉精馏结果见表4－12。由表可以看出，精馏后可获得纯度98%以上的喹啉。

表4－12　粗喹啉精馏结果

采出温度/℃	采出质量/g	喹啉含量/%	异喹啉含量/%	喹啉收率/%
142～144	35.73	93.14	8.58	15.25
144～145	179.2	98.39	0.09	68.63
145～146	8.1	38.91	60.95	
146～150	78.0	14.20	76.19	

注：操作压力0.092MPa，回流比15∶1。

4.2.2　超临界萃取技术提取喹啉

超临界流体萃取技术，综合了溶剂萃取和蒸馏的功能和特点，具有传统分离技术所不具备的优势。其特点是：可通过调节压力和温度，方便地改变溶剂的性质，控制其选择性；适当地选择提取条件和溶剂，能在接近常温下操作；黏度小，扩散系数大，提取速度较快；溶质和溶剂的分离彻底且容易。乙醇作为超临界实验萃取剂，具有临界温度较低、临界压力较低、临界密度较大的特点，且极性的乙醇分子对喹啉溶解性较好，是萃取喹啉的合适溶剂[4]。超临界萃取装置见图4－2。

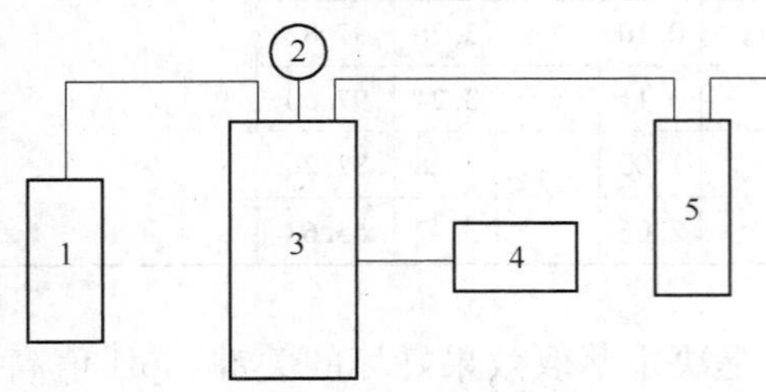

图4－2　超临界萃取装置示意图
1—粗喹啉萃取剂预混器；2—压力表；3—高压釜反应器；4—高压釜控制器；5—气液分离器

洗油原料（取自武钢焦化厂煤焦油车间的洗油，喹啉质量分数为5.35%）首先经预蒸馏得到230～240℃富含喹啉的馏分，再向该馏分中加入质量分数为20%的硫酸氢铵进行萃取，得到质量分数为56.53%的粗喹啉产物。超临界萃取实验采用的主要设备是高压反应釜，加热过程中的升温速率和反应温度由FDK高压釜控制器控制，压力由压力表检测得到。该高压反应釜是恒容间歇式反应釜，容积为100mL。通过预实验发现，随着乙醇加入量的增加，反应压力呈增大趋势，温度的增加对反应压力的变化影响不大，但由于该设备只能检测压力值，故得到的乙醇与压力的关系无法进一步定量分析。本实验通过调节乙醇加入量来控制反应压力，利用乙醇加入量与压力的定性关系，对萃取过程进行研究。

一定量的乙醇溶剂和粗喹啉产物混合后，加入到反应釜内，密封反应釜后开始加热，升温速率10℃/min，搅拌机转速150r/min，达到预设温度后，恒温反应一段时间；然后停止加热，打开压力阀门进行降压，气液产物在气液分离器中进行分离、收集。

研究表明，超临界萃取喹啉时的适宜温度范围为260～270℃、适宜压力范围为7.0～11.0MPa。根据压力、粗喹啉加入量对已预处理过的从洗油中得到的粗喹啉在SCE萃取中的萃取效率影响，得到了最佳萃取条件：压力7.3MPa，溶质和溶剂体积比0.05，此时萃取分离比率为1.85。

SCE萃取洗油中喹啉具有以下优点：工艺简单、成本低、选择性高、萃取效率较高、萃取剂易于回收再利用、环境友好。

4.2.3　强酸性阳离子交换树脂提取喹啉

选用阳离子交换树脂代替稀硫酸作为提取喹啉的材料，可以避免洗油品质下降，减少对环境的污染。

喹啉类等含氮化合物的氮原子上存在孤对电子，具有弱碱性；大孔强酸性阳离子交换树脂是以苯乙烯－二乙烯基苯共聚体为骨架，在苯环上引入磺酸基制成的。当洗油接触大孔强酸性阳离子交换树脂时，苯环上的磺酸基团（$—SO_3H$）与洗油中喹啉相结合（这种反应理论上一般在数秒内达到平衡），从而实现对被分离物质的保留。其反应机理如下：

$$\text{—CH—C}_6\text{H}_4\text{—SO}_3\text{H} + \text{喹啉(N)} \longrightarrow \text{—CH—C}_6\text{H}_4\text{—SO}_3^- [\text{HN(喹啉)}]^+$$

由于喹啉以离子形态呈弱酸性，再将附有喹啉的树脂中加入一种较强的碱性脱附剂（二乙胺之类），再次产生离子交换，从而使喹啉脱附：

$$\text{—CH—C}_6\text{H}_4\text{—SO}_3^- [\text{NH(喹啉)}]^+ + \text{C}_2\text{H}_5\text{—NH—C}_2\text{H}_5 \longrightarrow$$

$$\text{喹啉(N)} + \text{—CH—C}_6\text{H}_4\text{—SO}_3^- [\text{C}_2\text{H}_5\text{—NH(H)—C}_2\text{H}_5]^+$$

试验流程见图4－3。

吸附、脱附洗油中的喹啉试验：

（1）静态试验。定量树脂与定量洗油在静态反应釜中发生交换反应，反应温度为27℃，反应一段时间后，再将附有喹啉的树脂与脱附剂（二乙胺与乙醇配比液）发生二次交换反应，最后将混有喹啉、配比液的混合液进行索氏提取，

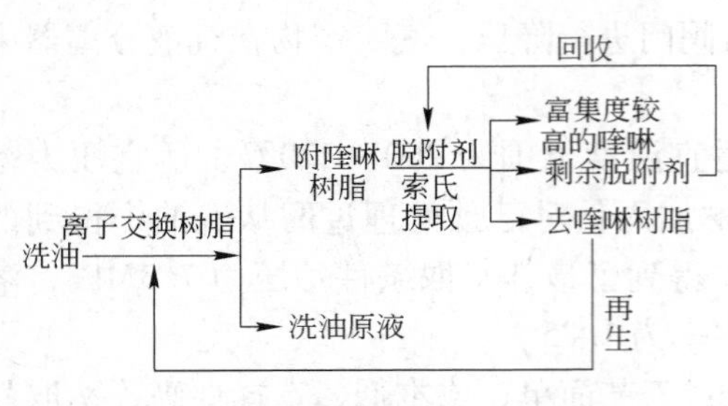

图 4－3　阳离子交换树脂提取喹啉的试验流程

得到富集度较高的粗喹啉。

（2）动态试验。定量洗油以恒定的流速缓缓流过填有树脂的离子交换柱，并发生交换反应，再将脱附剂以恒定的流速缓缓流过交换柱发生二次交换反应，最后将混合液进行索氏提取，得到富集度较高的粗喹啉。

用阳离子交换树脂从煤焦油洗油中提取喹啉的特点为：离子交换反应条件不苛刻；喹啉收率较高，目前最高可达 85.54%；树脂吸附喹啉不会影响原洗油的品质，反应的经济价值较高。动态条件下提取喹啉最佳组合为 12cm 的填料层高度、2mL/min 的液体流速和 D001－CC 型树脂[5]。

4.2.4　从喹啉残液中提取工业异喹啉

生产异喹啉的原料是喹啉残液，即浮选剂Ⅱ。喹啉残液中的异喹啉含量约为 30%，为此，首先应利用喹啉工段的减压蒸馏装置将喹啉残液进行减压蒸馏，制成异喹啉含量 >50% 的异喹啉原料，其组成见表 4－13。

表 4－13　异喹啉原料的组成

项目	甲酚	二甲酚	喹啉	异喹啉	2－甲基喹啉	8－甲基喹啉
含量/%	5.17	1.40	15.20	53.16	13.62	6.73
沸点/℃	191.5～202.5	200.6～226.9	237.3	242.8	246.9	247.8
熔点/℃	12.3～34.3	24.0～75.0	－15.0	25.6	－2	－8

从表 4－13 可看出，异喹啉原料中各组分的沸点差较大，故可用蒸馏法制取异喹啉。由于异喹啉原料是分批生产的，故采用间歇精馏较为适宜。年产 10t 异喹啉的生产装置的主要设备如下：

蒸馏釜　ϕ1.6m，V=10.5m^3，1 台；

蒸馏塔　ϕ426mm，H=21m，内填波纹网填料，1 台；

冷却器　ϕ426mm，H=1.6m，F=15m^2，1 台。

用泵将异喹啉原料送入蒸馏釜中加热，当温度在 100℃ 时蒸出原料中的水分，待水分蒸发完后，打开冷却循环水，全回流 4～5h 后开始从塔顶切取馏分，切取条件见表 4－14。

表 4-14 各馏分的切取条件

馏分名称	产率/%	现流样中异喹啉含量/%	塔顶温度/℃
前馏分	20	<50	105~236
中间馏分Ⅰ	15	51~80	237~241
主馏分	40	>80	242~244
中间馏分Ⅱ	15	80~51	245~247

在蒸馏过程中可将两种中间馏分混合后再蒸馏提取主馏分，然后与主馏分一起装入蒸馏釜进行精馏操作，蒸馏期间的原料、现流样和产品的质量均用色谱法分析检验。

在间歇蒸馏过程中，随着甲酚、二甲酚和喹啉等组分的采出，釜内料液的组成也随之改变。当馏出喹啉馏分时，因馏出速度较大，回流比应相应减小。但随着料液中喹啉含量的减少，应逐步增大回流比和降低馏分的馏出速度，以减少异喹啉的损失。由于本装置采用了内回流，因此在蒸发量一定的条件下，提取速度决定了回流比。另外，当提取速度一定时，蒸发量的大小也直接影响回流比，而回流比又影响产品质量、数量和生产周期。蒸发量又与釜内压力相关，因此，提取速度和釜内压力就成为蒸馏操作的两个关键参数。表4-15中列出了异喹啉生产装置的操作条件。

表 4-15 异喹啉生产装置的操作条件

馏分或产品	提取速度/kg·h^{-1}	釜压/MPa
前馏分	20	0.01
中间馏分Ⅰ	18	0.01
主馏分	25	0.01
中间馏分Ⅱ	18	0.01
异喹啉产品	15	0.01

提取完主馏分后应全回流4h，以使中间馏分Ⅱ中的2-甲基喹啉含量<3%，使其尽量集中于釜底残液中，作为进一步提取2-甲基喹啉的原料。在冬季生产中，由于异喹啉的熔点较高，异喹啉采出管应采用蒸汽管伴热，管内蒸汽压力应>0.2MPa，冷却器出口水温应保持在（43±2）℃。两次蒸馏试验表明4t异喹啉原料（含异喹啉50%）可生产1t异喹啉，产品纯度为95%以上，精制率达47.5%。异喹啉产品带微黄色，其主要原因是含有1%的甲酚。

异喹啉的生产工艺成熟，产品纯度可高达95%以上，且生产操作安全，不产生外排废水和其他污染物。为降低异喹啉的生产成本，今后应进一步开发从异喹啉残液中提取2-甲基喹啉的技术[6]。

周霞萍等人[7]以喹啉残油为原料，通过改性丝光沸石填料和金属丝网（孔板）填料增加异喹啉及其同系物分离时的物性差异，并通过设定、调节 PID 参数，考察了不同条件下自整定控制对实验的影响。结果表明：在自制的容积为 3L 的半自动精馏装置中，利用功能填料由 PID 控制可以得到总收率 80% ~85%、纯度 95% ~98% 的异喹啉。

4.3　喹啉系化合物的精制

4.3.1　精馏 – 共沸精馏法

洗油中的喹啉、异喹啉、甲基喹啉和甲基萘沸点接近，相对挥发度也接近，采用直接精馏法，只能得到以某一种或两种物质为主的混合物，而不能够将其有效地完全分离。乙二醇可以分别和甲基萘、喹啉及其衍生物共沸，且共沸温度相差较大，所以用乙二醇与甲基萘馏分共沸可进一步将喹啉分离出来[8]。

先将洗油精馏得到富含喹啉的甲基萘馏分（即喹啉馏分），再将甲基萘馏分与乙二醇共沸精馏制取喹啉，最后回收乙二醇。该工艺流程见图 4 – 4。

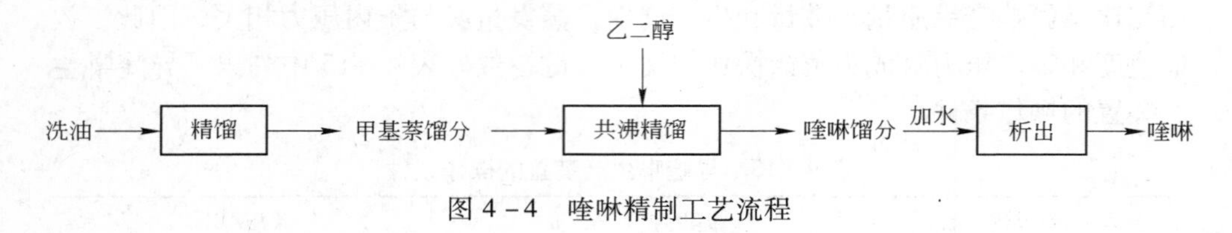

图 4 – 4　喹啉精制工艺流程

在回流比为 10 : 1 的条件下对洗油进行精馏，切取不同温度段的甲基萘馏分，结果见表 4 – 16。

表 4 – 16　不同温度段甲基萘馏分的成分及含量

温度段/℃	馏分质量分数/%	甲基萘馏分的成分及含量/%						
		喹啉	α – 甲基萘	β – 甲基萘	2 – 甲基喹啉	异喹啉	联苯	吲哚
220 ~ 230	9.1	22.5	7.2	59.6	2.1	3.2	—	—
220 ~ 240	22.7	10.2	22.8	47.7	2.7	3.1	4.1	7

由表 4 – 16 可知，220 ~ 230℃ 馏分主要成分为 β – 甲基萘和喹啉，而 220 ~ 240℃ 馏分主要成分为 α – 甲基萘和 β – 甲基萘，还有较多的喹啉和吲哚；220 ~ 240℃ 馏分中每种物质的收率要比 220 ~ 230℃ 馏分中的高，但是成分更加复杂。因此，需要将两个温度段的馏分与乙二醇进行共沸精馏，来确定合适的馏分段。

选取不同的回流比，不同温度段切取的甲基萘馏分与乙二醇不同的质量比，进行共沸精馏，结果见表 4 – 17。

表4-17 不同条件下甲基萘馏分与乙二醇的共沸精馏结果

温度段/℃	馏分：乙二醇（质量比）	回流比	喹啉		
			纯度/%	收率/%	主要杂质
220～240	1:4	10:1	81.0	57.2	异喹啉，2-甲基喹啉
	1:2.4	5:1	77.8	52.9	异喹啉，2-甲基喹啉
	1:2.4	10:1	85.3	51.2	2-甲基喹啉
	1:2.4	20:1	80.3	51.2	2-甲基喹啉
220～230	1:2.4	5:1	94.1	56.2	—
	1:2.4	10:1	98.5	55.1	—
	1:2.4	20:1	98.5	54.7	—

注：220～230℃的甲基萘馏分与乙二醇共沸切取的馏分段温度均为188.4～188.8℃，220～240℃的甲基萘馏分与乙二醇共沸切取的馏分段温度均为189.0～189.5℃。

由表4-17可知：（1）当220～240℃的甲基萘馏分与乙二醇进行共沸精馏时，在回流比为10:1的情况下，将甲基萘馏分与乙二醇的质量比由1:4变为1:2.4时，得到的喹啉纯度和产率相差不大。因此，甲基萘馏分与乙二醇的质量比对喹啉的提取无影响。在甲基萘馏分与乙二醇的质量比为1:2.4情况下，将回流比由5:1变为10:1时，喹啉的纯度有提高，且其中只含有2-甲基喹啉；将回流比由10:1变为20:1时，喹啉的纯度和收率未发生改变。（2）当220～230℃的甲基萘馏分与乙二醇进行共沸时，在质量比为1:2.4的条件下，当回流比由5:1变为10:1时，喹啉的纯度由94.1%提高到98.5%，将回流比由10:1变为20:1时，纯度没有变化，收率略有下降。

由以上分析可以看出，甲基萘馏分的组成是影响制取高纯喹啉的主要因素。分析其原因，可能是由于当甲基萘馏分中的2-甲基喹啉与喹啉的质量比较高时，2-甲基喹啉能够与喹啉和乙二醇组成三元共沸体系，使喹啉的纯度降低。因此，在切取甲基萘馏分时，应使甲基萘馏分中尽可能不含有2-甲基喹啉。另外，回流比对制取高纯度喹啉也有一定影响，最佳回流比为10:1。当回流比较低时，喹啉的纯度达不到要求，而当回流比达到20:1时，与10:1时的结果相比较，喹啉的纯度又无变化。

分离和精制喹啉的较佳条件是（在太原当地的大气压条件下操作）：（1）在回流比为10:1的条件下精馏洗油，切取洗油中220～230℃的甲基萘馏分；（2）将所得馏分与乙二醇在质量比为1:24，回流比为10:1的条件下进行共沸精馏，切取188.4～188.8℃的馏分，加水，液体分层，分离，可得到纯度98.5%的喹啉，收率为55.1%。

采用精馏-共沸精馏法，从洗油中分离出高纯度喹啉的较佳条件为：精馏段，回流比 10∶1，切取 220～230℃馏分；共沸精馏段，回流比 10∶1，喹啉馏分∶乙二醇＝1∶2.4（质量比），切取 188.4～188.8℃馏分，喹啉纯度可达 98%以上。

甲基萘馏分中喹啉类衍生物的含量是影响喹啉纯度的主要因素，只有含喹啉类衍生物较低的甲基萘馏分，才能通过共沸精馏得到高纯度的喹啉。

精馏－共沸精馏法具有操作简单、步骤少、纯度高、没有污染等特点。

4.3.2　间歇精馏法

间歇精馏又称分批精馏，是将料液分批加入塔釜中进行精馏的操作。将经过酸、碱洗涤获得的粗喹啉输入精馏塔中，精馏塔采用间歇釜蒸馏塔[9]，在操作温度 160～185℃，真空度 －0.08～0.09MPa，回流比 3～8 的条件下进行减压精馏，每 1h 取样分析一次，当喹啉含量上升至大于 90% 后，杂质甲基萘含量小于 3% 且杂质吲哚含量小于 2% 时，开始切割馏分至中间槽 A，当杂质甲基萘含量超过 3% 或杂质吲哚含量超过 2%，停止切割馏分至中间槽 A，改为进常规中间槽。

将中间槽 A 中的物料，再次输入精馏塔进行二次精馏，操作温度为 160～185℃，真空度 －0.08～0.09MPa，回流比 3～8，每 1h 取样分析一次，当喹啉含量上升至大于 98% 后，杂质甲基萘含量小于 1.2% 且杂质吲哚含量小于 0.5% 时，开始切割馏分至指定中间槽 B，一段时间后，若喹啉含量直接达到 99%，则收入成品槽，若喹啉含量低于 99%，则继续切割至中间槽，至杂质甲基萘含量超过 1.2% 且杂质吲哚含量超过 0.5% 时，停止切割馏分至中间槽 B，改为进常规中间槽。

将中间槽 B 的物料输入精馏塔进行三次精馏，操作温度为 160～185℃，真空度 －0.08～0.09MPa，回流比 3～8，每 1h 取样分析一次，当喹啉含量上升至 99% 开始收集成品。

宝钢采用间歇精馏法精制喹啉，粗喹啉经流量计计量后装入粗馏釜，用间接蒸汽加热。油气进入粗馏塔，从塔顶出来的中间馏分经空冷器冷凝冷却，一部分作为塔顶回流，其余分别放到相应的中间槽储存作为精馏的原料。蒸馏过程的中间馏出油及釜残渣经冷却后抽送到釜残渣槽。

真空系统的排气从空冷器引出，经真空冷凝器、真空稳压槽，到真空泵，最终进入排气洗净塔。真空冷凝器的冷凝液，自流到真空罐，最后排入放空槽。喹啉精制工艺流程见图 4－5。

宝钢原吡啶精制装置是配合处理焦油建设的，因此喹啉精制系统须进行扩容改造，增大处理量[10]。喹啉精制系统为间歇精馏，改造的方法有两种，一种是将原系统放大，仍采用原形式的浮阀塔盘，此方法技术上可行，但整塔更换，投资大，施工周期长；第二种方法是采用高效填料替换原有的浮阀塔盘，而塔径和塔

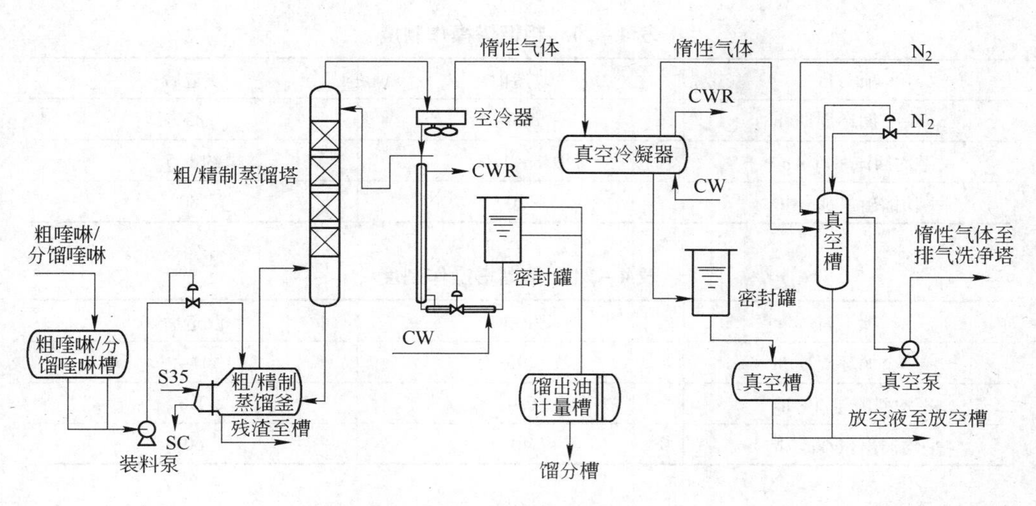

图 4－5　喹啉精制工艺流程

高不变，此方法只需对塔内件作改造，投资省，施工周期短，也能满足生产要求。

高效规整填料比表面积大，传质传热效率高，通量大，阻力小，能有效提高塔的处理能力，已广泛应用于各种化工蒸馏设备中。由于受塔径和塔高的限制，在原有设备上改造处理量和质量能否满足生产的要求，还要经过理论计算。

粗馏和精馏系统改为填料塔后能满足处理量增大的要求，粗馏塔处理量增大50%后，塔已基本达到处理能力的极限，而精馏塔还有较大的处理余地。粗馏塔和精馏塔在理论板数为20块以上时均能满足目前生产对产品质量和收率的要求，但理论板数越多产品收率越高。塔处理量增大后，相应的配套设施也作了改造。改造前后设备及操作概况见表4－18～表4－21。

表 4－18　粗馏塔系统设备

设备名称	改造前	改造后
粗馏塔	浮阀塔	填料塔 250Y
粗馏釜	$V_N = 20m^3$	$V_N = 25m^3$
空冷器	$FN = 420m^2$	$FN = 1474.2m^2$

表 4－19　精馏塔系统设备

设备名称	改造前	改造后
粗馏塔	浮阀塔	填料塔 250Y
粗馏釜	$FN = 5m^2$	$FN = 13m^2$
空冷器	$FN = 223m^2$	$FN = 322.92m^2$

表 4－20　粗馏塔操作制度

项　目	改造前	改造后
一个循环周期/h	120	85
平均回流量/$t \cdot h^{-1}$	0.8～1.0	约1.5
平均馏出量/$kg \cdot h^{-1}$	120	180

表 4－21　精馏塔操作制度

项　目	改造前	改造后
一个循环周期/h	195	144
平均回流量/$t \cdot h^{-1}$	0.4	0.6
平均馏出量/$kg \cdot h^{-1}$	40	60

喹啉精制系统塔由浮阀塔改为高效填料塔后能满足扩大50%的处理量要求。精馏周期缩短，产品质量提高。浮阀改为高效填料，可利用塔的土建基础和框架结构等原有设施，施工周期短，节约投资，特别适合只能短期停工要求的生产装置改造。

4.3.3　工业喹啉装置改造精制喹啉

将工业喹啉装置的精制塔改造为精喹啉装置的粗制塔[11]，仍采用铸铁泡罩板式塔，在对该塔进行全面清扫后，又增加了20块塔盘，以提高塔效。

精喹啉装置的精制塔是将工业喹啉装置的粗制塔改造成塔高20.4m、塔径0.8m的波纹丝网填料塔，其理论板数在70块以上。并将冷凝冷却器的标高提高1m，新增两个$8m^3$不锈钢成品槽。按上述方案，只要更换一个塔及相应的管线，而蒸馏釜及冷却器都不必更换，且投资少，效果好。

用泵将重吡啶装入粗制釜中，用间接蒸汽加热进行减压蒸馏，分别切取水、浮选剂Ⅰ、喹啉馏分（含喹啉＞65%）和浮选剂Ⅱ后停止加热。釜底残液用泵抽出兑入燃料油中；水送环保车间处理；浮选剂Ⅰ与浮选剂Ⅱ混合后外销；喹啉馏分作为精制釜的原料送入喹啉馏分槽。

用泵将喹啉馏分装入精制釜中，用间接蒸汽加热进行减压精馏，分别切取水、浮选剂Ⅰ、喹啉馏分Ⅰ、二级精喹啉（含喹啉＞95%）、一级精喹啉（含喹啉＞98.5%）、工业喹啉（含喹啉＞90%）和喹啉馏分Ⅱ后停止加热。釜底残液作为异喹啉馏分；水送环保车间处理；浮选剂Ⅰ送至浮选剂成品槽；喹啉馏分Ⅰ和喹啉馏分Ⅱ送入喹啉馏分槽；精喹啉和工业喹啉作为产品外销。

在试生产初期，由于粗制塔供热量不足，致使喹啉馏分的含量偏低，仅为62%～63%，并造成精喹啉产率过低。经调整后，喹啉馏分的含量提高到

70%～75%，精喹啉的产率由50%提高到90%以上。另外，在精制塔的试产初期，由于操作人员的操作不熟练，曾造成精馏塔液泛。后将两台加热器关掉一台，降低了加热量，生产即转入正常，目前运行良好。试生产期间精制塔的产品产量见表4－22。

表4－22 试生产期间精制塔的产品产量

次序	精制原料		精制产品						
	喹啉含量/%	装釜量/m^3	水/m^3	浮选剂/m^3	喹啉馏分Ⅰ/m^3	二级精喹啉/m^3	一级精喹啉/m^3	工业喹啉/m^3	喹啉馏分Ⅱ/m^3
1	70.42	22.26	0.27	1.29	3.61	2.42	7.51	1.37	0.82
2	71.65	22.26	0.38	1.41	2.88	4.08	7.79		1.05
3	72.84	22.63	0.54	1.68	3.78	4.74	6.99		0.93

从表4－22可看出，精喹啉装置的精制塔可实现一塔生产多种规格喹啉产品的目的，能够满足不同用户的要求。若把工业喹啉作为中间馏分兑回精制原料中，也可以全部生产精喹啉。另外，改造后精喹啉装置的喹啉提取率和产量均有所提高，粗馏所得喹啉馏分中的喹啉提取率从83.58%提高到了89.87%。精喹啉中的喹啉提取率从73.49%提高到84.26%。原装置的工业喹啉产量为200t/a，改造后精喹啉等产品的总产量可达230t/a。

通过对工业喹啉生产装置工艺和设备的优化改造，不仅生产出了质量合格的精喹啉，而且可实现一塔生产多种喹啉产品，满足不同用户的需求。另外，喹啉的提取率也有所提高，喹啉产品的总产量可提高15%，为同类型生产装置的技术改造提供了有益的经验。

4.3.4 间歇动态结晶法精制异喹啉

间歇动态结晶法精制异喹啉[12]的工艺流程见图4－6。将异喹啉富集液冷却至结晶温度，等温结晶，排空结晶母液，得异喹啉晶体，其中结晶温度为0～15℃，较佳的等温结晶时间以使排出的结晶母液占富集液质量的80%～90%即可，更佳的为12～48h。

将异喹啉的晶体分布发汗，在发汗温度下恒温，排出发汗母液，得提纯产物。第一次发汗温度比结晶温度高1～5℃，最后一次发汗温度为25℃，每次发汗温度比前一次发汗温度高1～5℃，除最后一次发汗外，每次发汗的恒温时间以使发汗母液的流出量在1%/h以下，较佳的为6h以上，最后一次发汗较佳的恒温时间为12～24h。

将所述结晶母液和发汗母液作为异喹啉富集液按照前两个步骤的方法再一次

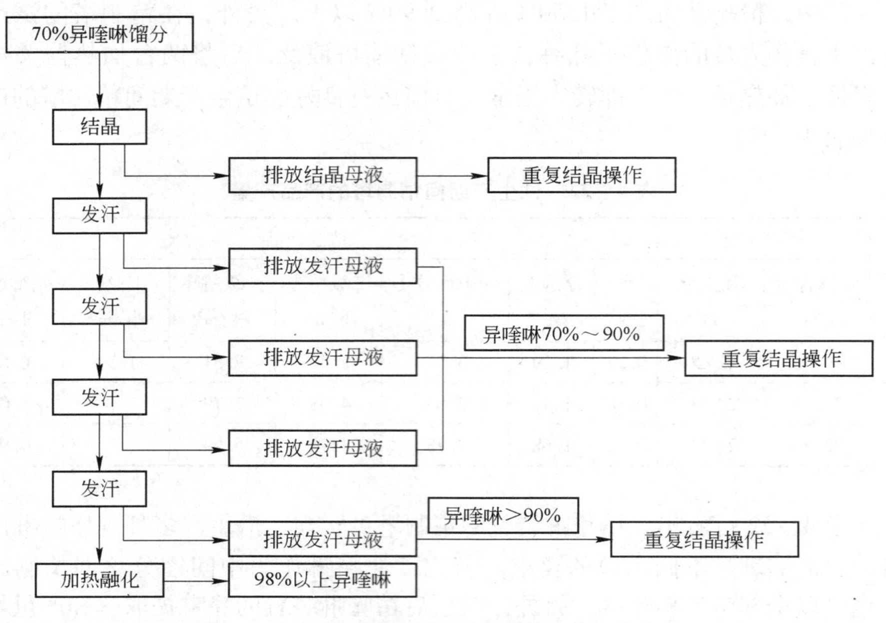

图 4－6　间歇动态结晶法精制异喹啉工艺流程

提纯即可。该过程不需要进行多次结晶，操作简单、可行性高、易于工业控制、消耗时间短、节省能源、提纯效果好，异喹啉纯度高达98%以上，回收率高达88%以上，对环境无污染，适用于工业化生产。

所使用的异喹啉富集液中异喹啉含量一般为70%以上，其富集方法采用本领域常规方法进行：从煤焦油中经硫酸、氨液中和后回收得到粗喹啉，其含有55%喹啉，约13%异喹啉。粗喹啉经蒸馏富集，异喹啉质量分数可达70%以上。

上海新明高新科技发展有限公司[13]将经过酸洗、碱洗得到的粗喹啉馏分再经过精馏得到含有异喹啉85%～90%的馏分，以质量分数为85%～90%的异喹啉为起始原料，经过降温结晶、升温熔融，在升温时切割若干馏分，将若干馏分中的最后的馏分经过N段重复上述降温结晶、升温熔融的操作，得到纯度99%异喹啉。本发明的有益效果是：工艺相对简单，费用低，得到的最终产物异喹啉纯度≥99%，杂质含量低，可以满足医药生产的需要，同时也有效地降低了生产成本。

4.3.5　化学法精制喹啉

4.3.5.1　硫酸喹啉－酒精结晶法

原料喹啉馏分以1：1溶于酒精，加入硫酸，使所有盐基化合为硫酸盐基，冷却至35℃以下。硫酸异喹啉在85%酒精中易形成结晶，而硫酸喹啉仍留在溶液中。过滤所得滤液以氨中和，喹啉以结晶形式析出，再经分离、干燥和蒸馏可得试剂级喹啉。而过滤所得固体结晶再在85%酒精中重结晶两次，用氢氧化钠水溶液或氨分解结晶，分离出的盐基经蒸馏可得熔点不低于24℃的化学纯异喹啉。

4.3.5.2 *盐酸－苯逆流萃取法*

该工艺使用浓盐酸和苯对喹啉馏分进行逆流多级萃取。异喹啉的碱性比喹啉稍强，故异喹啉在萃取过程中逐渐浓缩在盐酸中，而喹啉则逐渐浓缩在苯中，再经分离，即可得到喹啉。萃取后的盐酸溶液经分解可得到异喹啉。

4.3.5.3 *磷酸喹啉结晶法*

以工业喹啉为原料，将50%的磷酸溶液加入原料中，得磷酸基水溶液，先用直接蒸汽吹提除去工业喹啉的中性油，然后冷却，生成磷酸喹啉结晶，过滤所得固体结晶在水中再重结晶几次，经分解、干燥和蒸馏，可得试剂级喹啉。

4.3.5.4 *络合法*

以 $CoCl_2$ 和 $ZnCl_2$ 等金属盐做络合剂，在盐酸存在下，异喹啉易生成络合物沉淀，经过滤、洗涤和分解，即可得到纯异喹啉。

4.3.6 2－甲基喹啉的分离精制

4.3.6.1 *磷酸盐法*

以沸点246～249℃、含2－甲基喹啉和异喹啉30%的窄馏分为原料，加入其量1.9倍浓度为40%的磷酸，在30～35℃反应1h生成磷酸复盐，冷却到5℃首先析出2－甲基喹啉磷酸盐。经过滤得到的结晶盐再用水重结晶。当结晶的熔点达到223.5～224.5℃后，用氨水分解，所得油层经水洗后，在具有20块塔板的塔中精馏，切取246～247℃馏分，即为纯2－甲基喹啉。

4.3.6.2 *尿素络合法*

将异喹啉和2－甲基喹啉窄馏分用浓度为30%的尿素水溶液处理，则2－甲基喹啉与尿素生成稳定的络合物而得到分离。另外，喹啉和异喹啉分离精制采用的方法，如硫酸盐法、盐酸苯萃取法和络合法，均可应用在分离精制2－甲基喹啉。

4.3.7 4－甲基喹啉的分离精制

以沸点260～267℃含4－甲基喹啉35%～36%的富集馏分为原料，在乙醇中加入浓硫酸，在35℃下反应生成4－甲基喹啉硫酸盐，经冷却过滤后，得到粗盐结晶。再用3倍于其质量的乙醇重结晶，得到熔点大于210℃的精盐结晶。然后用浓度为20%的氨水分解，得到的油层经水洗，再精馏切取262.3～266.8℃馏分，即为含量大于95%的4－甲基喹啉。

4.4　喹啉和异喹啉的深加工

4.4.1　喹啉的深加工

喹啉是一种重要的精细化工原料，主要用于合成医药、染料、农药和多种化学助剂。许多喹啉化合物都是重要医药中间体，而且近年来许多含喹啉环的新型药物被不断开发出来。喹啉本身最初也是从抗疟药物奎宁中经过蒸馏而得到，主要应用于：合成抗疟药物，如补疟喹、磷酸氯喹、磷酸伯胺喹和胺酚喹啉等；解热镇痛药物辛可芬；局部麻醉药物盐酸地布卡因；抗阿米巴病药喹碘仿、氯碘喹啉、双碘喹啉等；抗生素药物克菌定；由喹啉环及其他杂环可以合成扑蛲灵和克泻痢宁；许多取代喹啉－N－氧化物都是重要药物，如4－氨基－5－硝基喹啉－N－氧化物有抑制肿瘤生长的作用，甲基喹啉－N－氧化物和它的4－硝基－3－氯喹啉衍生物都具有显著的抗细菌和抗真菌药效，美国新开发的强抗菌剂 Utibid 就是一种喹啉酮化合物。

4.4.1.1　染料

喹啉及喹啉衍生物可以合成酸性染料黄3、直接黄22、溶剂黄33和 Palanil 黄3G，这些品种都是黄色染料的主导品种；喹啉类花青染料目前仍是彩色照相的重要光敏物质，不同数量的喹啉环组成可使光的敏感区域从紫外光到红外光或其中任意一段；喹啉经过硝化、还原得到氨基喹啉，主要用于纺织品染色辅助剂和毛发、毛皮染色剂。

4.4.1.2　食品饲料添加剂

喹啉氧化可以得到烟酸。烟酸是一种重要的维生素，可以合成多种烟酸系药物，如烟酸胺、强心剂、兴奋剂等。除了合成多种药物外，还广泛用作食品和饲料添加剂。近年来国内烟酸发展非常迅速。

4.4.1.3　农药

喹啉许多衍生物为重要的农药品种，如7－氯喹啉－N－氧化物可作为谷物种植中阔叶杂草的除草剂；取代8－氨基喹啉具有植物性毒素活性，可以制备除草剂；由N取代的二硫化氨基甲酸的喹啉酯制得的除草剂，活性可与2，4－D相比，而且毒性和残留性较低；氨基甲酸的喹啉酯、喹啉－8羧酸衍生物及其盐都具有较好杀虫性能；8－羟基喹啉的铜盐是非常有效的杀菌剂。

4.4.1.4　抗氧化剂

大多数含喹啉环的抗氧化剂都是1，2－二氢喹啉的衍生物，多种1，2－二氢烷基喹啉都是国内外早已生产与应用的优良抗氧剂，可以作为抗臭氧化剂、防老剂应用于橡胶加工业中，也可以用作食品抗氧剂及润滑油添加剂等。如目前全球橡胶抗氧化剂三大主导品种之一的橡胶防老剂 RD 就含有喹啉环结构。

4.4.1.5 化学助剂

喹啉及其衍生物可以作为多种助剂，如喹啉及其衍生物的N－氧化物都能作为配位体和许多金属离子形成络合物，作为重要的分析化学试剂使用；多种喹啉化合物可作为缓蚀剂，如在水泥中加入喹啉或其铬酸盐，可以防止混凝土中钢筋腐蚀；金属采用8－羟基喹啉可以抑制或减缓其腐蚀；汽车抗冻液中加入2－氯喹啉、4－氨基喹啉、8－硝基或羟基喹啉作为缓蚀剂效果明显；喹啉衍生物作为催化剂在多种石油工业合成中应用，如喹啉的锂络合物可作为丙烯醛和甲基丙烯醛的1，4加成聚合的催化剂。

4.4.1.6 其他

喹啉及其衍生物和同系物，都是很好的溶剂和萃取剂，特别是稠环芳香化合物的溶剂；喹啉衍生物可作为发光体与四溴化碳制成感光层，是非常理想的感光材料；喹啉及其衍生物在电镀、金属提取与冶炼行业应用也非常广泛。随着喹啉化合物应用领域的逐渐开拓，喹啉系列化合物的研究开发与生产具有良好市场前景。

4.4.2 8－羟基喹啉

8－羟基喹啉是重要的有机合成中间体，其硫酸盐和铜盐是优良的防腐剂、消毒剂和防霉剂。它也是卤化喹啉类抗阿米巴药物的中间体，包括喹碘仿、氯碘喹啉、双碘喹啉等[14]。这类药物通过抑制肠内共生菌而发挥抗阿米巴作用，对阿米巴痢疾有效，对肠道外阿米巴原虫无影响。8－羟基喹啉也是染料、农药的中间体，同时还可作为化学分析的络合滴定指示剂。由于8－羟基喹啉在医药、农药、染料等领域有着广泛用途，因此它的合成方法的研究也就具备了非常高的实用价值。

8－羟基喹啉的合成方法有喹啉磺化碱熔、氯代喹啉水解、氨基喹啉水解和Skraup合成四种方法[15]。其中氯代喹啉水解和氨基喹啉水解由于原料难以获得，所以只对一些特殊结构的8－羟基喹啉衍生物制备才有价值。喹啉磺化碱熔和Skraup合成是工业上具有竞争力的两种合成方法，从目前市场来看，喹啉磺化碱熔法工艺更简单，成本上更具优势，并且提高了喹啉资源的利用价值。下面就这两种合成方法做一简单介绍。

4.4.2.1 喹啉磺化碱熔法

喹啉经磺化得到8－磺酸基喹啉，再经过碱熔得到8－羟基喹啉碱，最后经酸化得到8－羟基喹啉。磺化反应是个可逆过程，反应中产生的水将使硫酸稀释，反应便不能进一步进行，这时磺化与水解两个相反过程达到一定平衡，为使磺化反应进行完全，必须保证硫酸有一定的浓度，以避免水解（水解可除去磺酸基，使磺化物复原成原料的烃类）。所以磺化剂的选择就显得尤其重要，试验选用发烟硫酸作为磺化剂。

磺化物的碱金属和碱土金属盐类都易溶于水，特别是钙盐和钡盐溶解度很大，而硫酸钙和硫酸钡不溶于水，所以在制备磺化物时，可利用这一性质除去过剩硫酸。

8－羟基喹啉的制取工艺流程如图4－7所示。

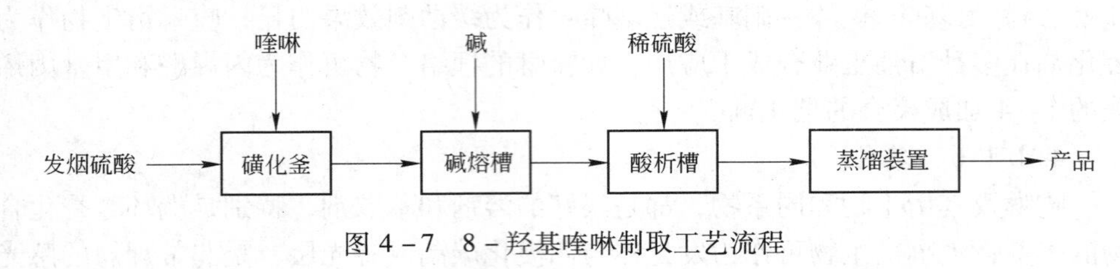

图4－7　8－羟基喹啉制取工艺流程

（1）磺化过程。以喹啉为原料，在搅拌条件下将原料慢慢加入到硫酸中，砂浴加热，在100～180℃下，磺化2～3h，然后自然冷却至室温，再用冰水进一步冷却，过滤烘干，产品为8－磺酸基喹啉。

（2）碱熔过程。在搅拌条件下，慢慢将磺化品加入到熔融的碱中，在200～240℃左右熔融30～40min，冷却后加入热水，并加热，使其全部溶解，冷却至室温后，再用稀酸中和至pH=7，待结晶析出后，抽滤，将滤饼晾干。

（3）蒸馏过程。将碱熔产品用水蒸气蒸馏，冷却，结晶即为8－羟基喹啉。

喹啉磺化碱熔法生产8－羟基喹啉的最佳工艺条件为：磺化物料配比 n（喹啉）：n（65%发烟硫酸）=7：10，碱熔物料配比 n（8－磺酸基喹啉）：n（氢氧化钠）=1：3，磺化温度为160～180℃，磺化时间为2.5h，碱熔温度为220～240℃，碱熔时间为30min；以喹啉计，8－羟基喹啉的总收率为50%。

该法反应简单，技术比较成熟，所以工业上一直在使用。生产1t 8－羟基喹啉约消耗1.8t或者更低的喹啉，该法生产的8－羟基喹啉为白色晶体粉末，质量高，含量可达到99.5%以上。目前该法主要有以下方面的改进：

（1）只用NaOH，降低生产成本。原先的碱熔是用大量的氢氧化钾与少量的氢氧化钠的混合物，以降低碱熔的温度和增加反应物的流动性。但氢氧化钾的价格比氢氧化钠高，单独使用氢氧化钠的反应温度应在360℃左右，如果反应温度低，则反应慢，收率也不高，而且物料流动性差。

（2）碱熔在高沸点有机溶剂中进行，增加反应物的流动性，有利于传热。目前该方面正在研究阶段，没有见到应用于工业化生产的报道。

（3）8－羟基喹啉和烟酸联产工艺的开发。磺化碱熔法理论上0.9t喹啉可以生产1t 8－羟基喹啉，实际上8－羟基喹啉的收率仅在50%左右，有一半的喹啉及其衍生物留在磺化和碱熔母液中。有的研究报道该工艺中以母液调节pH值，用硝酸氧化可得到烟酸，这样可以充分利用喹啉的资源。

（4）环境保护意识增强。由于磺化碱熔过程需要大量的酸碱，废水量大，因此磺化碱熔的另外一个研究重点是三废的处理。大多数的处理方法是中和、蒸发处理、蒸馏水套用，以减少废水的排放。

4.4.2.2　Skraup 合成法

Skraup 合成法最初是用邻氨基苯酚、浓硫酸、甘油和邻硝基苯酚共热得到 8－羟基喹啉。在这个反应中，甘油在高温（120～180℃）下受浓硫酸的作用脱水形成丙烯醛，再与邻氨基酚缩合为二氢喹啉，二氢喹啉被邻硝基苯酚氧化为 8－羟基喹啉，而邻硝基苯酚被还原为邻氨基酚。该方法经过不断的改进，可以得到 90% 以上的收率。这些改进包括用乙酸代替大部分的硫酸，加入硫酸亚铁和硼酸来缓和剧烈的反应，以减少焦油的生成量。除了用硝基物作为氧化剂外，砷酸、钒酸、三氧化铁、四氯化锡、硝基苯磺酸、碘等也可选用为该反应的氧化剂。一般来说，邻硝基苯酚是比较好的氧化剂，因为被还原后生成邻氨基苯酚，可以参与形成 8－羟基喹啉的反应，这从 8－羟基喹啉的收率超过 100% 的事实可得到证实。

实际上，以甘油为原料的 8－羟基喹啉的合成路线存在以下缺点：每 1mol 的邻氨基苯酚需要 3mol 的甘油、2～3mol 的浓硫酸，反应后要用碱中和，废液中含有大量的有机物和无机盐；后处理操作比较复杂，需要溶剂萃取、蒸馏和水蒸气蒸馏等步骤。另外用该法生产的 8－羟基喹啉质量、外观和气味有待进一步改进。目前该法主要有以下几方面的进展：

（1）把甘油换成丙烯醛，降低反应的温度，提高收率，减少焦油的生成。由于甘油的价格高，而且在 Skraup 反应中是过量加入的，因此以甘油为原料的路线无法低成本地工业化生产 8－羟基喹啉，而丙烯醛可以用丙烯或乙醛低成本制备，市场可大量供应。

（2）丙烯醛的进料方式是以气态形式进入，这是前苏联的专利技术，收率可以达到 98% 以上。

（3）添加有机添加剂。在合成工艺中添加如乙酸等有机酸，可以显著提高收率，或能稳定工艺的收率。

8－羟基喹啉的重要衍生物结构式如下所示。

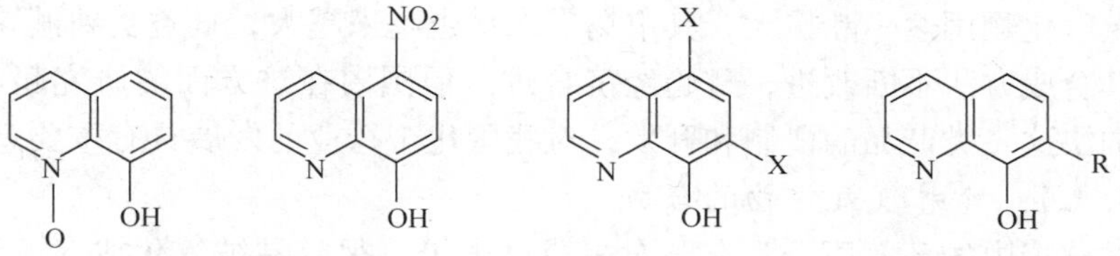

NO_2　X

N　OH　O　N　OH　N　X　OH　N　R　OH

（1）N－氧化物。8－羟基喹啉－N－氧化物是合成喹诺酮类药物的重要中间体。8－羟基喹啉在乙酸或乙酸水溶液中，以钨酸作催化剂，用过氧化氢氧化，冷却过滤即可得到8－羟基喹啉－N－氧化物，收率大于85%[16]。

（2）硝基化合物。5－硝基－8－羟基喹啉具有抗菌生理活性，是治疗尿路感染药物，用于合成聚氨纤维和螯合抗菌剂，还可用作有机合成的中间体。5－硝基－8－羟基喹啉合成方法主要有：

1）8－羟基喹啉直接硝化法，用浓硝酸和硫酸组成的混酸直接硝化8－羟基喹啉，由于生成的7－硝基－8－羟基喹啉和5，7－二硝基－8－羟基喹啉等副产物，与主产物难以分离，还要求氮气保护，因此工业生产一般不采用。

2）8－羟基喹啉先亚硝化得到5－亚硝基－8－羟基喹啉、再氧化得到5－硝基－8－羟基喹啉的间接硝化法，包括用稀硝酸硝化8－羟基喹啉为亚硝化产物，再氧化为硝基化合物，收率可到80%以上。

（3）卤化物。5，7－二氯－8－羟基喹啉和5，7－二溴－8－羟基喹啉是一种高效的杀菌剂、消毒剂，是合成抗阿米巴药物的原料；也用于在中性介质中分离钴、镍等金属。通常的合成方法以8－羟基喹啉为原料，在甲酸或卤代烷等溶剂中直接氯化制得，但有三卤代－8－羟基喹啉的副产物杂质存在。5－氯－8－羟基喹啉是合成农药的重要中间体，一般是把8－羟基喹啉溶解在盐酸介质中，用过氧化氢氧化得到。这种方法也同样能用于5，7－二氯－8－羟基喹啉和5，7－二溴－8－羟基喹啉的制备。

（4）7－烷基－8－羟基喹啉[17,18]。7－烷基－8－羟基喹啉是湿法冶金的重要萃取剂，可以分离和提纯稀土金属离子。国外有商品为Shelex－100、Kelex－100等，价格很高。7－烷基－8－羟基喹啉的合成方法是8－羟基喹啉和脂肪醛或酮在催化剂存在下缩合得到7－烯基－8－羟基喹啉，然后氢化还原得到。

4.4.3 喹啉氮氧化物

喹啉氮氧化物属于氮杂环类化合物，与喹啉性质差别很大。由于氧原子上电子云流向氮原子，使喹啉环上的π电子云密度增大，环的反应活性提高。氧原子在反应后可通过还原除去，它被看做取代、重排等反应的定位基团，从它开始可以合成一系列重要的化合物，广泛应用于医药、农药、染料、催化等诸多化工领域。国外于20世纪20年代[19]就开始了喹啉氮氧化物的研制工作，近年来随着喹啉氮氧化物用途不断扩大，其市场需求量也越来越大，日益受到世界各国的重视，其合成方法不断改进，日趋经济合理。但国内在这方面的研究起步较晚，因此，加快这一类产品的研制和开发，对我国化工行业的发展具有重要意义。

4.4.3.1 喹啉氮氧化物的合成

喹啉分子中的环氮原子，有一对未成键电子，很容易被氧化成N－氧化物。

但是在强氧化剂（如高锰酸钾等）作用下则发生开环反应，反应式如下：

HOOC— HOOC— N $\xrightarrow{KMnO_4}$ N $\xrightarrow{KMnO_4}$ —NHCOR

该反应较复杂，在不同的反应条件下生成不同的产物，但在较温和的反应条件下能够生成氮氧化物。其合成方法主要有过氧化物氧化、高硼酸钠氧化和生物氧化。

（1）过氧化物氧化。反应式如下：

N $\xrightarrow{过氧化物}$ N→O

以过氧化物为氧化剂制备喹啉氮氧化物的文献报道较多[19~23]，选用氧化剂一般为过氧化氢、过氧化苯甲酸、过乙酸、过氧化苯二甲酸等。如把129g喹啉、300mL冰乙酸、90mL质量分数为29%的过氧化氢溶液在67~70℃下反应3h后，再加入80mL过氧化氢（过氧化氢总量为1.5mol）继续反应，反应混合物真空蒸发，加入饱和的热碳酸钾溶液直到溶液呈碱性为止。混合物用氯仿萃取，萃取液在80℃下浓缩，趁热过滤除去无机盐沉淀，滤液浓缩至体积尽可能少，旋转结晶，在醚中分层。过滤，用醚冲洗，得二水合喹啉氮氧化物167g，产品熔点为60~62℃，产率为92%。

上述方法中过氧化物用量较多，不能充分利用。近年来许多学者不断致力于研究改进过氧化物氧化的方法，他们在反应过程中加入一些金属或金属化合物，如碲或含碲化合物、磷钨酸、磷钼酸、钨酸钠、卟啉－锰络合物等，以增加氧化剂的活性，提高喹啉氮氧化物的产率。如反应体系加入碲或含碲化合物有98%的过氧化氢被消耗。另外，用三氟乙酸过氧化氢体系氧化喹啉[22]，转化率可高达100%。

（2）生物氧化[24]。把小坎宁安霉属真菌在含1.9mmol/L喹啉的萨布罗（Sabouraud）介质中培养7d，然后用乙酸乙酯萃取培养液，喹啉代谢物通过高效液相色谱或薄层色谱精制，代谢物流出时间由高效液相色谱、紫外吸收光谱或质谱鉴定，约65%喹啉被代谢生成喹啉氮氧化物。该法属于生物合成法，不需要其他化学溶剂，不污染环境，简单易行。

4.4.3.2 喹啉氮氧化物的应用

喹啉氮氧化物作为药物广泛用于医药行业中。喹哪啶酸的酰肼化合物对于分支菌结核病有抑制作用。

喹啉氮氧化物作为植物生长素广泛用于农业生产中[25,26]。用0.005%～0.5%的喹啉氮氧化物溶液处理棉籽可提高其发芽率，促使种子根茎生长。播种前用1%羧甲基纤维素和0.001%喹啉氮氧化物以100mL/kg用量处理新鲜的棉籽，可使出芽率从59.0%提高到69.2%。

喹啉氮氧化物可用于染料工业中[27]。把1－氨基蒽醌加入含有喹啉氮氧化物的热氢氧化钾溶液中可以制备阴丹酮（Indanthrone），产率为90%～95%。把空气或氧气通入反应混合物可以再生氧化剂。它还可制备3－芳基－5－（2－喹啉基）绕丹宁等染料，这种染料对聚酯纤维、羊毛纤维和丙烯纤维具有良好的亲和力和良好的耐洗、耐酸、耐碱特性，用于丙烯纤维时耐光性优于聚酯纤维。

喹啉氮氧化物还可作为催化剂广泛用于各种反应中[28]。以喹啉氮氧化物为氧化试剂，把它和氧化催化剂如氧化还原酶等一起使用可以漂白木质素类物质。喹啉氮氧化物作为聚合催化剂可用于聚合工业中。以稀土、三卤化物（RX_3）、喹啉氮氧化物和有机铝化合物为催化剂，可使共轭二烯反应生成具有高度顺式结构的聚合物，该催化剂易于制备，具有很高的聚合活性。用喹啉氮氧化物改性的齐格勒催化剂催化聚合反应，可得到良好的立体定向产物，而催化剂活性损失很小。它还可以用作聚合胶片光交联引发剂，在光照下喹啉氮氧化物发生感光异构，形成羰基衍生物，在三重线态下氮氧键断开形成一个氧离子基团，它可作为引发剂。

喹啉氮氧化物还可作为酯化反应催化剂、先锋霉素扩环催化剂等。

4.4.4 异喹啉衍生物

异喹啉及异喹啉的衍生物是一类重要的医药化工中间体，已经被用来合成一系列的重要药物。例如，异喹啉类生物碱类药物有多方面的生物活性，包括抗肿瘤、抗菌、镇痛、调节免疫功能、抗血小板凝聚、抗心律失常、降压等[29]。分析异喹啉生物碱等众多药物的结构可以得出，大部分的异喹啉类生物碱药物都存在着异喹啉或异喹啉衍生物等基本结构，由此，此类药物基本可以从简单的异喹啉衍生物进一步合成而衍生出来。

附：喹啉含量的测定　气相色谱法（节选自YB/T 5281—2008）

1 范围

本标准适用于从高温煤焦油中提取的焦油碱，经分馏制得的工业喹啉。

2 原理

用弹性石英毛细管色谱柱将喹啉中的喹啉和其他杂质组分（2－甲基萘、1－甲基萘、2－甲基喹啉、异喹啉等）分离，按带校正因子的面积归一化法进行定量，计算试样中喹啉的质量分数。

3 试剂和材料

3.1 喹啉、2－甲基萘、1－甲基萘、2－甲基喹啉、异喹啉；色谱纯。

3.2 氢气：纯度大于99.9%。

3.3 氮气：纯度大于99.9%。

3.4 净化空气。

4 仪器

4.1 气相色谱仪：配有氢火焰检测器，FID检测限 $<5\times10^{-10}$ g/s（苯或正十六烷）。

4.2 色谱工作站或数据处理器。

4.3 色谱柱：PEG－20M石英毛细管色谱柱，0.25mm×30m×0.25μm，或能达到分离要求的同类型毛细管色谱柱。

4.4 分析天平：感量0.1mg。

4.5 微量注射器：10μL。

4.6 容量瓶。

4.7 移液管。

5 分析步骤

5.1 操作条件的调节

表1中所列为典型的操作条件，允许根据实际情况作适当的调节，但需符合下列要求：

（1）喹啉和其后不明物的分离度 $R\geqslant1.5$；

（2）进样量和仪器的灵敏度应控制在喹啉和异喹啉组分的线性响应范围内。

表1 典型操作条件

色谱柱	0.25mm×30m×0.25μm		
检测器	氢火焰检测器	尾吹流量	30mL/min
柱温	140℃	检测限	$<5\times10^{-10}$ g/s（苯或正十六烷）
汽化室温度	250℃	最小峰面积	500μV·s
检测器温度	280℃	半峰宽	2s
载气	N_2	进样量	0.2μL
柱流量	1mL/min	溶剂切割时间	3.5min
氢气流量	30mL/min	分流比	100：1
空气流量	400mL/min		

在上述操作条件（见表1）下，喹啉产品各组分的相对保留值见表2。

表2 各组分的相对保留值

序 号	组分名称	相对保留值
1	2-甲基萘	0.71
2	1-甲基萘	0.80
3	喹啉	1.00（16.98min）
4	不明物	1.03
5	2-甲基喹啉	1.07
6	异喹啉	1.11

5.2 校正因子的测定

5.2.1 标准样品的配制

配制与被测试样各组分含量相接近的标准样品。准确称量喹啉、异喹啉等标样共3~4g左右（称准至0.0001g）于容量瓶中，混合均匀后备用。（标准样品中各组分的含量按各标样的实际组成含量进行换算。）

5.2.2 标样的色谱分析

按5.1调整好色谱仪，用微量注射器注入0.2μL标准样品，使总的峰面积在300万~600万（μV·s）范围内。平行测定3~5次，通过色谱工作站（或色谱处理器）测量峰面积。并确保每次对喹啉和异喹啉等组分的切割方式一致（当峰形拖尾时，推荐采用斜切方式）。

5.2.3 校正因子的计算

5.2.3.1 以喹啉为基准物，按公式（1）计算各组分相对校正因子：

$$f_i = \frac{A_{喹啉} \cdot m_i}{A_i \cdot m_{喹啉}} \tag{1}$$

式中 f_i——i组分的相对校正因子；

A_i——i组分的峰面积，μV·s；

$A_{喹啉}$——喹啉的峰面积，μV·s；

m_i——i组分的质量数值，g；

$m_{喹啉}$——2-甲基萘的质量数值，g。

5.2.3.2 在正常条件下，校正因子每隔三个月验证一次，以保证定量的准确性。但如果色谱条件改变，则必须重新验证校正因子。

5.3 试样的测定

按5.1调整好色谱仪，用微量注射器注入0.2μL试样，使总的峰面积在300万~600万（μV·s）范围内，通过色谱工作站（或数据处理器）测量各组分的峰面积，并确保对喹啉和异喹啉等组分的切割方式与测定校正因子时的方式相一致。每个试样重复测定两次，取两次分析的平均值作为测定结果报出。

6 结果计算

按公式（2）计算喹啉的质量分数：

$$X_{喹啉}=\frac{A_{喹啉}\cdot f_{喹啉}}{\sum_{i=1}^{n}(A_i\cdot f_i)}\times 100 \tag{2}$$

式中 $X_{喹啉}$——喹啉的质量分数，%；

$A_{喹啉}$——喹啉的峰面积，μV·s；

A_i——i 组分的峰面积，μV·s；

$f_{喹啉}$——喹啉的相对校正因子；

f_i——i 组分的相对校正因子；

n——试样中所检出组分总数。

其他不明物的校正因子以 1.000 计算。

7 精密度

同一化验室两次重复试验结果：不大于 0.4%。

参考文献

[1] 汪小华，丰枫，袁俊峰，等．催化法合成喹啉及其衍生物的研究进展［J］．化工生产与技术，2009，16(1)：34～40.

[2] 王洪槐．从洗油中提取喹啉的初步研究［J］．武钢技术，2000，38(2)：1～4.

[3] 刘文彬，王军，宁志强，等．从煤焦油洗油中提取喹啉的研究［J］．化学与粘合，2002(1)：14～15.

[4] 何选明，潘琛，张连斌，等．洗油中喹啉的超临界萃取分离研究［J］．煤化工，2012(2)：29～31.

[5] 吕早生，徐榕，魏涛．从煤焦油洗油中提取喹啉的研究［J］．武汉科技大学学报，2008，36(6)：652～655.

[6] 魏庆开．从喹啉残液中提取工业异喹啉［J］．燃料与化工，2001，32(6)：322～323.

[7] 周霞萍，王德龙，何衍庆，等．异喹啉及其同系物的分离［J］．过程工程学报，2003(3)：274～277.

[8] 张毅，薛永强，王志忠．从洗油中分离喹啉的新方法［J］．应用化工，2009，38(1)：145～147.

[9] 上海乾昆化工科技有限公司．一种高纯度喹啉分离提纯工艺：中国，102603626A［P］．2012－03－30.

[10] 张雄文，陈新．喹啉精制系统扩容改造［J］．燃料与化工，2005，36(4)：42～45.

[11] 李健，胡莎，黄国武，等．工业喹啉装置改造成精喹啉装置的生产实践［J］．2006，37

(4)：48～49.

[12] 上海奎林化工有限公司．一种异喹啉的精提纯方法：中国，101759636 A [P]．2010－06－30.

[13] 上海新明高新科技发展有限公司．异喹啉的提纯方法：中国，101747269A [P]．2009－12－23.

[14] 梁诚．喹啉及其衍生物的开发与应用 [J]．四川化工，2004，7(4)：28～32.

[15] 张珍明，李树安，葛洪玉．8－羟基喹啉制备技术进展 [J]．广州化学，2007，32(2)：62～65.

[16] 周学良，项斌，高建荣．药物 [M]．北京：化学工业出版社，2003：407～408.

[17] Richter M, Schumacher O. Process for preparing chelating ion exchanger resins and the use thereof for the extraction of metals: US, 5290453 [P]. 1994－03－01.

[18] Richards H J, Trivedi B C. 7－(alpha－methyl alpha－alkenyl) substituted 8－hydroxyquinolines and process for the preparation thereof: US, 4045441 [P]. 1977－08－30.

[19] Meisenheimer J. Über Pyridin－, Chinolin－und Isochinolin－N－oxyd. Berichte der Deutschen Chemischen Gesellschaft, 1926, 59(8): 1848～1853.

[20] Eiji Ochiai. J Org Chem, 1953, 18: 534.

[21] Lokhov R V. Khim Geterosikl Soedin, 1981(1): 89.

[22] Lioltta. J Org Chem, 1980, 45(12): 2888.

[23] Lukasz Kaczmark, Roman Baliki. Chem Ber, 1992, 125: 1965.

[24] Sutherland John B, Freeman James P. Exp Mycol, 1994, 18(3): 271.

[25] Lakatkin I P, Ibraglmov S I. Khim Sel'sk Khoz, 1982(2): 42.

[26] Rempel E L, Otroshchenko O S. Vop Med Khim Biokhim Gorm Deistviya Fiziol Aktiv Veshchestv Radiats. 1970, 124.

[27] Fadda D A, Etman H A, Ali M M. Indian J Fiber text Res, 1995, 20(1): 34.

[28] Cheshko F F, Lugovaya L A. Kinet Katai, 1977, 18(6): 1613.

[29] 彭司勋，黄文龙．心血管药物研究——基于中药有效成分的结构改造 [J]．中国药科大学学报，1999，30(5)：396～401.

5 苊

按目前我国煤焦油加工能力估算，每年可提取苊1.86万吨。我国苊的开发利用尚停留在较低水平，目前仅有鞍钢化工总厂、北京焦化厂等几家企业利用苊制取1，8－萘酐，且产量不足2000t/a，资源利用率仅为1/10，而苊的进一步加工能力则更低。因此，充分利用我国大量的苊资源，研制有前途的精细化工品种，是亟待解决的课题。

目前国内生产苊的企业主要有鞍钢化工总厂、上海焦化有限公司、北京焦化厂及石家庄焦化厂等，除上海焦化有限公司的精苊熔点为93℃，纯度为99%左右，其他国内大部分产品熔点约为91℃，纯度为94%左右，国外一些大的焦油加工企业也生产苊，联邦德国工业苊纯度为97%～98%[1]。

前苏联的焦化厂以脱酚洗油馏分作为原料，制取含苊约50%的苊馏分。苊馏分自然冷却和结晶，粗苊经离心分离得到的苊晶体在离心机内用蒸汽直接吹洗。此工艺存在生产能力低、污染环境、劳动条件恶劣等不足之处。经进一步改进，采取了更为有效的以煤焦油馏分为原料提取苊的工艺。该工艺包括洗油馏分脱酚和脱吡啶，随后用精馏方法制取苊馏分，再用过饱和结晶法从苊馏分中分离出含苊不少于98%的最终产品。

5.1 苊的理化性质及用途

苊（acenaphthene），又名1，8－Dihydroacenaphthalene，分子式为$C_{12}H_{10}$，结构式见图5－1。工业苊为白色或略带黄色斜方针状结晶，熔点95℃，沸点277.5℃，相对密度1.054（99℃），折射率1.6048（40℃），极微溶于水，能溶解于热醚、热苯、甲苯、冰醋酸、氯仿和石油醚，微溶于乙醇，易燃，如表5－1所示。

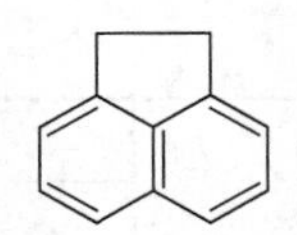

图5－1 苊分子结构式

表5－1 苊的理化指标

指 标	性 能
熔点	95℃
沸点	277.5℃
相对密度	1.054（99℃）

续表 5-1

指　标	性　　能
折射率	1.6048（40℃）
外观	白色或略带黄色斜方针状结晶
溶解性	能溶解于热醚、热苯、甲苯、冰醋酸、氯仿和石油醚，微溶于乙醇，极微溶于水

苊容易氧化生成1，8-萘酐，广泛用于合成各种高级颜料、染料、塑料等。苊也容易脱氢生成苊烯，可合成一系列聚合物，用作电绝缘材料、离子交换树脂和染料等；苊烯再经溴化、氯化制得溴代和氯代苊烯，经进一步聚合可制得耐燃性极好的树脂。此外，苊经氧化可制得苊醌，用作杀菌剂、杀虫剂和还原染料等。

由于苊的特殊结构和较活泼的化学性质，随着精细化工的发展，苊的应用领域在不断扩大[2]。除了生产1，8-萘酐外，传统的苊的深加工途径还有苊脱氢后聚合制苊烯树脂和改性酚醛树脂等。近年来苊不断有新的开发利用途径，如3，4，9，10-苝四甲酸二酐、1，4，5，8-萘四甲酸、缩合溴代苊烯（Con-BACN）等。3，4，9，10-苝四甲酸二酐是合成苝系染料、颜料的重要中间体。1，4，5，8-萘四甲酸主要用于生产还原艳橙GR（还原枣红2R）和还原大红GG，还原棕B和还原棕5R等还原染料、分解性染料；还可用于生产具有良好绝缘性和抗放射性以及耐高温（400℃以上）的新型聚酰亚胺、TNM聚酰亚胺及TNM聚合物等。溴代苊烯（Con-BACN）熔点为120~160℃，是一种具有优异的抗辐射性能的阻燃剂，可用于核电站等处电缆的阻燃。苊的主要用途见表5-2。

表5-2　苊的主要用途[3]

<table>
<tr><td rowspan="9">苊</td><td colspan="2">加氢→全氢化苊→二甲基高强度耐热性树脂</td></tr>
<tr><td rowspan="4">脱氢→苊烯→</td><td>苊烯树脂</td></tr>
<tr><td>苊烯共聚合树脂</td></tr>
<tr><td>塑料防老化剂</td></tr>
<tr><td>碳纤维</td></tr>
<tr><td colspan="2">苊-甲醛树脂
苊-苯酚树脂
混凝土流动剂</td></tr>
<tr><td rowspan="3">氧化→无水肿酸→</td><td>纤维染料</td></tr>
<tr><td>颜料</td></tr>
<tr><td>机能性树脂</td></tr>
</table>

从洗油中分离提纯苊，一般先通过精馏得到富苊馏分，再进行深加工、精制得到高纯度苊。

5.2 苊的分离与提纯

苊通常的提取方法是将洗油脱萘、脱酚、脱吡啶和脱水后，用60块塔板的精馏塔精馏，切取270℃的馏分，将此馏分再用60块塔板的精馏塔精馏，切取270～280℃的苊馏分（也可用70块塔板的精馏塔进行连续精馏，从第42块塔板引出馏程为268～282℃的苊馏分），然后冷却、结晶、分离得到纯度99%的工业苊。

目前，国内外从洗油中提取工业苊的生产方法主要是采用“双炉双塔”或“三炉三塔”从煤焦油洗油中提取萘组分，然后将浓度为50%～60%的苊馏分装入结晶机内，通过结晶、过滤后得到纯度94.38%～96.55%的固态产品工业苊。工业苊再采用逐步升温乳化结晶法可制备出纯度99%以上的精苊。

王仁远等人[4]根据苊、氧芴、芴3种化合物的沸点、熔点之间的差异，采用先精馏后结晶的方法实现苊的分离与提纯。精馏釜容积5000mL，精馏塔柱内径为40mm，塔柱有效高度为1600mm，用于填充填料；塔顶压力和塔釜压力的数值均可显示，并通过真空泵、缓冲器控制，同时还具有防止超压功能；塔顶和塔釜的温度由两个智能仪表控制；塔柱下段保温、塔柱和物料采出保温均可调节控制，以保证精馏的顺利运行。

表5－3为原料中苊含量对主馏分中苊含量和回收率的影响情况。影响苊回收率的主要因素是原料中苊的含量，原料中苊含量越高，分割出的主馏分中苊含量越高，苊回收率也越高。当原料中平均苊含量从22%下降到12.5%时，主馏分中平均苊含量从59%下降到51%，苊的单程回收率平均从54%下降到50%。

表5－3 原料中苊含量对主馏分苊含量和回收率的影响

编 号	原料中各组分含量/%			苊含量/%	苊回收率/%
	苊	氧芴	芴		
1	19.88	15.57	12.91	58.79	59.14
2	22.2	16.64	12.35	60.19	54.23
3	22.2	16.64	12.35	58.40	48.40
4	13.03	19.12	27.77	55.61	50.50
5	12.10	19.24	30.10	44.62	53.93
6	12.64	18.24	27.22	53.86	44.46

张振华等人[5]以煤焦油洗油为原料，采用精馏－共沸精馏－重结晶的工艺路线，研究了从洗油中分离提纯芘的可行性。

5.2.1　洗油预处理

为尽可能降低洗油中高含量组分对芘分离的影响，首先通过酸洗、碱洗除去喹啉类等酸性组分以及酚类等碱性组分，得到中性洗油。

将一定量洗油加入带有机械搅拌和温度计的三口烧瓶中，采用水浴加热并控制水浴锅温度为30℃，开启搅拌器，按洗油与 H_2SO_4 溶液质量比 1：1 逐渐加入质量分数为20%的 H_2SO_4 溶液，搅拌30min。将反应后的物料转入分液漏斗中静置分层、分液。将分液后的有机相转入三口烧瓶中，逐渐加入等体积的10%的NaOH溶液，常温下搅拌30min。将混合液转入分液漏斗中分层、分液，对分离的油相多次水洗、干燥，采用气质联用仪对处理后的中性洗油进行分析。

5.2.2　富芘馏分的提取

二甘醇可作为共沸剂共沸精馏富集芘馏分，其中共沸剂的用量对芘馏分的富集有重要影响。为了考察二甘醇用量对芘馏分富集效果的影响，将芘馏分与二甘醇按不同比例混合进行共沸精馏，表5－4为二甘醇用量对芘馏分富集效果的影响。

表5－4　二甘醇用量对芘馏分富集效果的影响

编　号	二甘醇与芘馏分质量比	芘纯度/%	芘收率/%
1	4：5	83.4	62.8
2	1：1	84.1	74.5
3	6：5	86.9	86.5
4	7：5	87.4	89.8
5	8：5	80.7	90.3
6	9：5	75.4	90.7

由表5－4可知，当二甘醇与芘馏分质量比增大时，产品中芘的纯度先增大后减小，但收率呈增加趋势，但当质量比大于1.4时，收率增加幅度较小。为了保证下一步重结晶后芘的纯度和收率，此阶段得到的芘的纯度应尽可能大，且应尽量减少共沸剂用量，以降低共沸剂回收难度，故确定二甘醇与芘馏分的质量比为1.4。

洗油组分复杂，而且某些组分沸点相差不大，在提取某种组分时，一般先通过一次或多次精馏得到其富集馏分，然后再进行下一步精制。实验中为了确定芘馏分的截取范围，将200g中性洗油精馏，截取210～270℃ 8个馏分段，对每个馏分段进行气相色谱分析，得到不同馏分段中各物质的质量分数（见表 5－5）。

表 5－5 不同馏分段中各物质的质量分数

编号	温度/℃	馏分质量/g	各组分质量分数/%						
			萘	α－甲基萘	β－甲基萘	联苯	芘	氧芴	芴
1	210～220	12.52	51.67	13.52	24.33				
2	220～225	11.26	15.03	12.32	41.16				
3	225～230	48.74	5.46	20.21	46.23	5.66			
4	230～235	4.82		14.89	27.22	9.47	13.80		
5	235～240	7.36		13.59	11.38	19.47	21.73	3.11	
6	240～250	14.14		7.16	5.66	10.22	22.79	13.74	
7	250～260	49.12				1.04	52.65	24.87	6.86
8	260～270	40.20					18.72	19.32	34.32

由表 5－5 可知，230～270℃的馏分均含有芘，并且在 250～260℃馏分段芘含量最高。为了最大限度提高芘的回收率，先收集一次精馏 230～270℃馏分，然后将此馏分再次精馏，收集 250～260℃馏分作为富芘馏分，经气相色谱分析，发现此富芘馏分中芘含量为 60.7%，主要杂质为芴和氧芴。

日本新日铁化学研究所研制开发了以煤焦油洗油为原料，通过将蒸馏与塔内结晶工序相结合（BMC）的方法制取芘的工艺过程[6]。具体方法是：将含有芘 16.8%、萘 18.3%、甲基萘 6.3%、氧芴 21.0%、芴 10.4% 及其他一些组分的洗油在 32 块理论塔板的塔内于回流比 12～15 的条件下进行分离制取芘馏分。所得到的芘馏分中芘的最高浓度不超过 63%。然后，将此馏分在设有三个搅拌器和三个区段（冷却、净化和熔融）的立式塔内用结晶法净化，最后得到主要物质含量不少于 99% 的芘和油。油中含芘 35.6%～43.5%、氧芴 15.4%～24.5%，其他组分 39.0%～49.1%。

我国攀钢焦化厂则是利用工业萘装置从洗油中提取工业芘，其工艺流程见图 5－2。

如图 5－2 所示，原料洗油经换热后进入工业萘装置，在初馏塔顶采出轻质洗油。一部分塔底残油进入管式炉循环加热以提供热量，一部分进入精馏塔。在精馏塔顶采出芘馏分，塔底残油循环加热并排出部分重质洗油。蒸馏部分的主要操作指标见表 5－6，各馏分的初馏点与干点见表 5－7，芘馏分组成分析见表 5－8。然后，再将所得的含芘为 50%～60% 的芘馏分装入结晶机内，装料温度控制在 90～95℃。开始结晶时的冷却速度为 3～5℃/h，当冷却温度接近结晶点时，冷却速度降至 1～2℃/h，防止形成过多的细小晶核而使馏分变成糊状，以

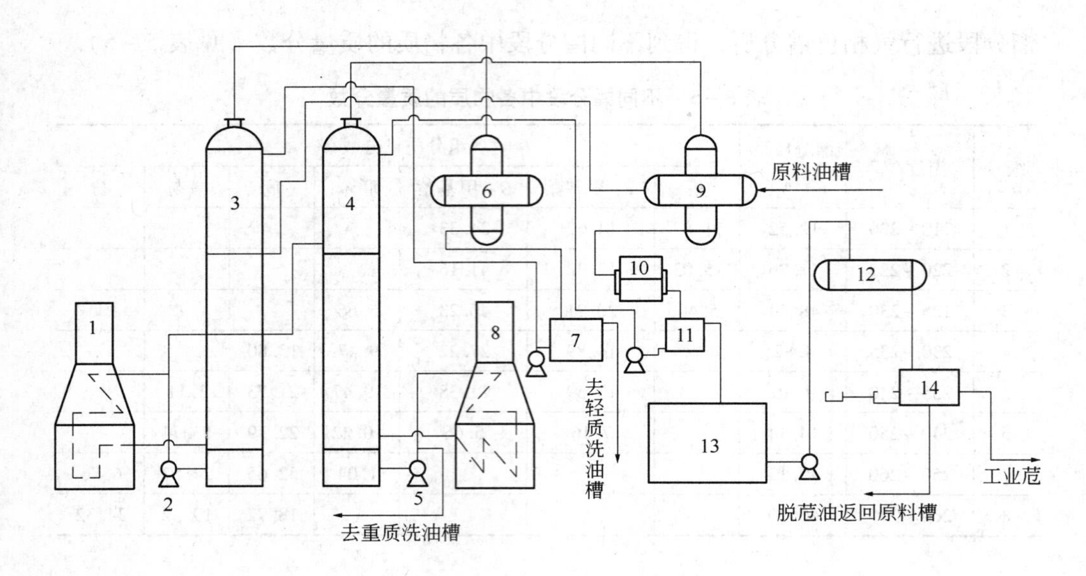

图 5-2 工业芘生产工艺流程

1—初馏管式炉；2—热油循环泵；3—初馏塔；4—精馏塔；5—热油循环泵；6—轻质洗油冷却器；7—轻质洗油回流柱；8—精馏管式炉；9—换热器；10—芘馏分汽化冷凝冷却器；11—芘馏分回流柱；12—芘馏分结晶机；13—芘馏分储槽；14—离心机

致无法进行离心操作。第一遍放料温度为 35～40℃，第二遍放料温度为 30～35℃。芘馏分经结晶机结晶，再经离心机分离后，所得成品工业芘的组成及结晶点见表 5-9。该流程的特点是安全可靠、调节方便、操作弹性大。

表 5-6 蒸馏技术操作指标

指　标	初馏系统	精馏系统
进料量/$t \cdot h^{-1}$	3～4	1.5～2.0
塔压/kPa	30～60	40～60
管式炉出口温度/℃	320～330	330～340
塔顶温度/℃	225～230	282～285
塔底温度/℃	295～305	310～320

表 5-7 各馏分初馏点与干点 （℃）

轻质洗油		重质洗油		芘馏分	
初馏点	干点	初馏点	干点	初馏点	干点
245.5	268.3	285.2	309.1	268.3	275.9
248.5	279.1	285.0	301.0	270.3	277.0

续表 5-7

轻质洗油		重质洗油		苊馏分	
初馏点	干点	初馏点	干点	初馏点	干点
250.5	273.1	287.0	306.0	269.5	279.0
250.5	273.0	286.0	305.0	269.0	281.0
250.5	274.0	285.0	307.0	273.3	283.2
250.5	272.0	285.0	315.2	273.5	281.5
250.5	273.0	285.0	307.2	273.6	284.0
248.5	279.0	285.0	309.2	269.8	284.8
244.0	271.4	288.2	317.9	267.8	285.8

表 5-8 苊馏分组成分析 (%)

编号	β-甲基萘	α-甲基萘	联苯	二甲基萘	苊	氧芴	芴	未知物
1	2.82	1.65	1.23	9.38	77.57	7.35		
2	1.08	0.74	2.95	21.45	54.44	15.93	3.44	
3	0.32	0.56	0.38	29.9	50.1	18.29		
4	0.60	0.39	9.5	9.97	61.03	13.24	3.5	1.77

表 5-9 工业苊的组成及结晶点

编 号	苊含量(干基)/%	灰分/%	水分/%	结晶点/℃
1	96.02	0.015	3.0	89.8
2	94.38	0.006	2.6	90.7
3	96.55	0.0265	2.55	89.7
平均	95.65	0.016	2.7	90.07

如图 5-3 所示，原料洗油经精馏塔顶部的热交换器预热后进入初馏塔，从初馏塔顶部切出含萘50%左右的前馏分，除部分用作回流外，其余加入三混馏分中生产工业萘。甲基萘馏分从塔上部侧线馏出，塔底的重质组分部分经管式炉加热后作为初馏塔的热源，其余部分送至精馏塔。苊馏分从精馏塔上部的侧线馏出，精馏塔顶逸出的馏分为中质洗油，其组成与原料洗油相似，仍可用于煤气吸苯，含芴和氧芴较多的重质洗油从精馏塔底排出[7]。

一种从煤焦油洗油中提取高纯度苊的方法，其特征在于：以煤焦油洗油为原料，采用单塔减压精馏工艺，使用填料精馏塔，理论塔板数为45~60块，减压精馏压力控制在0.05~0.06MPa，回流比控制在10~20，精馏馏分的采出温度35~245℃，获得苊含量65%~75%的馏分，以此馏分为原料，与有机溶剂进行

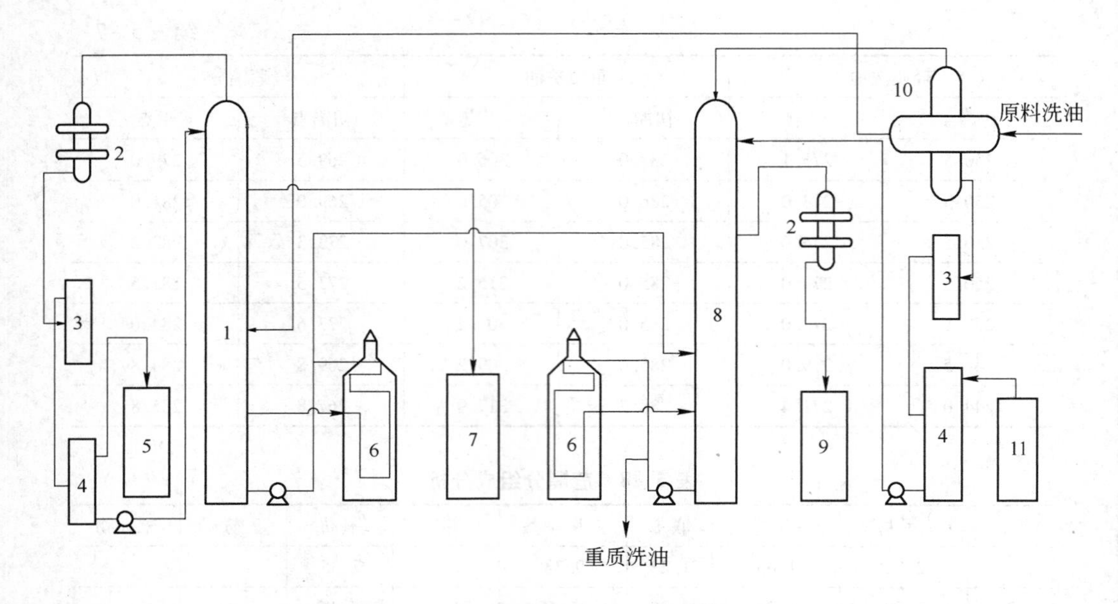

图 5-3　从洗油中同时提取甲基萘和苊馏分的流程图
1—初馏塔；2—冷凝器；3—油水分离器；4—回流柱；5—前馏分槽；6—管式炉；
7—甲基萘槽；8—精馏塔；9—苊馏分槽；10—换热器；11—中质洗油槽

混合，将混合物加热至结晶全部溶解，再缓慢冷却至 25～35℃，结晶析出，结晶时间 20～50min，过滤，得到苊纯度达 99% 以上的苊产品，过滤后的母液回收循环使用[8]。

该方法的优点在于：采用单塔减压精馏工艺，采出温度低于常压精馏工艺，能量消耗低，减少设备的使用，苊馏分的回收率高；采用溶剂萃取技术，制备工艺简单，操作方便，溶剂可循环使用，能耗低，产品苊收率和含量高，生产成本低，不会产生环境污染等问题[9]。

马中全等人[10]发明提供了一种由煤焦油洗油生产工业苊的方法和装置。该方法采用两个或两个以上精馏塔连续精馏的工艺流程，从最后的精馏塔顶切出产品工业苊，塔底切出苊后组分；其余的精馏塔切出苊前组分。该装置由两个或两个以上的连续精馏塔串联而成，包括从塔顶切出产品工业苊、塔底切出苊后组分的最后一个精馏塔，和该塔之前的切出苊前组分的一个或一个以上的精馏塔。本发明生产工艺简单，工业苊收率高，动力消耗低，劳动生产率高，环保效果好；工艺自动化水平高，尤其适合于大型化煤焦油洗油加工装置。

5.2.3　溶剂结晶法

舒歌平等人[11]发明了逐步升温乳化结晶法制备精苊工艺的专利，该专利是一种逐步升温乳化结晶法制备精苊工艺，其特征在于它是一种以水作连续相，在特种乳化剂的作用下，逐步升温将粗苊和水乳化成乳状液，然后再分离制备精苊的工艺。其工艺过程分三个步骤：第一步是溶液的配制，以自来水或蒸馏水配制乳化剂溶液；第二步是乳状液的制备，将从煤焦油中制得的粗苊和乳化剂溶液混合，在加热下经搅拌制成乳状液，整个乳化时间为10~40min，乳化过程在通常的乳化设备中进行；第三步是精苊的制备，将第二步制备的乳状液冷却至室温，经分离、洗涤、干燥得到产品。

该发明工艺简单、操作方便，可以很容易地把纯度为79%以上的粗苊原料精制成纯度在99%以上的精苊，由于使用了自来水代替有机溶剂，不但降低了生产成本，提高了精苊收率，而且还使工人的作业环境大大改善。

5.3　苊结晶动力学研究

结晶动力学是决定晶体产品粒度分布以及产品质量的重要因素，是工业结晶过程分析、设计、优化及操作的重要依据，它与分子动力学、流体力学等一起共同形成了工业结晶过程模拟及产品晶形预测的基础[12]。

随着精细化工的发展，由于苊的特殊结构和较活泼的化学性质，苊的应用领域在不断扩大，对苊的纯度也提出更高要求。洗油经粗加工得到的苊馏分是苊精制的原料，精制苊的方法有精馏法和结晶法，后者具有工艺简单、设备少、能耗低、产品收率高和成本低等优点，日益受到人们的重视。在研究苊结晶热力学的基础上，进一步研究苊结晶动力学，将为结晶器分析、设计、操作参数的确定以及模拟提供重要依据。

结晶动力学测试方法是建立在Larson和Randolph粒数衡算模型的基础上，对于混合悬浮混合产品出料（MSMPR）的结晶器，其通用的粒数衡算方程式为

$$\frac{\partial n}{\partial t}+\frac{\partial vn}{\partial L}+n\frac{\mathrm{dlog}V}{\mathrm{d}t}+\frac{q_v}{V}n=(v_{\mathrm{B}}-v_{\mathrm{D}})+\frac{q_{v,i}}{V}n_i \tag{5-1}$$

式中　n——晶浆中晶体的粒数密度；

n_i——进料中晶体的粒数密度；

q_v——排料流股的体积流量；

$q_{v,i}$——进料流股的体积流量；

v——粒子生长速率；

v_{B}——晶浆中粒子的出生速率；

v_{D}——晶浆中粒子的死亡速率；

L——晶体粒度；

t——时间；

V——晶浆体积。

在实际工业结晶过程中，由于很多物系采用间歇的结晶工艺，结晶界科研工作者结合实际生产过程又提出了间歇动态的结晶动力学测定方法。假定晶体生长与粒度无关，不考虑晶体的聚结与破裂，忽略晶浆体积随时间的变化，则有

$$\frac{\partial n}{\partial t}+v\frac{\partial n}{\partial L}=0 \tag{5-2}$$

在此基础上，人们提出了经验模型法、拉普拉斯变换法和矩量变换法三类间歇动态结晶动力学测定方法。经验模型法由 Tavare 提出，该方法数据处理较简单，但由于缺乏充分的理论依据，得到的经验方程普适性较差。拉普拉斯变换法由 Tavare 和 Garside 提出，通过拉普拉斯变换将粒数衡算方程由一阶线性偏微分方程变换成一阶常微分方程，在拉普拉斯变换域内估算模型参数比在时间域内效果更理想。矩量变换法是一种使用比较广泛的结晶动力学测定方法。通过矩量变换，将间歇结晶过程的粒数衡算方程（5－1）由一阶非线性偏微分方程组转换为一组常微分方程。本书即采用此方法进行苊结晶动力学数据处理。定义粒数密度 n 关于粒度 L 对原点的 k 阶矩量 m_k 为

$$m_k = \int_0^\infty \tau(L,t)\cdot L^k \mathrm{d}L \quad (k = 1,2,3,4,\cdots) \tag{5-3}$$

以粒度为内坐标，对方程（5－2）作某时刻 t 下粒度 L 的矩量变换，将方程（5－1）两边同时乘以 $L^j\mathrm{d}L$ 并从 0 至∞积分得到

$$\frac{\mathrm{d}n_j}{\mathrm{d}t}=v(jn_{j-1}+L_0^j n_0-L_\infty^j n_\infty) \tag{5-4}$$

$$j=0,\quad \frac{\mathrm{d}n_j}{\mathrm{d}t}=v(L_0^j n_0-L_\infty^j n_\infty) \tag{5-5}$$

式中　n_j——第 j 阶矩量；

n_∞——粒度趋于无穷大时粒子的粒数密度；

n_0——粒度趋于 0 时粒子的粒数密度；

L_0——粒度趋于 0 时的晶体粒度；

L_∞——粒度趋于无穷大时的晶体粒度。

由此关系式即可求得生长速率 v，根据二次成核速率 v_{Bs} 定义可知，有下式成立

$$v_{\mathrm{Bs}}=\left.\frac{\mathrm{d}N}{\mathrm{d}t}\right|_{L\to 0}=\frac{\mathrm{d}N_0}{\mathrm{d}t} \tag{5-6}$$

式中　N——粒子数；

N_0——粒度趋于零的粒子数。

又 $\left.\frac{\mathrm{d}N}{\mathrm{d}t}\right|_{L\to 0}=\frac{\mathrm{d}L}{\mathrm{d}t}\left.\frac{\mathrm{d}N}{\mathrm{d}L}\right|_{L\to 0}$，且 $\frac{\mathrm{d}N_0}{\mathrm{d}L}=\left.\frac{\mathrm{d}N}{\mathrm{d}L}\right|_{L\to 0}=n_0$，$\left.\frac{\mathrm{d}L}{\mathrm{d}t}\right|_{L\to 0}=v_0$，$v_0$ 为粒度趋于

0 时的粒子生长速率。进一步得到

$$v_{\mathrm{Bs}} = n_0 v_0 \tag{5-7}$$

对粒度无关的生长，$v_0 = v$。经过以上方程求出生长速率 v_0 后，根据方程（5-7）即可得到各种情况下的成核速率。初始条件：$n(L,0) = n_0(L)$；边界条件：$n(t,\infty) = 0$。通过方程（5-5）及方程（5-7）求得平均晶体生长速率 v 和二次成核速率 v_{Bs}，然后利用多元线性最小二乘法回归出各动力学参数。

$$v = k_{\mathrm{g}} \exp\left(-\frac{E_{\mathrm{G}}}{RT}\right) \Delta_{\mathrm{c}}^{g} \tag{5-8}$$

$$v_{\mathrm{Bs}} = k_{\mathrm{B}} \exp\left(-\frac{E_{\mathrm{B}}}{RT}\right) N_{\mathrm{p}}^{l} M_{\mathrm{T}}^{i} \Delta_{\mathrm{c}}^{j} \tag{5-9}$$

式中 k_{g}——生长动力学方程系数；
E_{G}——晶体生长活化能；
R——气体常数；
k_{B}——成核速率方程系数；
E_{B}——成核活化能；
N_{p}——搅拌速率；
Δ_{c}——过饱和度；
M_{T}——晶浆悬浮密度；
l，i，j（上标）——相应幂指数；
g——过饱和度指数。

莅结晶动力学实验数据测定系统如图 5-4 所示。

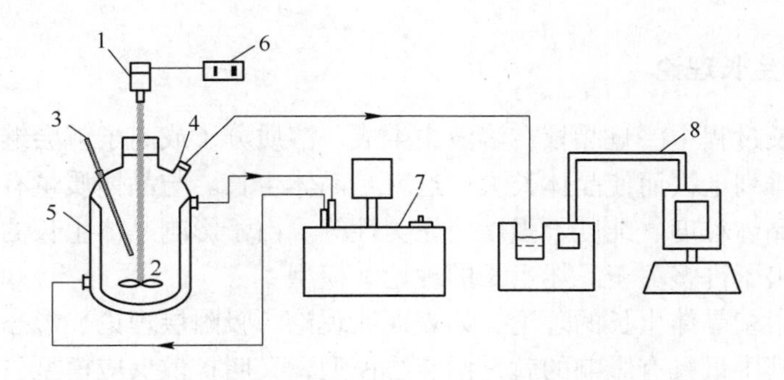

图 5-4 莅结晶动力学实验数据测定系统

1—直接搅拌电动机；2—搅拌桨；3—酒精温度计；4—取样口；5—夹套式结晶器；6—搅拌控制器；7—超级恒温水浴；8—Marvem 粒度分析系统

5.3.1　操作参数对结晶动力学的影响

5.3.1.1　过饱和度的影响

过饱和度对莅晶体生长和成核均有一定的影响，晶体生长和成核速率均随过饱和度的增大而增加。由于过饱和度指数接近，因此在结晶过程中，需将过饱和度控制在一定范围内，以维持莅晶体生长及适宜的成核速率。

5.3.1.2　搅拌速率的影响

搅拌强度对结晶动力学的影响是通过改变结晶器内晶浆悬浮液的流体力学状态、溶质浓度分布、热量分布、粒子分布及介稳区宽度来体现的。结晶过程中二次成核是晶核的主要来源，不论二次成核以何种机理发生，均与晶浆悬浮液受到的搅拌强度有关。可能是因为当搅拌桨形式一定时，搅拌速率增加，流体与晶体的相互作用加强，使得晶体与结晶器壁之间、晶体之间以及晶体与桨叶之间的碰撞增加。另外，由于流体流速的加快，使流体对晶体的剪应力加大，从而使溶液对晶体的冲刷作用加大，增加了结晶过程的二次成核。在过饱和度一定的情况下，晶核增多消耗溶液的过饱和度，相对削减了晶体生长的推动力，影响了晶体生长进而影响最终晶体粒度的大小。因此，搅拌速率为莅冷却结晶过程的一个重要的控制参数。

5.3.1.3　悬浮密度的影响

悬浮密度对晶体成核的影响较为显著，主要是因为随着晶浆悬浮密度的增加，晶体与结晶器壁、桨叶以及晶体和晶体间的碰撞频率增大，导致二次成核速率增加。结晶过程溶液悬浮密度过低，会降低产品收率，因此在考虑产品收率及粒度的情况下，结晶过程应控制适宜的溶液浓度（不宜过高）进而来控制适宜的悬浮密度。

5.3.2　晶体生长理论

晶体生长过程中一旦晶核在溶液中生成，溶质分子或离子就会继续在晶体表面上一层层排列上去而使晶体长大，这就是晶体生长。与晶体质量有关的问题有许多，例如晶体粒度、纯度、强度、完美性等。由于影响晶体生长的因素多而复杂，人们提出了许多关于晶体生长的理论和模型[13]。

目前有很多晶体生长的理论，如表面能理论、吸附层理论、形态学理论和扩散理论等，其中最具有影响的就是两步法模型，又叫扩散反应模型。它认为晶体生长过程包括两个步骤：第一步为溶质扩散过程，即待结晶的溶质通过扩散穿过晶体表面的静止液层，由溶液中转移至晶体表面；第二步为表面反应过程，即到达晶体表面的溶质嵌入晶面，晶体长大。在不同的物理环境下，这两个步骤中的任何一步都可能是过程的控制步骤。针对第二步，关于溶质如何嵌入晶格的模式，也已提出许多模型，其中有连续成长模型、生长传递模型和螺旋错位生长（BCF）模型。溶质扩散步骤和表面反应步骤是连续发生的，通常扩散步骤的速率与浓度推动力呈线性关系，而表面反应过程并非一级反应。

晶体成长属于扩散控制成长还是表面反应控制成长，这取决于系统的性质及晶体生长的物理环境。通常认为：高的过饱和度，低的比功率输入，晶体生长可能为扩散控制生长；低的过饱和度，高的比功率输入，晶体生长可能为表面反应控制生长。同一物料在较高温度下，结晶过程往往属于扩散控制；在较低温度下，则可能转为表面反应控制。

5.4 苊结晶热力学研究

溶液结晶是固体物质以晶体形态从溶液中析出的过程。结晶物系的固液相平衡关系决定着最大生产能力。结晶物系的溶解度数据是结晶过程设计与操作的重要依据。因此溶液热力学是工业结晶过程研究的基础。若要全面了解一个物质的结晶过程，就必须对其结晶热力学进行研究。从分子运动论角度来看，结晶热力学是体系内固液相中分子相互作用与分子热运动的表征，一般包括固液相平衡数据、介稳区数据以及基本物性数据等。这些结晶热力学数据的测定将为结晶过程的设计和操作生产提供理论依据。

5.4.1 溶解度

结晶过程的产量决定于结晶固体与其溶液之间的相平衡关系，通常可用固体在溶剂中的溶解度来表示这种平衡关系。物质的溶解度与它的化学性质、溶剂的性质及温度有关。一定物质在一定溶剂中的溶解度主要是随温度而变化，在一般情况下，压力的影响可以不计。物质的溶解度特征既表现在溶解度的大小，也表现在溶解度随温度的变化。有些物质的溶解度随温度的升高而迅速增大，另有一些物质，其溶解度随温度的升高反而降低。溶解度的大小标志着结晶收率的极限，同时溶解度又会受到多种因素的影响，因此测定不同体系中结晶物质的溶解度，对于如何提高产率并寻找更好的结晶条件具有很重要的现实意义。

目前，固液相平衡的测定方法，常用的有“溶解度法”和“热分析法”两种。溶解度法可以分为“静态法”和“动态法”两类。静态溶解度法，许多有机物系达到平衡的时间长，而且操作量大。但是由于静态法的设备简单，安装容易，所以至今仍得到广泛的应用。动态溶解度法，是一种通过改变温度或组成测定相平衡的方法，需要对同一试样以不同的温升速度进行反复测定。溶解度在测量过程中，受到诸多因素的影响，以下几个因素必须注意：

（1）物质的纯度。杂质的存在会对被测体系的热力学性质产生重大的影响，并且像电导率等方法会对杂质十分敏感。

(2) 温度的控制。在溶解度的测定过程中，温度的精确控制和测定是至关重要的，绝大多数物质的溶解度均是温度的函数。

(3) 溶解平衡的建立。为了使体系建立充分的溶解平衡，一般都采用充分的搅拌，同时要保证充分的平衡时间。

(4) 其他因素。要防止一些外来因素的影响，如操作过程中污染的影响等。

由于各个物系的性质不同，溶解特性也各种各样，因此并没有一个普遍适用于所有系统的方法，需要根据系统的特性、可用的实验设备、分析技术以及实验的精度要求来选择合适的测量方法。

5.4.1.1　*溶解度的理论模型*

根据相平衡原理

$$T^{\mathrm{I}} = T^{\mathrm{II}} \tag{5-10}$$

$$p^{\mathrm{I}} = p^{\mathrm{II}} \tag{5-11}$$

$$\mu^{\mathrm{I}} = \mu^{\mathrm{II}} \tag{5-12}$$

在混合物中组分的逸度 f_i 和化学位 μ_i 的关系式为

$$\mu_i = RT\ln f_i + \lambda_i(T) \tag{5-13}$$

其中 $\lambda_i(T)$ 只是温度的函数，则在恒温条件下相平衡应满足

$$\hat{f}_i^{\mathrm{I}} = \hat{f}_i^{\mathrm{II}} \tag{5-14}$$

溶质的逸度可以用活度系数表示

$$\hat{f}_1^{\mathrm{I}} = \gamma_1 x_1 \hat{f}_1^* \tag{5-15}$$

由式(5-15)可以得出任何溶质在任何溶剂中溶解度通式为

$$x_1 = \frac{\hat{f}_1^{\mathrm{I}}}{\gamma_1 \hat{f}_1^*} \tag{5-16}$$

在固液相平衡中，标准态逸度定义为纯溶质在低于其熔点的过冷液体状态下的逸度，则逸度之比的通式为

$$\ln\frac{\hat{f}_1^{\mathrm{I}}}{\hat{f}_1^*} = \frac{\Delta H_{\mathrm{tp}}}{R}\left(\frac{1}{T_{\mathrm{tp}}} - \frac{1}{T}\right) - \frac{\Delta C_{\mathrm{p}}}{R}\left(\ln\frac{T_{\mathrm{tp}}}{T} - \frac{T_{\mathrm{tp}}}{T} + 1\right) - \frac{\Delta V}{RT}(p - p_{\mathrm{tp}}) \tag{5-17}$$

式中　$\hat{f}_1^*$——过冷溶液溶质；

ΔH_{tp}——液态溶质在三相点的摩尔相变焓；

T_{tp}——三相点温度；

ΔC_{p}——液相和固相的恒压热容差；

ΔV——体积的变化。

忽略影响较小的压力项和热容差项，并用熔点温度代替三相点温度，可得到如下简化方程[13]

$$\ln x_1\gamma_1 = \frac{\Delta H_{tp}}{R}\left(\frac{1}{T_{tp}} - \frac{1}{T}\right) \quad (5-18)$$

假设溶液为理想溶液，即 $\gamma_1 = 1$，则由式(5－18)可以得到理想溶液模型

$$\ln x_1 = \frac{A}{T} + B \quad (5-19)$$

5.4.1.2 Apelblat 模型

固体在溶剂中溶解度的半经验方程可以写成

$$\ln x_1 = -\frac{\Delta H_{f,1}}{RT_{f,1}}\left(\frac{T_{f,1}}{T} - 1\right) - \frac{\Delta C_{pf,1}}{R}\left(\frac{T_{f,1}}{T} - 1\right) + \frac{\Delta C_{pf,1}}{R}\ln\frac{T_{f,1}}{T} - \ln\gamma_1 \quad (5-20)$$

式中 x_1——溶质的摩尔分数；

$\Delta H_{f,1}$——融化熔化焓；

$\Delta C_{pf,1}$——固体和液体的热容差；

$T_{f,1}$——溶质的熔化温度；

T——溶液的饱和温度；

γ_1——活度系数。

对于一般溶液，活度系数可以写成

$$\ln\gamma_1 = a + \frac{b}{T} \quad (5-21)$$

其中 a 和 b 为经验常数，将式(5－21)代入式(5－20)得

$$\ln x_1 = \left[\frac{\Delta H_{f,1}}{RT_{f,1}} + \frac{\Delta C_{pf,1}}{R}(1 + \ln T_{f,1}) - a\right] - \left[b + \left(\frac{\Delta H_{f,1}}{RT_{f,1}} + \frac{\Delta C_{pf,1}}{R}\right)\frac{1}{T}\right] - \frac{\Delta C_{pf,1}}{R}\ln T \quad (5-22)$$

所以式(5－22)可写成 Apelblat 方程

$$\ln x_1 = A + \frac{B}{T} + C\ln T \quad (5-23)$$

此方程关联效果也非常好，因此得到了广泛的应用。

5.4.1.3 λh 方程

1980 年，Buchowski 等人提出了一个新的描述固液平衡的 λh 方程

$$\ln\left[1 + \frac{\lambda(1 - \chi_2)}{\chi_2}\right] = \lambda h\left(\frac{1}{T} - \frac{1}{T_{nt}}\right) \quad (5-24)$$

其中 h 是焓因子，只是饱和溶液非理想性的量度，定义式分别如下

$$\lambda \equiv \frac{\partial\ln(1 - \alpha_1)}{\partial\ln\alpha_2} \quad (5-25)$$

$$hR \equiv \Delta H_m + \frac{H^E}{\chi_2^{sat}} \quad (5-26)$$

式中，α_1 和 α_2 分别是溶剂和溶质的活度，H^E 是混合焓，χ_2^{sat} 是饱和溶液中溶质

的摩尔分率，进一步可导出

$$\lambda \equiv \frac{\alpha_1}{1-\alpha_1}\frac{\chi_2}{\chi_1} \tag{5-27}$$

$$hR \equiv \Delta H_{soln} \tag{5-28}$$

对于理想溶液，$\lambda = 1$。如果因缔合引起溶液的非理想性，可以用理想缔合溶液理论推导出

$$\lambda = \frac{\sum i\chi_i}{\sum \chi_i} \tag{5-29}$$

这时，λ 是品均缔合数，相当于平均每个多聚体中所包含的单体个数。也可通过系统溶液和溶剂蒸气压数据确定。

$$\lambda = \frac{p_1-\Delta p}{\Delta p}\frac{\chi_2}{1-\chi_2} \tag{5-30}$$

式中，p_1 为溶剂蒸气压，Δp 为溶液与溶剂蒸气压之差，λ 也可以通过实测数据回归。

5.4.2　介稳区

溶液浓度恰好等于溶质的溶解度，即达到液固相平衡状态时，称为饱和溶液。溶液含有超过饱和量的溶质，则称为过饱和溶液。过饱和度是结晶过程的推动力，但在溶液中，当条件变化，结晶物质的浓度超过该条件下的溶解度时，该物质却不一定会结晶出来，而要高于溶解度的一定数值才会结晶出来，这一数值即超溶解度。在溶解度与超溶解度之间的区域称为介稳区。整个温度 - 浓度图可以分成稳定区、介稳区、不稳区三个区域。其中稳定区是确定的，而介稳区和不稳区在一定程度上是可变的，很难严格区分。这些区域的特征如下：

（1）稳定区，即不饱和区，不可能发生结晶作用。

（2）介稳区（过饱和），不会发生结晶作用，如将晶种放入介稳区的溶液中，晶体就会出现。

（3）不稳区（过饱和），处于这个区域的溶液会自发发生结晶作用，但也是可以避免的。

在工业结晶的过程中，要避免自发成核，这样才能保证得到平均粒度大的结晶产品。这就要求结晶的实际操作控制在介稳区内进行，这样得到的结晶产品晶形好，粒度分布均匀。当结晶不在介稳区内进行时，控制比较困难，晶体产品质量差。物系的介稳区数据可以作为选择适宜操作过饱和度的依据，是结晶器设计和结晶过程模拟计算的重要参数。测取介稳区数据就是要以它作为界限控制结晶，以晶体粒度及其粒度分布为目标函数控制结晶过程。

5.4.2.1　测定溶液介稳区的方法

A 直接法

通过直接测量微小晶体出现的时机来确定其溶解度和超溶解度，如目测法、Coulter 计数法、激光法等。目测法能检测大于 5 ~ 10μm 的粒子，但此值还受到许多因素的影响，因此目测法难以得到重现性较好的实验结果，用此法判断出的过饱和溶液中首批晶核出现的时机明显滞后于首批晶核出现的真实时机。Coulter 计数法是通过 Coulter 计数仪来检测过饱和溶液中首批晶核出现的时机，其可检测到的晶体粒度在 1 ~ 2μm 以上，因此与目测法相比，测量精度有所提高。但是，由于 Coulter 计数仪在测量微粒子时仪器本身的噪声较大，测量精度也较差。激光法依据透过过饱和溶液的光强变化而引起记录仪电压曲线的突变来监测首批晶核的出现以确定介稳区，其原理为将待测的饱和溶液或过饱和溶液置于结晶器内，借助机械搅拌或磁力搅拌使其达到均匀混合，控制系统温度和溶剂滴加速度，使结晶器内的溶液或温度发生适当的变化，通过因晶体出现或消失而导致的激光光强的变化来判断溶质的溶解度和超溶解度。该法不仅简便易行，而且动态响应快，灵敏度高，适用范围广，准确度高，因此得到了越来越广泛的应用。

B 间接法

由于溶液的某些物理性质会根据溶液浓度的变化而发生变化。通过测定这些物性即可确定溶液的介稳区宽度。通常有折射率测定法、电导率测定法、浊度测定法。折射率测定法为：在已知浓度的溶液中，设置棱镜使溶液与棱镜表面接触。调节棱镜入射光线的入射角，测定全反射角，由此求出折射率，计算出溶液浓度，使溶液慢慢冷却有微小细晶出现，然后把由于温度变化而使折射率也变化的各点连接起来得一曲线，该曲线的突变点即是微小细晶出现的点。此法的缺点是难以判断出溶液中首批晶核出现的点。电导率测定法为：通过测定电导率的变化，检测出由于微小细晶的出现而发生的溶液浓度的变化。虽然该法从理论上说是方便的，但是在实际应用中，不能按常规使用定型电桥，因此该法有一定的局限性。另外由于首批晶核的总质量很小，不足以引起溶液浓度的变化，而温度的微小波动，往往对溶液电导率的影响很大，故而测量精度欠佳。浊度测定法为：通过测定溶液浊度的变化，检测出由于微小细晶的出现而发生的溶液浓度的变化。当溶液中尚无晶核出现时，溶液的浊度为零；当溶液温度降至有晶核出现时，则浊度计的读数发生突变。经实践证明，此法仍难以判断出过饱和溶液中首批晶核出现的真实时机，浊度计读数的突变点的温度总是略低于真实的过冷温度。

C 诱导期法

诱导期法是通过测定成核诱导期来确定溶液的超溶解度，其理论依据为

$$\ln t_{ind} = K_{ind} + K_N \ln S \tag{5-31}$$

$$K_{ind} = \ln \Delta C / (m_N K_b C^{*K_N}) \tag{5-32}$$

式中　t_{ind}——成核过程的诱导期；

K_N——成核阶数；

S——过饱和度比；

m_N——晶核的质量；

K_b——成核速率常数。

应用该方法测定物系的介稳区时，需先实验测定不同的过饱和度下的诱导期 t_{ind}，将实验得到的数据用 $1/t_{ind}$ 对相应的过饱和度作图，并将所得图形外推至 $1/t_{ind}=0$ 处，此时的横坐标即为极限过饱和度，进而确定介稳区的宽度。

另外还有其他几种测定方法，如通过液相固化使体系的变化和由于晶体吸热引起的液相温度的变化来判断微小晶体的出现时机。这些方法多用于有机物和金属熔融体的测定。对于抗生类药物还可用效价测定法，通过测定溶液效价的变化来判断药物浓度的变化。但由于在线测量的技术原因，该方法在实际中也难以应用。

结晶物系的介稳区宽度的测定关键在于检测手段的精度，以判断出过饱和溶液中首批晶核出现的真实时机。采用的仪器越精密，则介稳区宽度的测量值会越接近真实值。

用 Apelblat 溶解度经验方程对实验数据进行拟合，根据拟合出来的方程计算出不同时刻的溶解度并与实验值比较，计算值与实验值接近，说明关联效果令人满意。该关联方程对芘的工业结晶过程计算和模拟具有重要的指导意义。

5.4.2.2　实验仪器及装置

激光法克服了以往各测定方法的缺陷，具有响应快、灵敏度高、准确性好等优点，能够比较准确地探测到过饱和溶液中首批晶核出现的时机，所以本文采用激光法测定溶剂在溶液中的溶解度和超溶解度数据。结晶器是容积为 100mL 的带夹套的玻璃结晶器。控温系统为超级恒温水浴，温度控制精度为 ±0.1℃。激光测量系统包括激光发射器、激光接收器和记录仪三部分，其中激光发射器发射的是波长为 633nm 的氦氖激光，该激光束与其他普通光源发出的光束相比，具有单色性与方向性好、亮度高等优点，激光接收器将接收到的光信号转化为电信号由记录仪记录并输出。搅拌系统采用磁力搅拌器。实验中，为保证温度测量的准确性，采用了最小刻度为 0.1℃ 的精密温度计。

5.4.3　芘溶解度和介稳区的测定

5.4.3.1　芘溶解度的测定

芘溶解度测定的实验步骤如下：

(1) 准确称量一定量的溶剂，倒入结晶器中，恒定磁力搅拌速度和温度，待信号接收器上显示的数值不变时，开始测量。

(2) 采用精度为0.0001g的分析天平准确称取一定量的芘（纯度为99%以上）放入结晶器中，使体系中有未溶解的固体。

(3) 升温时，开始升温速度较快（约0.5K/10min)，当接近溶解温度时极缓慢升温（约0.1K/10min）至完全溶解，记录此时的溶解温度和激光接收器上显示的数值。

(4) 反复测定三次，取平均值即为该温度下的溶解度。

5.4.3.2 芘介稳区的测定

冷却结晶中，浓度为C的溶液以恒定的降温速率t冷却，当温度低于该浓度下的饱和温度时，系统仍处于平衡状态，并没有晶核析出，直到温度降至t_{met}。此时的过冷度（即介稳区的宽度）$\Delta t_{max}=t-t_{met}$，过饱和度为$\Delta C_{max}=C-C_{met}^*$。

最大过冷度为

$$\Delta T_{max}=\frac{T}{C}\frac{d(\ln T)}{d(\ln C)}\Delta C_{max} \tag{5-33}$$

诱导期可表示为

$$t_{met}=\frac{\Delta C_{max}}{C}\frac{d(\ln T)T}{d(\ln C)T} \tag{5-34}$$

采用激光法测定芘的介稳区，冷却结晶过程如图5-5所示。

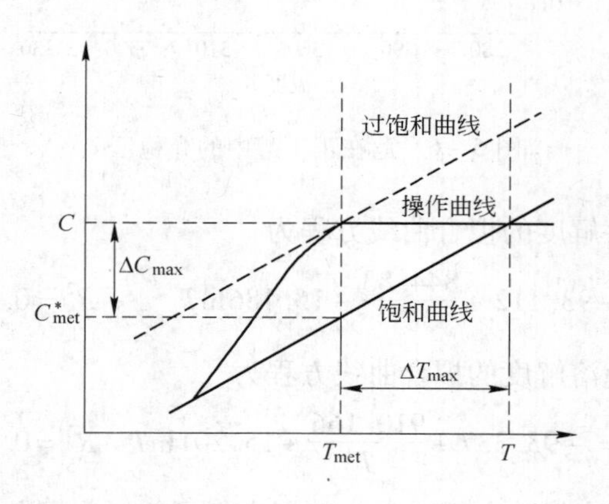

图5-5 冷却结晶过程示意图

采用较先进的激光法测定芘在正丁醇中的溶解度，方法如下：

(1) 调节系统的温度、磁力搅拌速度，使其稳定。待信号接收器上显示的数值不变时，开始测量。

(2) 准确称量一定质量的芘（由精制获得），加入到配有温度计的结晶器中。

(3) 可较快地升高温度使芘完全溶解。

(4) 待信号接收器的数值与初始数值基本相同，开始记录信号接收器的数值。

(5) 在恒定速率磁力搅拌下，缓慢降温，当信号接收器数值明显降低时，记录此时的温度和信号接收器数值。

介稳区对工业结晶过程具有重要的实用价值，只有尽量控制在介稳区内工业结晶过程才能避免发生自发成核，得到平均粒度大的结晶产品。同时，介稳区也对结晶过程的计算与模拟具有重要的指导意义。芘在正丁醇中的介稳区见图 5 -6。

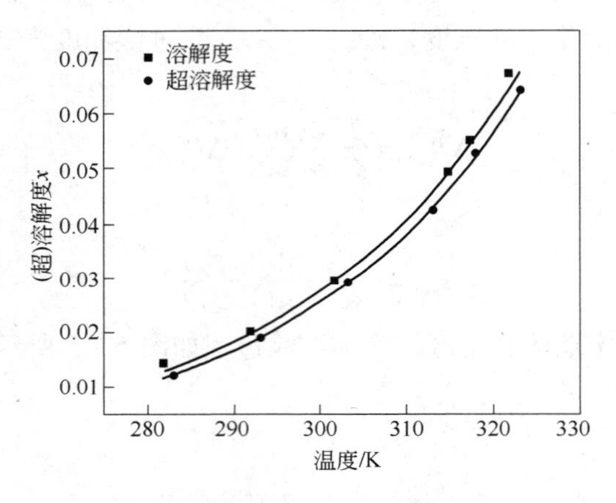

图 5 -6　芘在正丁醇中的介稳区

芘在正丁醇中溶解度的拟合曲线方程为

$$\ln x = -93.112 + \frac{844.83}{T} + 15.186\ln T \qquad R^2 = 0.9998 \qquad (5-35)$$

芘在正丁醇中超溶解度的拟合曲线方程为

$$\ln x = -93.337 + \frac{910.166}{T} + 15.201\ln T \quad R^2 = 0.99 \qquad (5-36)$$

用 Apelblat 溶解度经验方程对实验数据进行了关联，回归出了溶解度和超溶解度方程，关联效果令人满意，在工业上具有一定的工程应用价值。

5.5　芘的深加工

5.5.1　芘酮

5.5.1.1　芘酮的制备

在醋酸、聚乙二醇存在下，铬酸酐和芘在温和的条件下反应，芘可以完全转化为苊酮。

$$\text{苊} \xrightarrow[\text{HAc, PEG}]{CrO_3} \text{苊酮}$$

在50mL的两口圆底烧瓶中加入0.1542g（1mmol）苊，2mL 90%（质量分数）的醋酸，装上滴液漏斗，在磁力搅拌下，滴加0.6g（6mmol）铬酸酐（铬酸酐溶解在1mL 60%（质量分数）醋酸中），2min内滴加完毕。再加入1mL聚乙二醇。水浴加热至40℃，反应2h，停止水浴加热、搅拌。放置6h，反应物完全转化为产物[14]。

王守凯等人[15]发明了一种固体杂多酸催化合成2，2－双（4－羟乙氧基苯基）苊酮的方法，其特征在于以固体杂多酸和巯基羧酸为催化剂，使乙二醇苯醚和苊酮进行缩合反应，流程如下：氮气保护下，将苊酮、乙二醇苯醚、有机溶剂、固体杂多酸和巯基羧酸五种反应物加入容器中，其中，乙二醇苯醚与苊酮的摩尔比为（4～10）:1，固体杂多酸占反应物总质量的1.0%～10%，巯基羧酸与苊酮的质量比为（0.02～0.50）:1，有机溶剂占反应物总质量的30%～50%，在60～130℃温度下搅拌反应6～14h，液相监控原料苊酮基本消失反应结束，趁热过滤反应物，回收催化剂，母液水洗至中性，旋转蒸发回收有机溶剂，剩余物减压蒸馏回收乙二醇苯醚，釜底物加入重结晶试剂进行重结晶，真空干燥结晶物，即得2，2－双（4－羟乙氧基苯基）苊酮产品。

5.5.1.2 影响苊酮产率的因素

A 铬酸酐的用量对产率的影响

固定苊、90%（质量分数）醋酸和聚乙二醇的用量分别为1mmol、2mL和1mL。考察铬酸酐的用量对苊氧化反应的影响，如表5－10所示，加入2mmol铬酸酐，苊基本不反应，随着铬酸酐用量的增加，苊的产率迅速增加。苊定量的转化为苊酮。在加入6mmol铬酸酐的情况下，苊完全转化为苊酮。铬酸酐在酸性条件下作为氧化剂，其用量的多少对氧化能力有较大的影响。

表5－10 铬酸酐用量对苊酮产率的影响

铬酸酐用量/mmol	苊酮产率/%
2	0
3	19.0
4	88.2
5	91.2
6	100

B　醋酸的用量对产率的影响

铬酸酐在氧化芘的过程中生成铬酸酯，而这一步没有酸的存在是难以进行的。固定芘、铬酸酐和聚乙二醇的用量分别为 1mmol、6mmol 和 1mL，考察醋酸用量对芘氧化反应的影响，如表 5－11 所示，增大醋酸用量，芘酮产率明显减少。

表 5－11　醋酸用量对芘酮产率的影响

醋酸用量/mL	芘酮产率/%
1	50.2
2	100
3	40.1
4	20.2

C　聚乙二醇的用量对产率的影响

在反应中如不加或少加聚乙二醇，除了生成芘酮外，还有芘醌生成，而加适量的聚乙二醇后，只生成唯一的产物芘酮。聚乙二醇是螺旋形结构，可折叠成不同大小的空穴，因此它能与不同离子半径的离子配合而进行相转移催化反应。从实验中发现，聚乙二醇对此反应有较高的选择性，同时也降低了氧化剂的活性，其原因尚待研究。固定铬酸酐、芘、90%（质量分数）醋酸的用量分别为 6mmol、1mmol、2mL。考察聚乙二醇用量对芘的氧化反应影响，如表 5－12 所示，随着聚乙二醇用量的增加，芘酮产率逐渐降低。

表 5－12　聚乙二醇用量对芘酮产率的影响

聚乙二醇/mL	0	1	2	3
芘酮收率/%	57.6	100	62	38.6
芘醌收率/%	42.4	0	0	0

D　反应温度对产率的影响

固定芘、铬酸酐、90%（质量分数）醋酸和聚乙二醇的用量分别为 1mmol、6mmol、2mL 和 1mL。考察反应温度对产率的影响，如表 5－13 所示，水浴温度对产物的产率有较大的影响，最佳水浴温度为 40℃。

表 5－13　反应温度对芘酮产率的影响

水浴温度/℃	芘酮产率/%
20	0
30	62.1
40	100
50	92.2

E　反应时间对产率的影响

考察反应时间对芘酮产率的影响，如表 5－14 所示。

表 5－14　反应时间对芘酮产率的影响

反应时间/h	芘酮产率/%
1	22.1
2	40.2
3	52.3
4	68.4
5	73.2
6	81.2
7	88.2
8	100

从上述研究可知，聚乙二醇作为相转移催化剂可以提高反应的选择性。将芘氧化为芘酮的最佳原料配比为芘：铬酸酐：聚乙二醇＝1：6：1（其中聚乙二醇为体积），反应条件为水浴 40℃，反应时间为水浴加热 2h（放置 6h）。

5.5.2　芘烯

芘烯是黄色棱状或板状结晶，熔点 92～93℃，沸点 265～275℃（部分分解），相对密度 0.8988（16/2℃），易溶于乙醇、甲醇、丙醇、乙醚、油醚、苯，不溶于水，能在强酸中聚合。芘烯是重要的有机合成原料，易聚合成一系列聚合物，可用作电绝缘材料、离子交换树脂和染料等。此外，芘烯经溴化、氯化可制得溴代和氯代芘烯，经进一步聚合可得耐燃性极好的树脂，用于高分子材料工业，前景广阔。

目前制备芘烯的方法主要有两种，一种是化学试剂脱氢，另一种是目前比较成熟的技术，由芘经高温气相催化脱氢制备芘烯：将工业芘投入熔融釜，用间接蒸汽加热使之全部熔化；用压缩空气将液芘压入螺旋汽化混合器，用蒸汽加热汽化，蒸汽直接与芘蒸气混合进入过热炉，加热至（450±20）℃，进入脱氢反应器，经催化脱氢反应，然后冷凝、干燥而得粗芘烯；用乙醇溶解粗芘烯，除去碳化物和机械杂质，冷却、结晶、干燥制得成品；所用催化剂为氧化锌（85%）、氧化钙（5%）、硫酸钾（5%）、铬酸钾（3%）、氢氧化钾（2%）。

唐黎华等人发明了一种芘烯的制备方法及反应装置。该发明的芘烯制备方法采用固定床反应器的连续气-固催化反应工艺，具体包括：（1）原料芘在90～100℃熔化；（2）熔化的芘在290～350℃汽化；（3）芘以液空速0.1～1.0h^{-1}汽化，然后将二氧化碳与芘气体以摩尔比1∶1～60∶1的比例，于350～400℃快速混合；（4）混合气预热到560～700℃后，进入反应器中流经催化剂床层，在560～700℃下氧化催化脱氢，生成主要含芘烯的液体反应产物。本发明的制备方法具有流程简单，操作连续方便、成本低廉，能耗低、环境友好的优点，并充分循环利用了温室气体CO_2，提供了一条合成芘烯的新技术途径[16]。

由煤焦油中分离出来的芘经脱氢可制得芘烯，这是煤焦油深加工利用的有效途径之一。目前这一反应比较成熟的技术是气相高温催化脱氢，而用化学试剂脱氢制芘烯大多停留在理论研究阶段。实验探讨了常温、常压下芘与N-溴代丁二酰亚胺（NBS）的光化学反应，用正交试验法确定了生成芘烯的最佳反应条件，结果表明此反应可作为温和条件下合成芘烯的有效方法。在装有搅拌器的100mL圆底烧瓶中依次加入1mmol芘，0.5mmol联苯，一定量的喹啉、苯和NBS。用氮气置换瓶内空气后，盖上橡皮塞，放在磁力搅拌器上，在搅拌的同时用高压汞灯（200W）照射2～3h。实验中，用注射器通过橡皮塞取样分析。芘在常温、常压和氮气气氛中与NBS在可见光照射下反应，有脱氢产物芘烯和溴代产物生成。改变芘浓度、芘与NBS的配比（芘/NBS）和加入喹啉，均对芘烯产率有影响。

蒋群等人探讨的芘脱氢制芘烯方法，反应条件温和，原料易得，反应简单易行。芘浓度为0.133mol/L，芘/NBS为1∶1.2，芘/喹啉为1∶1.0时，芘烯的收率可达59.09%[17]。

5.5.3 1，8-萘酐

1，8-萘酐是染料工业的一种重要中间体，通过它可以合成多种性能优良的高档染料及有机颜料。通过将含有V、Ti等物质的活性组分涂附在一种无孔非活性的载体上，制成了一类新型催化剂。该催化剂可以高纯度高产率生产1，8-萘酐。在此基础上，提出了一种符合要求的由芘制备1，8-萘酐的方法，它能在较长时间内连续地将芘气相催化氧化生产1，8-萘酐，生产流程简单[18]。

由芘氧化制1，8-萘酐，反应原理如下：

主反应

$$2\,C_{12}H_{10} + 5O_2 \longrightarrow 2\,C_{12}H_6O_3 + 4H_2O$$

副反应

$+1/2\ O_2$ → 苊烯 $+ H_2O$

$+3/2\ O_2$ → 苊醌 $+ H_2O$

$+15/2\ O_2$ → 苯三甲酸（COOH, COOH, COOH） $+ 3H_2O + 3CO_2$

$+7\ O_2$ → 马来酸酐 $+ 3H_2O + 4CO_2$

$+29/2\ O_2$ → $5H_2O + 12CO_2$

将制备的催化剂填装于内径24mm，长800mm的玻璃管中作为催化剂床，用外缠的镍铬丝加热。将原料苊装入三口烧瓶中用电热套加热。空气流经空气预热管进入已被加热的原料苊中，然后以一定的苊空比通过预热管进入已被加热的催化剂床，催化氧化立即发生。氧化产物直接从催化剂床出口导入装有滤袋的接收瓶，从气流中结晶出的萘酐以粉末形式落附在空气冷却柱的底部及滤袋表面。1h后停止反应，收集产物，计算产率。进行多次催化氧化试验后，获得令人满意的结果。

（1）作为原料的苊可用任何含有苊的物料。一般从煤焦油馏分得来的苊还含有少量的二苯醚、甲基联苯、二甲基萘和联苯。这些化合物只要不超过总质量的10%，都是允许的。但若超过10%（即苊含量在90%以内），则1，8－萘酐收率将下降。

（2）目标产物1，8－萘酐生成后，通过冷却后从氧化流中结晶出来。少量的副产物如苊醌、苊烯、马来酐以及未转化的少量苊，在产品收集品中仍保持气相，被尾气带走。因此，从气流中得到的1，8－萘酐的纯度较高，且收集方法简单。

（3）为了获得高产率、高纯度的1，8－萘酐，控制好催化氧化的温度是一个重要条件。

5.5.4 苊酚醛树脂

相关研究者以工业苊为原料，研究了制取苊酚醛树脂各因素与树脂质量间的关系及适宜的合成条件，代替酚醛树脂作为镁碳砖的黏结剂，以降低镁碳砖的成本[19]。

实验研究分为两个阶段：

第一阶段是将甲醛和催化剂加入带搅拌器和回流冷却器的反应釜中，然后加入工业苊，在搅拌下升温到规定温度，使苊与甲醛进行亲电取代反应，生成苊醛树脂。

第二阶段是在第一阶段反应结束后，向釜内加入苯酚，苯酚嵌入苊甲醛树脂的醚键、缩醛键和羟甲基键中，使苊醛树脂改性，脱出水或甲醛形成次甲基键，依靠苯酚的三官能性形成体型结构。苊酚醛树脂作镁碳砖黏结剂时其常温抗压强度已超过了液体酚醛树脂。

5.5.5　苊的硝化

在1，8－萘酐衍生物中，4位取代物较为重要。有些这样的衍生物，如4－氯(或4－溴)－1，8－萘酐可直接由1，8－萘酐氯化（或溴化）制得；但也有些衍生物，如4－硝基－1，8－萘酐则不能由1，8－萘酐经硝化直接制得。欲制备此类化合物，一般是对苊进行硝化制得5－硝基苊后再经氧化而得目标化合物。在苊的萘环上引入硝基是在苊的衍生物（如1，8－萘酐）中引入活性基团的手段，因为硝基可以被置换成其他取代基。此外，苊的二硝化产物，尤其是5，6位上的二取代物在工业上也很重要[20]。

5.5.5.1　苊的一硝化

由于苊分子中两个亚甲基的定位效应，苊的一硝化是以进入5位和3位为主，根据硝化介质和硝化剂的不同，在产物中这两个组分的相对比例也不同，有文献报道在醋酸中以发烟硝酸为硝化剂对苊进行硝化的产物中，5位取代物占20%；也有文献报道同样在醋酐中反应，以硝酸铜为硝化剂，则硝化产物中，5位取代物占45%，3位取代物占54%。欲得到纯硝化产物，一般通过重结晶将两者分开，但效率不高。通过研究发现，在1，2－二氯乙烷中以70%硝酸为硝化剂对苊进行硝化，则产物中5位取代物占93%，通过在醋酸中的重结晶，可得到纯5－硝基苊。为了得到3－硝基苊，发现在低温下，于醋酐中以硝酸为硝化剂可得产物主要为3－硝基苊的硝化产物，经醋酸重结晶，可得到纯3－硝基苊。3－硝基苊和5－硝基苊在一定条件下处于如下一个平衡过程，在醋酸的存在下平衡向右移动。

$$\text{3-硝基苊}\ (NO_2) \underset{\triangle}{\overset{HA_C}{\rightleftharpoons}} \text{5-硝基苊}\ (NO_2)$$

4－硝基苊不能由苊经硝化直接得到，需先用活性基团占据5位后再进行硝化，引入硝基后再将5位的取代基消除掉。采用5－氨基苊为起始原料按下列反应路线制备4－硝基苊，在4位引入硝基后，再将5位的氨通过重氮化而消除掉。

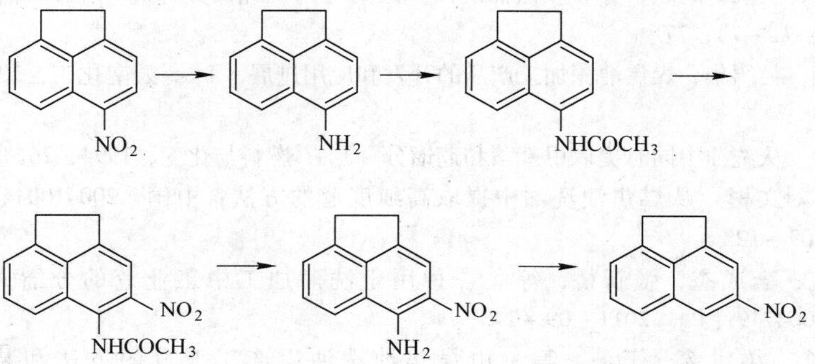

NO_2　→　NH_2　→　$NHCOCH_3$　→

NO_2 / $NHCOCH_3$　→　NO_2 / NH_2　→　NO_2

5.5.5.2　苊的二硝化

在苊的萘环上引入硝基后，由于硝基的钝化作用，使得二硝基化变得困难，不同条件下的各个一硝基苊硝化结果见表5－15。

表5－15　不同条件下一硝基苊的二硝化主产物

取代苊	溶　剂	主产物
3－硝基苊	1，2－二氯乙烷	3，6－二硝基苊 3，8－二硝基苊
4－硝基苊	醋酐	3，7－二硝基苊 4，6－二硝基苊
5－硝基苊	硫酸	3，6－二硝基苊 5，6－二硝基苊

在众多的二硝基苊中，5，6－硝基苊较为重要，它经氧化得4，5－二硝基－1，8－萘酐。由该化合物可制成荧光很强的荧光染料或荧光增白剂。欲得到5，6－二硝基苊，除采用5－硝基苊在浓硫酸中进行再硝化外，在以往的研究中发现，还可以在醋酸中，直接用过量的发烟硝酸对苊进行二硝化反应，得到的产物几乎全为5，6－二硝基苊。

参 考 文 献

[1] 李松岳，张永强．苊的开发利用［J］．煤化工，1998(3)：45～47.

[2] 肖瑞华．煤焦油化工学［M］．北京：冶金工业出版社，2009：163～164.
[3] 王姝丽．国内外芘精制工艺的发展［J］．鞍钢技术，1996(6)：1～3.
[4] 王仁远，吕苗，伊汀．芘的分离与提纯的研究［J］．精细与专用化学品，2005，13(18)：18～20.
[5] 张振华，王瑞，赵欣，等．煤焦油洗油中芘的分离提纯研究［J］．洁净煤技术，2012，18(3)：71～73，77.
[6] 晏海英，吴绍华．煤焦油深加工产品的开发和应用进展［J］．云南化工，2005，32(1)：43～46.
[7] 刘启兵．从洗油中同时提取甲基萘和芘馏分［J］．燃料与化工，1994，26(1)：43～45.
[8] 王军，刘文彬．从煤焦油洗油中提取高纯度芘的方法：中国，200410044103.4［P］．2007－09－12.
[9] 许春建，李成杰，张新桥，等．一种用于洗油加工中工业芘的分馏方法：中国，201110064749［P］．2011－09－14.
[10] 马中全，梁洪淼，王波，等．由煤焦油洗油生产工业芘的方法和装置：中国，201010192705［P］．2011－12－07.
[11] 舒歌平，陈鹏，李文博，等．逐步升温乳化结晶法制备精芘工艺：中国，97122009.3［P］．1998－12－16.
[12] 党乐平，王占忠，刘朋标，等．芘冷却结晶动力学的间歇动态法研究［J］．化学工程，2010，38(4)：17～20.
[13] 刘朋标．芘结晶过程研究［D］．天津：天津大学，2007：42～56.
[14] 朱惠琴．选择性氧化芘制备芘酮［J］．化学世界，2002(6)：318～319.
[15] 王守凯，王海洋，赵素娟，等．一种固体杂多酸催化合成2，2－双（4－羟乙氧基苯基）芘酮的方法：中国，201110338170［P］．2012－06－20.
[16] 唐黎华，孟海成，朱子彬，等．一种芘烯的制备方法及其反应装置：中国，200910054846［P］．2011－01－26.
[17] 蒋群，陈忠秀，宗志敏，等．合成芘烯的新方法［J］．化学世界，2000(2)：80～82.
[18] 孙绍发，胡培植，张伦．芘气相催化氧化制备1，8－萘酐研究［J］．咸宁师专学报，1997，17(3)：50～51.
[19] 王国岩，肖瑞华，王伟．用芘合成芘酚醛树脂的研究［J］．燃料与化工，1994，25(5)：247～249.
[20] 陈明强，胡莹玉，沈永嘉．芘的硝化反应［J］．燃料工业，2001，38(1)：21～23.

6 吲　　哚

吲哚是一种重要的精细化工原料，广泛应用于农药工业中，其应用研究一直经久不衰。吲哚类化合物在自然界中广泛存在，大多具有生物活性，在农药、医药、染料、饲料、食品及添加剂等领域广泛应用，新的应用领域也在不断被开发出来，由于具有天然化合物所具有的环境友好性而受到广泛关注。吲哚类化合物成为国内外热点的杂环类化工原料，发展前景广阔。

吲哚化学是随着对靛青的研究开始发展的，继而转化为研究靛红，然后是羟吲哚。在1866年，阿道夫·冯·拜尔用锌粉将羟吲哚还原为了吲哚。1869年，他假设出了吲哚的结构，至今仍然被大家公认。直到19世纪末，某些吲哚化合物也仅仅是作为重要的染料来看待。到了20世纪30年代，人们对吲哚的兴趣逐渐增强，因为吲哚作为一个核心基团出现在了很多重要的生物碱中，例如色氨酸和植物激素，到现在对于吲哚的研究仍然很活跃。

现在世界上吲哚生产方法中，煤焦油萃取法和合成法并存。洗油中吲哚含量为2%左右。吲哚合成法很多，按照合成统计达50多条。以起始原料分，有苯胺法、邻硝基甲苯法、苯乙烯法、苯乙醇法、苯腙法、邻甲苯胺法等。但这些方法都有不足，如邻甲苯胺法原料较贵，由于使用甲酸副产甲酸钠，较难处理，另外邻甲苯胺存在异构体对甲苯胺，影响工程放大。

吲哚深加工中间体繁多，如吲哚满，喹啉碱及其衍生物喹哪啶酸、四羟基异喹啉、高纯茚、芴、1，4－萘二醇、1，4－萘二羧酸等。日本石油产业促进中心用酶法生产靛蓝。该方法以吲哚为原料，在酶的作用下得中间产物吲哚酚，再进行氧化而得成品；与传统的方法相比，工艺过程缩短3/4，而且染料性能好[1]。

6.1　吲哚的理化性质及用途

吲哚的英文名称indole是由indigo（靛系染料）和oleum（发烟硫酸）所组成，因为吲哚是通过混合靛蓝和发烟硫酸首次制得的。吲哚是一种芳香杂环有机化合物，双环结构，包含了一个六元苯环和一个五元含氮的吡咯环。因为氮的孤对电子参与形成芳香环，所以吲哚不是一种碱，性质也不同于简单的胺。吲哚有两种并合方式，分别称为吲哚和异吲哚。

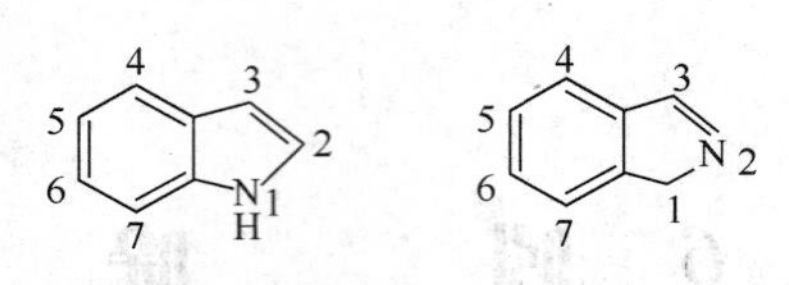

按近代分子轨道理论，它是由 10 个 π 电子组成的一个连续封闭的共轭体系，其中两个电子由氮原子提供，其结构为：

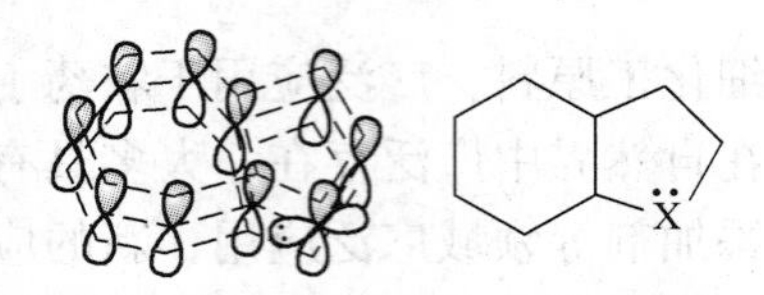

由于氮原子的自由电子对苯环及吡咯核的 π 电子共轭，吲哚呈弱酸性，但它又能在强无机酸存在下发生聚合，所以又呈弱碱性。吲哚倾向于亲电取代反应，取代基主要进入 3 位[2]。

6.1.1 吲哚的理化性质

在室温下，吲哚是一种固体。自然情况下，吲哚存在于人类的粪便之中，并且有强烈的粪臭味。然而，在很低的浓度下，吲哚具有类似于花的香味，是许多花香的组成部分，例如橘子花，也被用来制造香水。煤焦油中也能发现吲哚的存在，色氨酸及含色氨酸的蛋白质、生物碱及色素中也包含有吲哚结构，吲哚的理化指标见表 6 - 1。

表 6 - 1 吲哚的理化指标

指　标	性　能
分子式	C_8H_7N
相对分子质量	117.1479
沸点/℃	253 ~ 254
熔点/℃	53
相对密度	1.22
凝固点/℃	> 51
溶解性	溶于乙醇、丙二醇及油类，几乎不溶于石蜡油和水
气味	吲哚浓时具有强烈的粪臭味，扩散力强而持久； 高度稀释的溶液有香味，可以作为香料使用
外观	片状白色晶体，遇光日久会变黄红色

吲哚是一种亚胺，具有弱碱性；杂环的双键一般不发生加成反应；在强酸的作用下可发生二聚合和三聚合作用；在特殊的条件下，能进行芳香亲电取代反

应，3 位上的氢优先被取代，如用磺酰氯反应，可以得到 3 - 氯吲哚。3 位上还可发生多种反应，如形成格氏试剂，与醛缩合，以及发生曼尼希反应等。

6.1.1.1 碱性

不同于大多数胺，吲哚几乎没有碱性。它的成键环境与吡咯极为相似，只有像盐酸这样的强酸才可能将之质子化，得到的共轭酸的 pK_a 是 -3.6。很多吲哚类化合物（如色胺）在酸性环境下的活性都是由此产生的。

6.1.1.2 亲电取代反应

吲哚上最容易发生亲电取代反应的位置是 3 位，它的活性是其苯环碳的 10^{13} 倍。例如 Vilsmeier - Haack 酰化反应在室温下就能于 3 位碳上发生。由于吡咯环上电子富集，往往在 1 位氮和 2，3 位碳都被取代后，苯环上的亲核取代反应才可能发生。

$POCl_3$ DMF 甲苯

取代吲哚是许多色胺碱的基础结构，比如神经传递素复合胺、褪黑素、迷幻药、二甲基色胺、5 - 甲氧基 - 二甲基色胺和 LSD。其他的吲哚化合物包括植物生长素（吲哚 -3 - 乙酸）、抗炎药物消炎痛（茚甲新）和血管舒张药物心得乐。

6.1.1.3 N 位氢的酸性和金属有机盐

吲哚的 N 位氢在 DMSO 中电离的 pK_a 是 21，所以需要非常强的碱，诸如氢化钠或者丁基锂，才有可能在无水环境下将之去质子化。得到的金属有机盐（具有非常强的碱性）有两种存在形式。对于难成共价键的钾、钠离子，负电荷集中在 1 位氮上；而对于可以成共价键的镁（包括 Grignard 试剂）和（尤其是）锌，负电荷则集中在 3 位碳上。类似地，在极性非质子溶剂比如 DMF 或 DMSO 中，1 位氮易受到亲电试剂进攻；而在非极性溶剂比如甲苯中，则是 3 位碳更活泼。

(1)KH (2) Br 92% (1)CH_3MgBr (2) Br 99%

6.1.1.4　吲哚的氧化

由于吲哚的富电子性，吲哚很容易被氧化。N－溴代丁二酰亚胺可以选择性地将吲哚氧化为羟吲哚。

NBS →　H_2O →

6.1.2　吲哚及其衍生物的用途

日本生产吲哚的企业有新日铁化学、住金化工、三井化学、川研精细化学品等，1996年产量约500t，尚未包括用于衍生物的数量。日本曾有一定量的出口，但近年由于日本国内深加工产品的发展，已几乎没有出口。

吲哚作为一种重要的精细化工原料，广泛用于医药、农药、香料、食品饲料添加剂、染料等领域，新的应用领域也在不断被开发出来。

6.1.2.1　在医药工业中的应用

吲哚以其独有的化学结构，而使衍生出的医药和农药具有独特的生理活性。许多生理活性很强的天然物质，均为吲哚的衍生物，备受世人瞩目，如其下游产品2－甲基吲哚、3－甲基吲哚、1－丁基－2－甲基吲哚、N－甲基－2－苯基吲哚、3－二甲胺甲基吲哚、吲哚－3－乙酸、吲哚－3－丁酸、吲哚满、5－羟基吲哚、5－甲氧基吲哚、吲哚－3－甲醛、5－硝基吲哚、吲哚－3－羧酸、吲哚－2－羧酸、N－甲基吲哚、2－甲基二氢化吲哚、吲哚－3－甲腈、吲哚乙腈均为重要新型高效的医药和农药的中间体，在医药方面可以合成解热镇痛剂、兴奋药、降压药、血管扩张药、抗阻胺药等。许多天然药物中均有吲哚结构，如中成药六神丸中的蟾酥就含有5－羟基吲哚衍生物，许多生物碱中含有吲哚环系，常用降压药物利血平就是吲哚的重要衍生物等。

6.1.2.2　在农药领域的应用研究

吲哚及其衍生物广泛用于高效植物生长调节剂、杀菌剂等，如吲哚乙酸、吲哚－3－丁酸便是重要的植物调节剂。据报道，吲哚乙腈作为植物生长调节剂的使用效果是吲哚乙酸的10倍，可用于茶和桑树等树木根系的生长。

6.1.2.3　在香料方面的应用研究

吲哚和3－甲基吲哚稀释后具有怡人的花香味，常用于茉莉、柠檬、紫丁香、兰花和荷花等人造花精油的调和，一般香料用的吲哚是煤焦油的提取品，而不用化学合成品，用量一般为千分之几。

6.1.2.4　在染料工业中的应用研究

吲哚衍生的许多下游产品可以作为染料的合成原料，可生产偶氮染料、酞菁染料、阳离子染料和吲哚甲烷染料以及多种新型功能性染料。如：2－甲基吲哚可以合成阳离子黄7GLL；1－丁基－2－甲基吲哚是重要的红色吲哚苯酞压敏、热敏染料中间体；2－苯基吲哚可以生产阳离子橙2GL、阳离子红2GL、BL等；N－甲基－2－苯基吲哚、吲哚满、5－硝基吲哚、5－甲氧基吲哚等也是重要的染料中间体，如日本开发出的以吲哚为原料酶法生产靛蓝，工艺流程缩短3/4，而且染色性能大大提高。另外吲哚可以替代苯胺合成重要染料中间体1，3，5－三甲基二亚甲基吲哚；还可以作为感光化学品，如合成照相乳剂滤光层用咔唑酞染料等。

6.1.2.5 在色氨酸领域的应用研究

色氨酸是吲哚最重要的衍生产品，也是消费吲哚的主要领域，随着吲哚下游衍生的众多医药和农药的不断发展，近年来该比例有所下降。色氨酸以前主要用作人体营养补充剂，在医药中用于制备色氨酸营养液，还用作催眠剂、精神安定类药物。色氨酸是动物营养必需的氨基酸，如在生物体内的L－色氨酸可以合成5－羟色胺等激素和色素生物碱、辅酶、植物激素等多种生理活性物质，对动物的神经、消化、繁殖系统的维持均具有很重要的作用；是一种重要的饲料添加剂；尽管色氨酸的需求量与赖氨酸和蛋氨酸相比较少，但是其重要性并不逊色。

合成色氨酸，可作为抗缺乏蛋白症胃溃疡药。

$$\text{吲哚} + HN(CH_3)_2 + HCHO \longrightarrow \text{3-}CH_2N(CH_3)_2\text{-吲哚} \longrightarrow \text{3-}CH_2CH(NH_2)COOH\text{-吲哚}$$

6.1.2.6 生产树脂

吲哚与甲醛可以缩聚生成吲哚甲醛树脂。吲哚在煤焦油中的含量约0.2%，分离并不十分困难，故这一资源应加以利用，以产生更大的经济效益。据称，联邦德国生产的吲哚及其衍生物共有12种之多，如5－氯吲哚、吲哚－3－乙腈、吲哚－3－乙酸－3－甲基吲哚、色胺、色醇、氢化吲哚、3－吲哚醛和N－甲基吲哚等。

6.1.2.7 制取植物生长刺激素

相关化学反应式如下：

$$\text{吲哚} \xrightarrow{\text{乙腈化、皂化}} \text{3-}CH_2COOH\text{-吲哚} \quad \text{3－吲哚乙酸}$$

$$\text{吲哚} \xrightarrow[\text{氢氧化钾}]{\text{丙炔酸内酯}} \text{3-}CH_2CH_2COOH\text{-吲哚} \quad \text{3－吲哚丙酸}$$

丁炔酸内酯 / 氢氧化钾 → 3 - 吲哚丁酸 ($CH_2CH_2CH_2COOH$)

6.2 吲哚及其衍生物的合成

合成吲哚及其衍生物的方法众多，除了从煤焦油中提取外，人们对吲哚的化学合成研究也进行得比较深入，下面列举几种典型的吲哚合成方法[3]。

6.2.1 Fiseher 吲哚合成法

Fischer 吲哚合成法是最古老的吲哚合成法，由 Fischer 在 1883 年发现。它是由脂肪族醛、酮或酮酸类（含 α - 亚甲基）的芳腙衍生物在酸性物质作用下经加热、分子内缩合、［3，3］- σ 重排及脱氮环化等作用，最后生成吲哚环化合物。直到现在，它仍然是合成吲哚最重要的方法。

N H / N → NH / N H → H / NH / N H → NH / NH_2 → H^+

N^+H / NH_2 → H^+ → NH_2 / N → H^+ → H H / N^+H_3 / N → $-H^+$ / $-NH_3$ → N H

6.2.2 Bartoli 吲哚合成法

Bartoli 吲哚合成法采用邻硝基溴苯为原料，通过和乙烯基格氏试剂反应，可以生成 7 - 取代化合物。这是合成 7 - 取代吲哚的非常有用的方法，反应也经过了一个［3，3］- σ 重排过程。

Br / NO_2 → MgCl, THF, −70℃ → N H / Br

6.2.3 Leimgruber - Batch 吲哚合成法

首先邻硝基甲苯与 N，N - 二甲基甲酰胺二甲缩醛和吡咯烷反应得到烯胺，然后烯胺再发生还原环化，得到吲哚衍生物。

$$\text{2-nitrotoluene} \xrightarrow{\text{DMF-DMA, pyrrolidine}} \text{2-nitro-}\beta\text{-pyrrolidinostyrene} \xrightarrow{NH_2NH_2} \text{indole}$$

6.2.4 Nenitzeseu 吲哚合成法

经典的 Nenitzeseu 吲哚合成法包含了对苯醌和 β－氨基－巴豆酸酯的缩合过程。这个合成法是制备 2，3－二取代－5－羟基吲哚的非常有用的高区域选择性的合成方法。

$$\text{MeOOC-CH=C(NH}_2\text{)CH}_2\text{OMe} + \text{O=C}_6\text{H}_4\text{=O} \xrightarrow[\text{3.NaOH}]{\text{1.AcOH,EtOAc,50℃; 2.Na}_2\text{S}_2\text{O}_4\text{,H}_2\text{O}} \text{5-HO-3-COOMe-2-CH}_2\text{OMe-indole}$$

6.2.5 Kihrar 吲哚合成法

Kihrar 吲哚合成法，通过一个苯环和烷基 N－（2－碘苯基）－甲基氨甲基酮的分子内的 Kihrar 反应来合成吲哚。如果得到羟基吲哚啉副产物，也可以在盐酸的作用下转化成吲哚。

$$\text{2-I-C}_6\text{H}_4\text{-N(CH}_3\text{)CH}_2\text{COR} \xrightarrow[\text{THF,}-78℃]{\text{BuLi}} \text{3-R-indole}$$

6.3 吲哚分离方法

各国研究者发明了各种从煤焦油馏分中分离吲哚的方法，主要有碱熔法、溶剂萃取法、络合法、吸附法、酸聚合法、共沸精馏法和萃取精馏法等。

6.3.1 碱熔法

碱熔法是提取吲哚最早采用的方法，其基本原理基于吲哚呈弱酸性，可与氢氧化钾发生反应。生成的碱熔物采用过滤等方法易从洗油馏分中分离出来，再经水解得到吲哚。

$$\text{indole (N-H)} + KOH \rightleftharpoons \text{indole (N-K)} + H_2O$$

6.3.1.1　氢氧化钾熔合

用于熔合反应的馏分为洗油精馏切割的225～245℃的甲基萘（含吲哚约为5%）馏分，于该馏分中加入理论量为1.2倍的氢氧化钾，在155～240℃下反应至不再有反应水析出为止。也有人建议按摩尔计，碱用量应多于吲哚量3～4倍。熔合反应温度170～240℃，时间2～4h，同时搅拌直到不再有反应水析出为止。据波兰专利，熔合反应温度可降到155℃。氢氧化钾吲哚熔合物再用苯洗涤几次，以除去中性油。

6.3.1.2　水解

水解条件50～70℃，钾熔合物：水≈1：2，时间20min，为减少吲哚在水层中溶解造成的损失，可加入少量苯，得到吲哚苯溶液。

6.3.1.3　再精馏

上述吲哚苯溶液在20块理论塔板的塔中精馏，结果见表6－2。

表6－2　初吲哚油的再精馏结果（回流比8～10）

温度范围/℃		馏分产率/%	相对密度	结晶产率	结晶熔点	
					初	终
<150	水	0.8	—	—	—	—
	苯	6.6	—	—	—	—
222～245		1.7	1.053	—	—	—
245～249.5		4.1	1.0592	26.7	44.5	51.0
249.5～251		5.4	1.0806	51.6	47.0	50.5
251～252		9.5	1.0878	72.4	47.0	50.5
252～253		17.8	1.0926	94.3	47.0	50.5
253～254		37.2	1.0926	96.2	47.0	49.5
254		8.7	1.0854	33.9	41.5	47.5
残油＋损失		8.2	—	—	—	—

6.3.1.4　结晶、压榨和重结晶

用于冷却结晶的馏分可取245～254℃之间或范围更宽一些的馏出物。所得初结晶用压榨法除去吸附的油类即得压榨吲哚，再用乙醇重结晶，则得到纯吲哚。

我国焦化厂生产吲哚的方法与上述工艺大致相同，简述如下：

洗油经脱酚、脱吡啶后精馏切取240～250℃甲基萘馏分；在125～160℃用氢氧化钾（与原料质量比为0.2：1）碱熔，反应时间为2h。试验发现，反应温度过高和时间过长时，树脂状物质增多，吲哚产率下降。为分出固体吲哚钾用苯洗涤3次，除去夹带的中性油，吲哚钾在60~65℃下水解，得到的油状液体再精馏切取200~260℃馏分，即为吲哚油，将其冷却结晶，过滤，即得工业吲哚，其工艺流程见图6-1[4]。

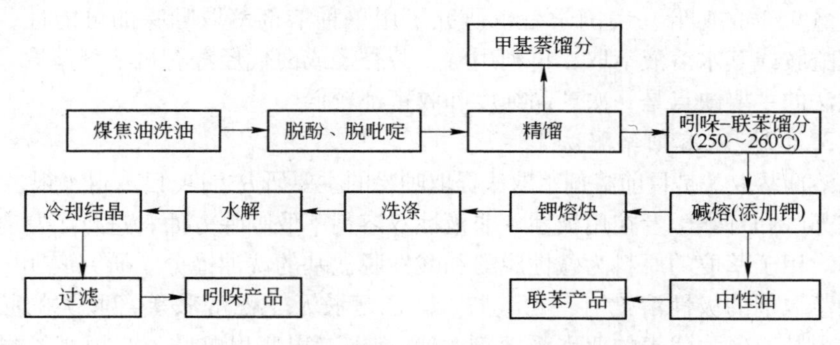

图6-1 碱熔法提取吲哚的工艺流程

碱熔法提取吲哚的主要缺点是吲哚的收率低，工艺流程长、间歇操作多、难以实现机械化、自动化，污染环境。上述缺点限制了该工艺在工业上广泛应用的可能性，尽管可以在局部工艺上进行改善，但难以从根本上消除其主要弊端。

6.3.2 溶剂萃取法

溶剂萃取法的基本原理为：向溶液中添加的组分与原来溶液中两组分A、B的分子作用力不同，故能有选择性地改变A、B的蒸气压，从而增大其相对挥发度；原来有共沸物的也被破坏。这样的组分为萃取剂，其沸点应比原两组分都高得多，又不形成共沸物，故蒸馏中从塔底排出而不消耗汽化热，而且易于同A、B完全分离。该法又包括单溶剂萃取法和双溶剂萃取法。

吲哚在极性溶剂中的溶解度大，这样的溶剂有：乙醇胺、二乙醇胺、三乙醇胺等羟胺类的胺系溶剂，二甲基亚砜等的亚砜系溶剂，N，N-二甲基甲酰胺、二甲基乙酰胺等酰胺系溶剂，N-甲基吡咯烷酮，N-乙基吡咯烷酮等吡咯烷酮系溶剂等。另外，向有机溶剂中加适量水也可以提高萃取的选择性。洗油中的其他中性组分在非极性溶剂中的溶解度大，这样的溶剂有C_5~C_{10}的烷烃或环烷烃。

吲哚在几种溶剂中的溶解度见表6-3。

表6-3 吲哚在溶剂中的溶解度 (g/100mL)

溶剂 温度/℃	庚烷	乙醇胺	乙二醇	二甘醇	三甘醇	吡咯烷酮	二甲基亚砜
25	2.79	60.41	35.79	61.44	72.15	73.96	77.63
30	3.69	67.8	43.58	66.49	74.80	76.37	79.67

6.3.2.1　单溶剂萃取法

顾名思义，单溶剂萃取法只向溶剂中加入一种萃取剂。如在 230～240℃，含吲哚 6%～7% 的洗油馏分用乙撑碳酸盐作萃取剂萃取后，再经共沸精馏，即可得含量 95% 的吲哚。美国学者也研究了用单种溶剂萃取吲哚的可能性，如先用甲基酰胺或其水溶液萃取，再利用醚、芳香烃或卤代烃等有机溶剂萃取。单溶剂萃取法的主要缺点是一次产品纯度和收率都较低。

6.3.2.2　双溶剂萃取法

双溶剂萃取法是目前溶剂萃取法提取吲哚的主要研究方向,已取得了很多成果。

前苏联和日本学者在用极性－非极性双溶剂萃取吲哚方面，进行了富有成效的工作。用于萃取的原料为碱性脱酚和酸性脱盐基的洗油馏分。研究表明，适于作吲哚萃取剂的极性溶剂有：乙醇胺、二乙醇胺及三乙醇胺等羟胺类的胺系溶剂，二甲基亚砜为代表的亚砜系溶剂；N，N－二甲基甲酰胺、二甲基乙酰胺类的酰胺系溶剂；N－甲基吡咯烷酮、N－乙基吡咯烷酮类的吡咯烷酮系溶剂。适于作洗油中性组分萃取剂的非极性溶剂为 C_5～C_{10} 的烷烃或环烷烃，常用的有正己烷、正戊烷、异戊烷、正辛烷、异辛烷、环戊烷、环辛烷及石油醚等。

前苏联学者 M. И. Зарецкий 研究了洗油各组分在各种极性溶剂中的溶解度以及在庚烷－乙醇胺、庚烷－三甘醇和庚烷－二甲基亚砜等系统中的溶解度及分配系数后，得出结论：用互不相溶的极性－非极性溶剂萃取吲哚，其效果要优于用单种溶剂萃取。他认为最适宜的是使用庚烷－乙醇胺作萃取剂。该法可以得到纯度大于 90% 的吲哚，且收率大于 75%。

日本的许多学者也研究了双溶剂萃取法。所用的萃取溶剂与上述大致相同，但方法各异。盐谷胜彦主要研究了洗油各组分在非极性溶剂中的溶解性能，提出向萃取体系中加入适量水可以使萃取选择性得到一定程度的提高；柳内伟将多级萃取与精密精馏结合，得到纯度较高的吲哚；晴川孝治研究了用甲醇－水体系进行选择性萃取，但吲哚收率很低，为 47%。

国内学者肖瑞华等人也进行了萃取法提取吲哚的研究，并取得了一定成果。他们通过对溶剂萃取法分离吲哚进行研究得出结论：极性溶剂对吲哚的提取率为乙醇胺 > 三甘醇 > 二甲基亚砜，非极性溶剂对洗油中中性组分的提取率为庚烷 > 己烷 > 石油醚，在极性溶剂中加入适量水可相对提高吲哚的提取率，比较好的萃取体系为乙醇胺－庚烷并加入适量的水，其吲哚的一级提取率大于 92%，纯度大于 60%。

M. И. Зарецкий 等人提出用双溶剂萃取法从洗油馏分中回收吲哚，即采用相互之间溶解度极小的极性溶剂和非极性溶剂作为萃取剂，利用人工配制的吲哚混合物（吲哚：α－甲基萘：β－甲基萘：联苯＝1：4：4：1），研究了几种组分在庚烷－极性溶剂体系中的相对分配系数 β_i：

$$\beta_i = \frac{\partial'_1}{\partial''_1} \cdot \frac{x'_1}{x''_1}$$

式中，∂'_1、∂''_1为吲哚在萃取相和萃余相中的含量，x'_1、x''_2为萃取相和萃余相中其他组分含量（$i=2$、3、4 时分别代表β－甲基萘、α－甲基萘和联苯）。各组分分配系数见表 6－4。

表 6－4　相对分配系数

极性溶剂	β_2	β_3	β_4
庚烷－乙二醇	167	117	198
庚烷－二甘醇	83	78	66
庚烷－三甘醇	339	286	309
庚烷－N－甲基吡咯烷酮	40	38	31
庚烷－丙酮缩二乙砜	110	100	75
庚烷－乙醇胺	381	399	336
庚烷－二甲基亚砜	223	209	154
庚烷－吡咯烷酮	126	124	108

由表 6－4 可见，吲哚在庚烷－乙醇胺、庚烷－三甘醇、庚烷－二甲基亚砜等组成的液－液系统中，能够保证吲哚的选择性分配，其中庚烷－乙醇胺体系分配系数最高，同时庚烷和乙醇胺相互间溶解度最小，在 25℃ 时乙醇胺在庚烷中溶解度是 0.196，庚烷在乙醇胺中溶解度是 0.108，因此推荐庚烷－乙醇胺作为萃取溶剂。此法采用连续式和间歇式操作均可。连续式工艺过程见图 6－2。

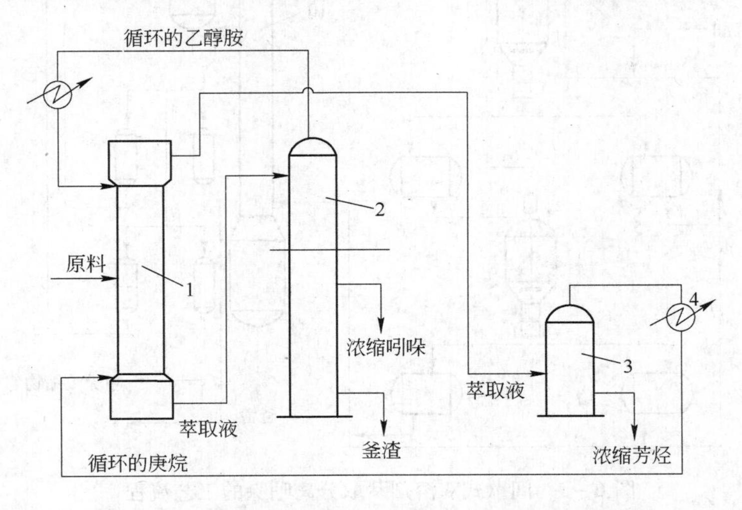

图 6－2　双溶剂逆流萃取连续式分离吲哚的原则流程

1—填料萃取柱；2—精馏柱；3—蒸发器；4—冷凝冷却器

按图 6－2 所示工艺进行试验的原料组成见表 6－5。进入填料萃取柱的物料比例为庚烷：乙醇胺：原料＝(2.2～2.5)：(0.7～0.9)：1。通过一级萃取，吲哚在萃取相中质量分数为 7%～8%。萃取液在 $N_t=12$ 的玻璃填料蒸馏柱内蒸出乙醇胺，循环使用。操作条件：塔底压力 26.2kPa，回流比 $R=2$，塔底温度 200～201℃。得到的吲哚浓缩液，在 $N_t=12$ 精馏柱内减压间歇精馏，$R=5\sim6$，则得到纯度 99% 的吲哚。萃余液经简单蒸馏出庚烷，循环使用。得到的浓缩芳香族化合物，可采用精馏法分离其他组分。两段间歇萃取分离吲哚的工艺流程见图 6－3。

表 6－5 原料组成

组 分	质量分数/%
联苯	17.92
α－甲基萘	17.15
β－甲基萘	22.37
吲哚	5.29
萘	11.38
甲基吲哚	0.11
其他	25.78

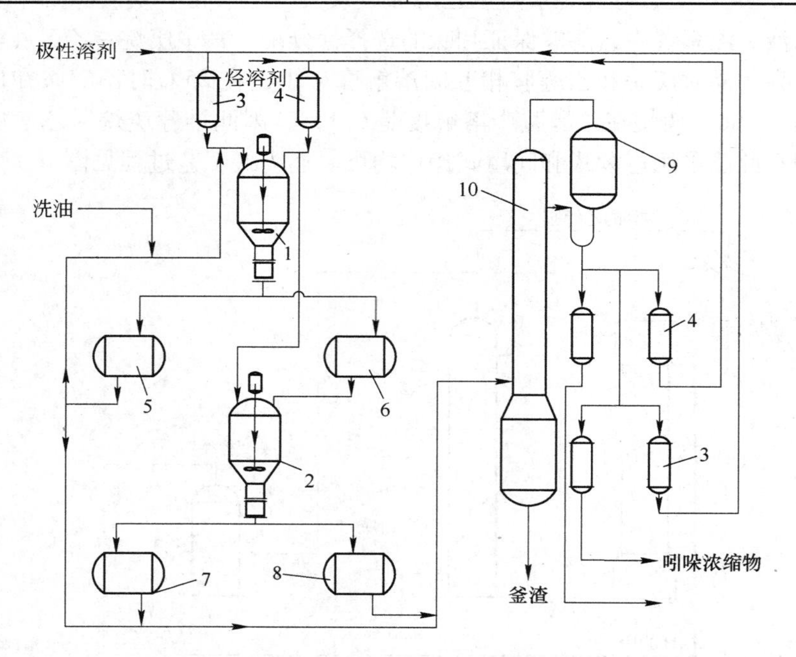

图 6－3 间歇式双溶剂萃取分离吲哚的工艺流程

1—一段萃取器；2—二段萃取器；3—极性溶剂罐；4—烃溶剂罐；5—上层溶液罐；6—下层溶液罐；7—吲哚溶液槽；8—芳烃溶液槽；9—冷凝器；10—蒸馏柱

盐谷胜彦等人的溶剂萃取试验结果见表 6-6。由表中数据可见，在非极性溶剂存在的条件下，适当提高水的加入量，可提高吲哚的选择度；从含有吲哚的水混合溶剂中回收吲哚，首先用蒸馏方法脱水，然后再回收溶剂，脱除溶剂后用精馏法分离得到吲哚和甲基吲哚。

表 6-6 向溶剂中加水的萃取试验结果

溶剂名称	加水量/%（占极性溶剂）	K_{1-ND}	K_{2-HN}	s
乙醇胺	无	0.07	9.24	132
	10	0.15	22.50	150
	20	0.27	43.20	160
	20（无已烷）	0.54	46.44	86
二甲基亚砜	10	0.23	0.46	20
	20	0.37	14.43	39
	20（无已烷）	1.77	30.09	17
2-吡咯烷酮	10	0.38	4.10	11
	20	0.37	7.40	20
	20（无已烷）	1.67	13.36	8

注：1. 实验用原料组成（质量分数）：α-甲基萘 20%，β-甲基萘 35%，二甲基萘 25%，吲哚 5%。

2. 选择度 $s=\frac{k_{2-HN}}{b}$，k_{2-HN}、k_{1-ND}分别代表β-甲基萘和吲哚的分配系数。

双溶剂萃取法是研究较充分的一种吲哚分离方法，其分离过程见图 6-4。该方法的主要优点是操作条件温和，吲哚的一次提取收率及纯度都较高；主要缺点是由于吲哚在洗油中的含量很低，对两种萃取剂的需求将很大，且由于同时采用两种萃取剂，萃取后都要进行分离，增加了操作步骤，也增大了能耗，而且极性溶剂与非极性溶剂间存在互溶现象，降低了吲哚的收率和纯度，也加大了萃取剂回收难度。

综上所述，溶剂萃取法是回收吲哚比较成熟的方法，但目前所使用的萃取剂其选择性仍不很理想，造成目的产物损失，同时要回收大量的溶剂循环使用，导致生产成本高，尤其在原料中吲哚含量较低时，其缺点尤为突出。

6.3.3 络合法

利用环糊精络合法从洗油中提取吲哚是基于环糊精的大环分子特殊结构。环糊精（CD）又称环状淀粉，由 6 个葡萄糖分子构成的，称为 α-环糊精；由 7 个葡萄糖分子构成的，称为 β-环糊精；由 8 个葡萄糖分子构成的，称为 γ-环糊精。环糊精的结构见图 6-5。

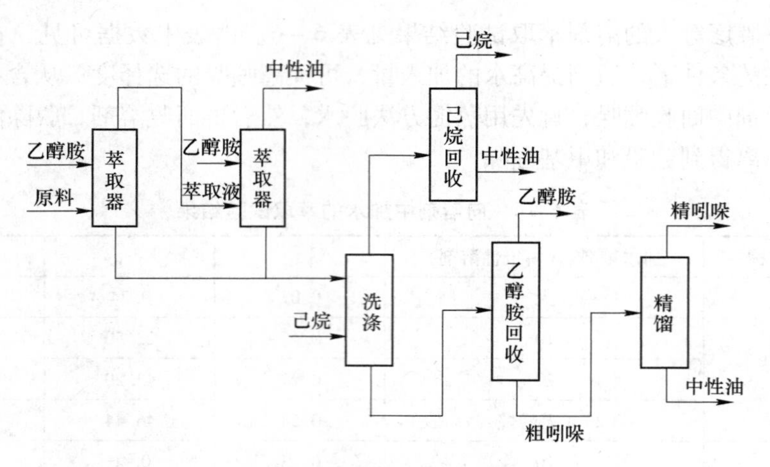

图 6-4　分离吲哚的原则

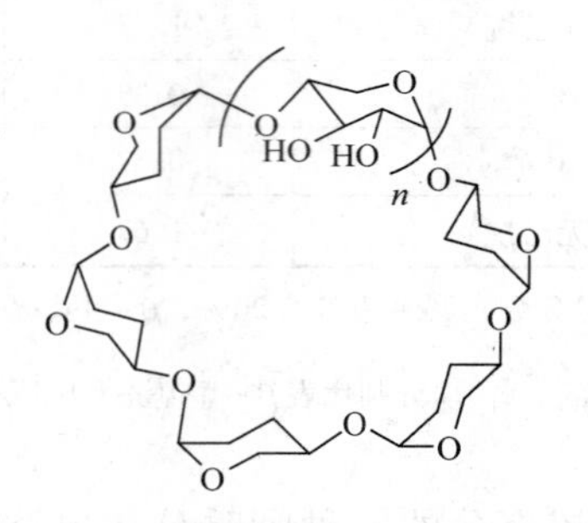

图 6-5　环糊精（CD）的结构

$n=1$：α-CD；$n=2$：β-CD；$n=3$：γ-CD

环糊精具有圆筒状的构造，圆筒的上部（广口部分）排列着—OH，下部（窄口部分）排列着—CH_2OH，所以环糊精分子整体是亲水性的，可溶于水。但环糊精圆筒的内部是疏水性的。环糊精在水中的溶解度及分子内孔尺寸见表 6-7。由于环糊精具有疏水性的空间，所以可与烃类或烃基形成包含化合物。

表 6-7　环糊精的溶解度及分子内孔尺寸

名　称	溶解度	分子内孔尺寸/nm	
		直径	深度
α-CD	14.5	0.45	0.67
β-CD	1.85	约 0.7	约 0.7
γ-CD	23.2	约 0.85	约 0.7

环糊精能从洗油中选择性地浓缩吲哚，与吲哚生成环糊精包含物，该包含物具有高度的稳定性。α－环糊精的络合作用见表6－8。由表中数据可知，洗油中的中性组分以很大程度被除去。这是因为喹啉类中的氮原子与环糊精中羟基形成氢键，而吲哚中的—NH基团的氢原子与环糊精中的氧原子形成氢键，它们与环糊精网络中心的作用比一般碳氢化合物强得多。

表6－8 α－环糊精的络合作用（质量分数） （%）

组　分	240～270℃洗油馏分	第一次络合	第二次络合
吲哚	3.5	49.9	75.8
喹啉	3.4	10.8	4.5
异喹啉	1.3	2.5	0.3
β－甲基萘	25.5	10.2	1.2
2－甲基喹啉	2.0	10.8	10.2
其他	64.4	15.8	8.0

田中信、松浦明德提出用β－环糊精溶液分离吲哚，将含吲哚的混合物与β－环糊精水溶液接触，使生成的吲哚β－环糊精包含物晶析出，将其与中性芳烃分离。如向β－环糊精溶液中添加碱类或尿素类物质，将提高β－环糊精包含物的溶解度，使其溶解在水溶液中，而中性芳烃几乎不溶解。含吲哚的β－环糊精水溶液用与水不相溶、与吲哚不共沸且沸点差大的有机溶剂如醚类、酮类、卤代烃及芳烃萃取吲哚。萃取液用蒸馏法分离。为了提高吲哚纯度，在用溶剂萃取吲哚前可用脂肪烃或环脂烃萃取非目的物。

6.3.4 酸聚合法

吲哚在氢离子作用下可异构化为下图所示的结构，它能与酸根结合生成加成物，由于出现双键，故还能聚合生成二吲哚和三吲哚硫酸，成为酸焦油。吲哚的碱性比喹啉类化合物更弱；还有人认为吲哚N上的H类似于醇羟基中的氢，有弱酸性，总之它们与酸结合的条件不同。一般采用硫酸作洗涤提取剂，洗油为洗涤原料。

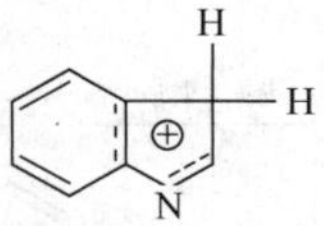

6.3.4.1 酸聚合法的原理

酸聚合法的基本原理是基于吲哚呈弱碱性，易于质子化。光谱分析表明，吲哚的质子化主要发生在β位。质子化后的吲哚容易发生低聚反应[5]：

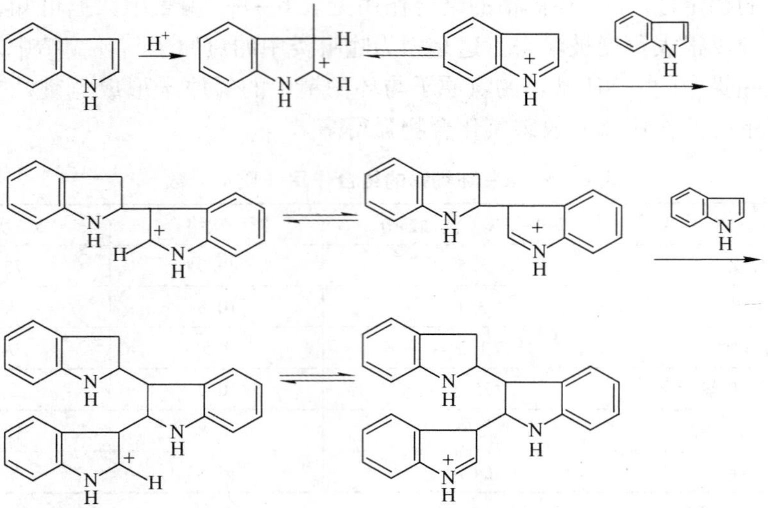

据此，田中信、竹尾节等提出用酸聚合法从煤焦油洗油馏分中提取吲哚。

酸聚合法主要包括以下步骤：

（1）酸聚合生成吲哚低聚物盐。将酸性较强的无机酸加入含有吲哚的洗油中，吲哚发生低聚反应，生成二聚体和三聚体盐。使吲哚低聚物化的酸有卤氢酸、硫酸及磷酸等供质子酸。

（2）吲哚低聚物盐脱酸。可以在芳烃存在下使吲哚低聚物盐和碱性物接触，或者将吲哚低聚物盐溶解于醇类中再向其中加入碱性物。碱性物可采用碱金属化合物、碱土金属化合物及氨化合物等。芳烃或醇类用简单蒸馏方法与吲哚低聚物分离。吲哚低聚物盐脱酸反应如下：

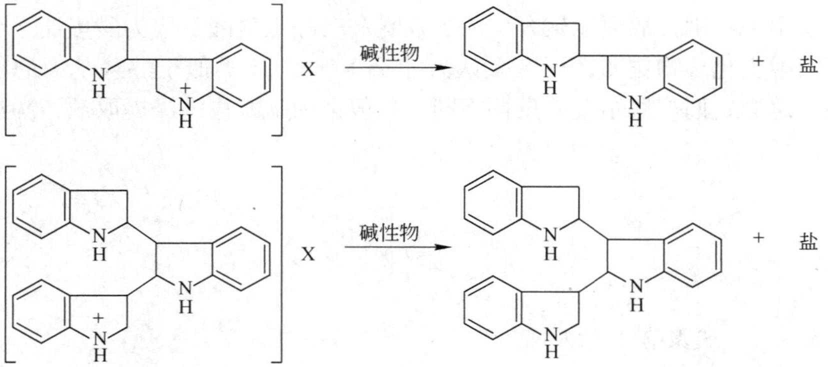

（3）吲哚低聚物的分解。一般在惰性气氛下加热分解得到吲哚单体：

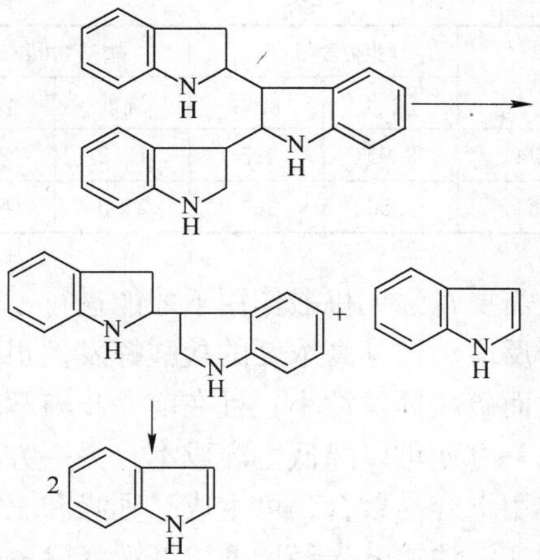

热分解得到的吲哚油进一步精制，可以采用冷却结晶、重结晶、减压精馏及恒沸精馏等方法。

酸聚合法最突出的优点是在原料中吲哚含量较低的情况下，收率大于90%。鞍山科技大学与宝钢化工公司合作采用酸聚合法从甲基萘油馏分中提取的吲哚小试产品纯度大于99%。

6.3.4.2 影响酸聚合法的因素

A 酸种类

吲哚提取率和酸浓度及用量的关系试验表明：用18%的硫酸洗涤时，基本上只有喹啉盐基起反应，吲哚尚未反应，随着酸浓度提高和用量增加，吲哚提取率急剧增加，但硫酸浓度超过35%，用量超过1mol硫酸/1mol吲哚和盐基，洗涤时间超过60min时，由于吲哚聚合会产生大量树脂状物质，吲哚提取率下降。采用30%～35%浓度的硫酸，硫酸与吲哚和盐基摩尔比为1，反应时间1h和反应温度20～50℃的条件洗涤，吲哚提取率可达60%～70%，所得粗盐基中吲哚占15%～18%（见表6-9）。

表6-9 硫酸洗涤提取吲哚的效果

洗涤原料	温度/℃	吲哚含量/%		盐基含量/%		提取率/%	
		洗前	洗后	洗前	洗后	吲哚	喹啉
洗油		4.20	1.73	8.30	0.20	59.0	97.5
		4.45	0.85	8.30	0.47	69.0	94.3
		4.00	1.86	9.30	0.80	70.5	96.5
洗油窄馏分	222～272	9.67	1.8	17.8	19	81.3	89.0
	221～272	6.94	1.1	185	痕迹	84.0	100.0

续表 6-9

洗涤原料	温度/℃	吲哚含量/%		盐基含量/%		提取率/%	
		洗前	洗后	洗前	洗后	吲哚	喹啉
洗油窄馏分	222~274	8.95	1.3	17.2	痕迹	83.5	100.0
	222~264	7.00	1.1	24.0	痕迹	84.3	100.0

由于吲哚酸聚反应需要在强无机酸作用下才能进行，因此高浓度的硫酸和盐酸都能与吲哚发生酸聚反应。但是高浓度的盐酸挥发性很强，所形成的酸雾会对大气产生严重的污染。而硫酸挥发性小，且在前一步骤萃取喹啉时使用的也是硫酸，则使用同种原料，一方面可以降低生产成本，另一方面也便于废酸处理。同时考虑到吲哚在硫酸作用下容易聚合，可生成二吲哚和三吲哚硫酸，它们可溶于硫酸喹啉盐基溶液，假如洗油馏分先经过低浓度洗涤除去盐基，则吲哚聚合物既不溶于硫酸溶液，又不溶于洗油，而以酸焦油形态浮起，收集这些酸焦油然后解聚，也可提取吲哚。根据“绿色化学”理论和经济性原则，相比之下，还是用硫酸同时提取喹啉盐基和吲哚更为合适。

B 酸浓度

由于浓度超过90%的硫酸在一定条件下能与洗油中的萘和甲基萘发生磺化反应，为避免上述反应发生，将硫酸的最高浓度限定为80%；但硫酸浓度又只有在超过35%时，才能引发吲哚酸聚反应，因此将硫酸的最低浓度限定为40%。在反应温度为50℃，酸过量系数为2.0及反应时间为1h条件下，进行硫酸浓度对吲哚酸聚反应的影响实验，得到硫酸浓度与吲哚提取率的关系见表6-10和图6-6。

表6-10 硫酸浓度与吲哚提取率的关系

编 号	硫酸浓度/%	吲哚提取率/%
1	40	65.1
2	50	65.8
3	60	66.0
4	70	80.3
5	80	96.6

吲哚提取率与硫酸浓度关系回归方程：

$$y = 0.0324x^2 - 3.1079x + 138.27$$

相关系数： $R = 0.9946$

由实验结果可知，硫酸与洗油中吲哚发生酸聚反应时，吲哚的提取率与酸浓度的关系为：在酸浓度低于60%时，吲哚的提取率随酸浓度增加只有少量增加；

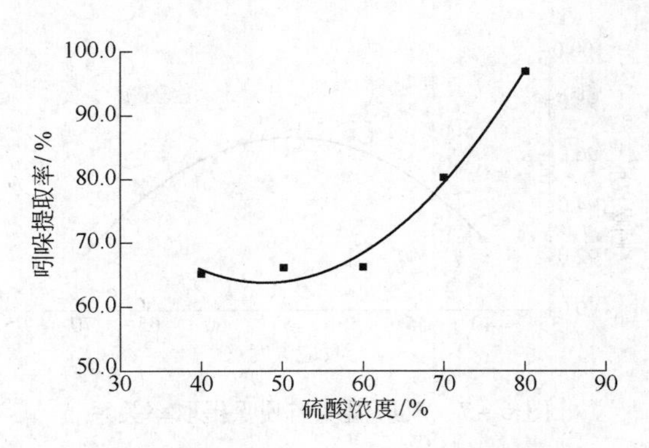

图 6-6 硫酸浓度与吲哚提取率的关系

当酸浓度超过60%时，吲哚的提取率随酸浓度明显增加。这是因为根据化学反应速度理论，除0级反应外，化学反应速度随反应物浓度增加而增加。因此，增加硫酸浓度，可以提高吲哚提取率。浓度为80%的硫酸可以使吲哚提取率达到96.6%。但如前所述，过高浓度的硫酸会导致副反应发生。因此，为了得到较高的吲哚提取率，同时避免副反应发生，应选择浓度为80%的硫酸进行吲哚的酸聚反应。

C 反应温度

在硫酸浓度为80%，硫酸过量系数为2.0以及反应时间为1h条件下，进行反应温度对酸聚反应影响实验，得到反应温度与吲哚提取率关系见表6-11和图6-7。

表 6-11 反应温度与吲哚提取率关系

编 号	反应温度/℃	吲哚提取率/%
1	40	92.7
2	50	96.6
3	60	95.8
4	70	92.1

由实验结果可以看出，硫酸与洗油中吲哚发生酸聚反应时，吲哚提取率与反应温度的关系为：在温度较低时，吲哚提取率随反应温度升高而增加；在温度较高时，吲哚提取率随反应温度升高而减少，极大值出现在50℃。这是由于化学反应的结果同时受反应速度和反应平衡的影响。其中，化学反应速度随温度升高而增加；而对于化学反应平衡，温度升高有利于吸热反应平衡向正方向移动，温度降低有利于放热反应平衡向正方向移动。因此，对于吲哚酸聚反应，当温度较低时，随温度升高，反应速度加快，吲哚提取率增加；同时，由于聚合反应是放

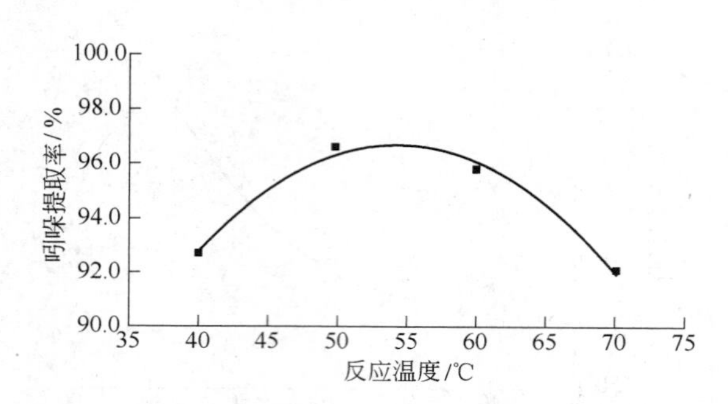

图 6-7　反应温度与吲哚提取率关系

热反应，当温度较高时，随温度升高，平衡向反方向移动，吲哚提取率下降。综上，吲哚酸聚反应温度不宜太高，也不宜太低，根据实验结果，应选择反应温度为 50℃。

吲哚提取率与反应温度关系回归方程：

$$y = -0.019x^2 + 2.064x + 40.63$$

相关系数：　　　　　　$R = 0.9946$

D　酸用量

在硫酸浓度为 80%，反应温度为 50℃及反应时间为 1h 条件下进行酸用量对硫酸与吲哚酸聚反应的影响实验，得到酸用量（以过量系数来表示）与吲哚提取率的关系见表 6-12 和图 6-8。

表 6-12　酸用量（以过量系数来表示）与吲哚提取率的关系

编　号	过量系数	吲哚提取率/%
1	1.0	72.9
2	1.5	85.4
3	2.0	96.6
4	2.5	97.2

由实验结果可知，硫酸与洗油中吲哚发生酸聚反应时，吲哚提取率随酸用量增加而增加。其中，在过量系数由 1.0 增加至 1.5 时，吲哚提取率增加明显；而当过量系数由 2.0 增加至 2.5 时，吲哚提取率只有少量增加。这是由于根据化学反应平衡理论，增加反应物数量，有利于反应向正方向移动。因此，增加酸用量，会使吲哚酸聚反应向形成酸聚物方向移动，故吲哚提取率增加；而当过量系数超过 2.0 时，由于洗油中吲哚酸聚反应已很充分（吲哚提取率超过 95%），故再增加酸用量的效果不明显。综上，硫酸与洗油中吲哚发生酸聚反应时，合适的过量系数为 2.0。

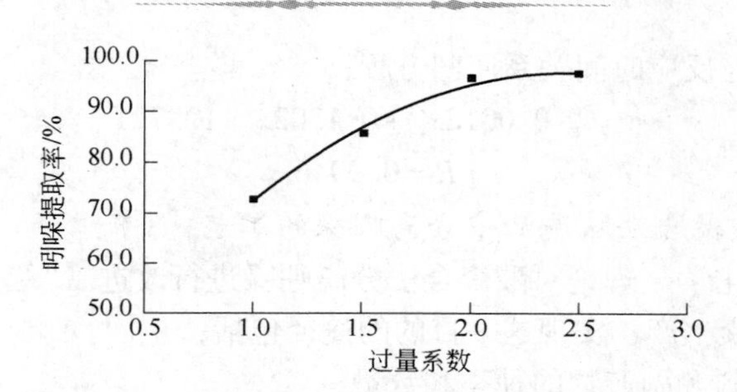

图 6－8　酸用量与吲哚提取率的关系

吲哚提取率与酸用量关系回归方程：

$$y = -11.9x^2 + 58.47x + 25.865$$

相关系数：　　$R = 0.9972$

E　反应时间

在硫酸浓度为80%，反应温度为50℃及酸过量系数为2.0条件下，进行反应时间对硫酸与吲哚酸聚反应的影响实验，得到反应时间与吲哚提取率的关系见表6－13，吲哚损失率与反应时间的关系见图6－9。

表 6－13　反应时间与吲哚提取率的关系

编　号	反应时间/h	吲哚提取率/%
1	1.0	96.6
2	1.5	96.9
3	2.0	97.1
4	2.5	97.3

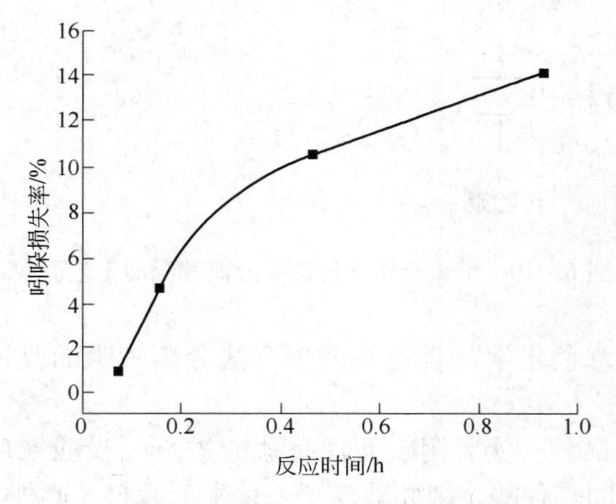

图 6－9　吲哚损失率与反应时间的关系

吲哚提取率与反应时间关系回归方程：

$$y = -0.0012x^2 + 0.1302x + 12.721$$

相关系数：　　$R = 0.9946$

6.3.4.3　酸聚合法从洗油中分离吲哚的工艺

利用“绿色化学”理论对酸聚合法分离吲哚进行改进。“绿色化学”的目的是实现无废或少废生产，实现这一目的的途径包括：

（1）减少原料和副产物的种类和数量；

（2）使用无毒或低毒的溶剂和助剂；

（3）提高原料利用率；

（4）减少废弃物的产生等。

传统的酸聚合法从洗油中分离吲哚的工艺流程见图 6－10。

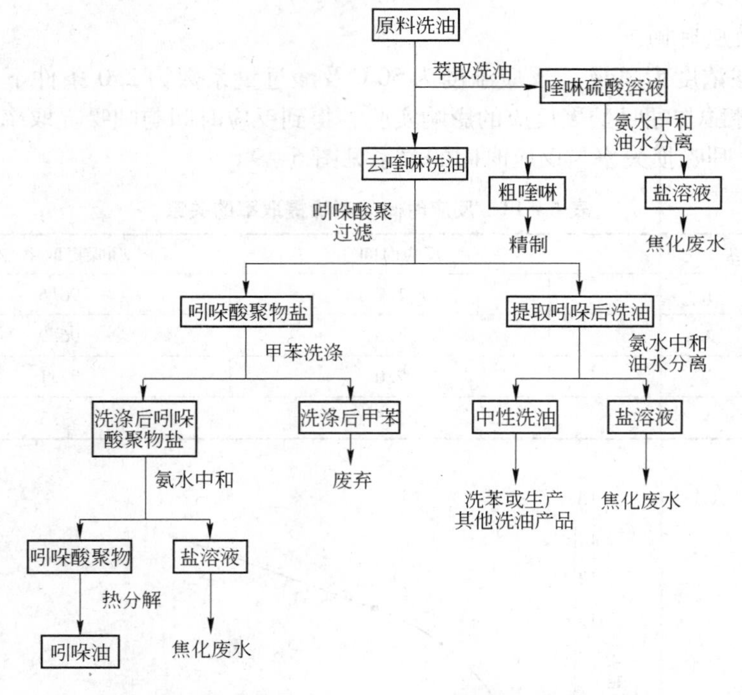

图 6－10　酸聚合法从洗油中分离吲哚的工艺流程

本实验应用“绿色化学”理论对酸聚合法分离吲哚的改进主要包括以下几个方面：

（1）减少原料品种。实验用硫酸代替盐酸进行吲哚酸聚反应，使萃取喹啉和吲哚酸聚都使用同一种酸，因此减少了一种生产原料。此外，实验中所有的中和反应使用的碱都是氨水，由于氨水是焦化产品之一，因此，从焦化生产的大角度出发，又相当于减少了一种生产原料。

（2）使用低毒试剂。实验用甲苯代替苯洗涤酸聚物盐，就是使用低毒溶剂代替高毒溶剂。因为甲苯在空气中的最大允许浓度为 200×10^{-6}，沸点为 110.6℃；而苯在空气中的最大允许浓度为 25×10^{-6}，沸点为 80.1℃。因此相对苯而言，甲苯是一种低毒溶剂。此外，吲哚酸聚反应实验用硫酸替代盐酸，也是使用低毒试剂代替高毒试剂。因为硫酸比盐酸挥发性小，可降低酸性气体对大气的污染。

（3）减少副产物种类。实验用硫酸替代盐酸进行吲哚酸聚反应，还减少了一种副产物。因为若萃取喹啉和吲哚酸聚分别用硫酸和盐酸，则后续的中和产物有 $(NH_4)_2SO_4$ 和 NH_4Cl 两种盐，而萃取喹啉和吲哚酸聚都使用硫酸后，则只有 $(NH_4)_2SO_4$ 一种盐产生。此外，实验中所有的中和反应使用的碱都是氨水，则得到的盐都是 $(NH_4)_2SO_4$。由于 $(NH_4)_2SO_4$ 是焦化产品之一，从焦化生产的大

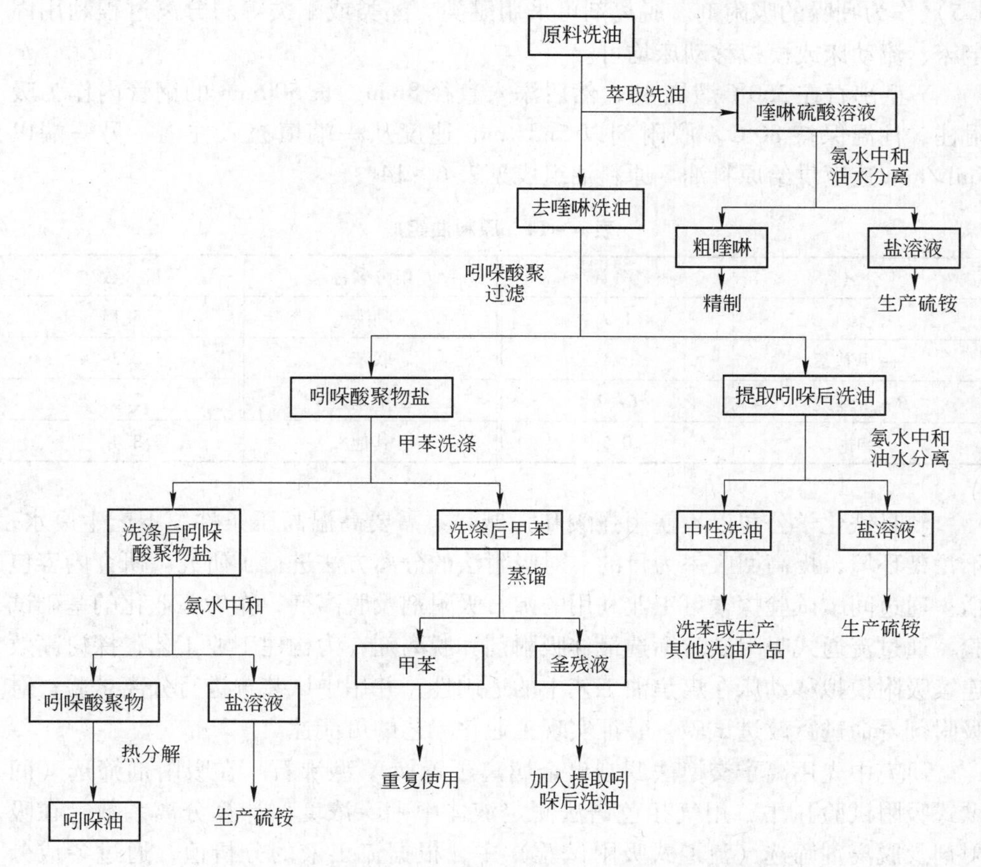

图 6－11 改进后酸聚法从洗油中分离吲哚的工艺流程

角度出发，又相当于减少了一种副产物。

（4）改进工艺流程，减少废物排放。图 6－11 是利用“绿色化学”理论改进后的酸聚合法从洗油中分离吲哚工艺。对工艺流程的改进主要包括以下两个方面：

1）将原工艺洗涤后的甲苯废弃改为经蒸馏后重新使用，其中釜残液兑入原料洗油中继续生产吲哚；

2）将原工艺进入焦化废水的 $(NH_4)_2SO_4$ 盐溶液改为进入硫铵工段生产硫铵。对比改进前后的工艺流程图可见，原工艺的废物品种有两个，排放点有 4 处，而改进后的副产物都得到了充分利用，理论上实现了废物的零排放。

6.3.5　吸附法

千崎利英等人提出采用 Na 或 K 置换的 Y 型煅烧沸石分子筛（SiO_2/Al_2O_3 = 5.5）作为吲哚的吸附剂。脱离剂可采用醚类、酯类或酮类等。分离过程利用固定床、流动床或模拟移动床均可。

Y 型沸石在 350℃煅烧 4h，然后添入直径 8mm，长 500mm 的钢管内作为吸附柱，柱温保持 80℃。脱附剂以 5mL/min 速度从一端填充入柱内，另一端以 5mL/min 速度供给原料油。原料油组成见表 6－14。

表 6－14　原料油组成

组分名称	质量分数/%	组分名称	质量分数/%
萘	1.9	吲哚	5.1
α－甲基萘	15.7	联苯	2.2
β－甲基萘	64.2	二甲基萘	2.0
喹啉	0.5	其他	8.4

新日铁化学公司以不使用强酸和强碱，不需要高温高压条件，不产生废水，不污染环境，提高回收率为目的，对吸附法的分离方法进行了研究。研究内容包括：通过间歇试验探索可工业利用的沸石吸附剂及脱离剂；作为工业化的基础试验，通过流通式吸附试验筛选最佳吸附剂和脱离剂；为构建工业工艺，探讨高效连续吸附模拟移动床在煤焦油工艺中的适用性，并用中试装置进行分离试验；对吸附剂寿命进行改进试验，验证实现工业化工艺的可能性[6]。

研究中先用离子交换法调制出金属离子置换 Y 型沸石。在吸附剂筛选（间歇式吸附试验）中，用气相色谱法测定液体中吲哚浓度，计算分离系数。在吸附剂及脱离剂筛选（流通式吸附试验）中，根据流出液的分析值，通过各成分量和内部物质的相对比较，求出沸石对吲哚的吸附容量与液床浓度。模拟移动床吸附试验采用连续吸附法，循环系统的塔柱分为4个区。第1区用脱离液从吸附材料抽提强吸附性成分，作为提取物回收。第2区有选择地吸附强吸附性成分，从吸附材料抽提非选择性吸附的弱吸附性成分，提高强吸附性成分的纯度。第3区有选择地吸附强吸附性成分，残余的弱吸附性成分作为残余液回收。第4区用吸附材料吸附弱吸附性成分，提高浓度，同时回收脱离液。

各个供液位置和排液位置每隔一定时间向液流方向移动1个填料塔塔位，形成模拟的吸附料流，对吲哚进行分离精制。筛选吸附剂时，由于使用A型沸石对吲哚几乎没有吸附性能，而X型及Y型沸石能够吸附吲哚，且Y型沸石吸附能力更高，所以通过间歇式吸附试验测定了Y型沸石的分离系数。试验结果表明，NaY型及KY型沸石分离吲哚效果良好。对吸附分离系统进行筛选时，用NaY型沸石作吸附剂，测定了有各种溶剂存在时的吸附容量，筛选出吸附剂和脱离剂。试验结果表明，即使有溶剂（脱离剂）存在，吸附容量大的苯甲醚、对二甲苯、戊醇、醋酸丁酯等用作脱离剂效果良好。从生产、采购、安全考虑，最终选用了醋酸丁酯。吸附剂选用NaY型沸石，脱离剂选用醋酸丁酯后的解析透过曲线表明，吲哚比其他成分分离得都好。采用中试装置，进行连续2个月的模拟移动床吸附分离试验。试验中变化各种操作因子，在系统浓度经过12h基本稳定后，提取各分离液，分析浓度，进行优化，基本上能够以定量的收率分离吲哚。用模拟移动床吸附装置可从甲基萘油中回收吲哚，但工业分离方法需要保证长期稳定的分离性能。

采用这种方法最大的担忧是能否确保吸附剂性能的长期稳定，为此探讨了保护主分离塔柱的方法。进行寿命试验（加速试验）时，先算出原料油即甲基萘油对单位吸附剂量的小时通液量，以此作为试验的基准量。并将10倍于小时通液量的原料油通入吸附剂，通过累计流通量算出经过时间（寿命时间）。试验结果表明，分配系数（各成分的吸床浓度/各成分的液床浓度）与经过时间一同下降，因此必须采取措施延长吸附剂的使用寿命。

为了捕集导致模拟移动床分离柱劣化的物质，在分离装置前设置了保护柱。设置保护柱虽然能延长使用寿命，但效果不大，约6个月就会出现劣化。对此，间隔一定时间更换保护柱，发现对大约3个月通液量更换保护柱吸附剂可抑制分离性能的下降。采用此法进行寿命延长试验，经过48个月仍能保持性能。在此基础上探讨了工业化时的保护柱设置，每隔半个月到1个月，从中试装置中采取吸附剂20g，进行性能评价，确认劣化状况，最终结果表明每3个月更换保护柱能够保持分离性能。采用模拟移动床吸附分离装置，能够以较高的收率从萘油中回收吲哚。由于在原料管线上设置了保护柱，沸石吸附剂没有出现劣化，在连续12个月的工业运行中基本上能够对吲哚进行定量分离回收，且吸附性能稳定。通过蒸馏吸附分离液，回收的吲哚纯度达98%以上，总收率达90%以上。利用此吸附技术可有选择地分离回收吲哚。

6.3.6　共沸精馏法

顾广隽用吲哚－联苯的富集馏分（250～260℃馏分）进行共沸精馏的实验室试验，将吲哚－共沸剂馏分用热水重结晶得到纯度约为93%的吲哚。该法原料馏分较窄，吲哚资源损失较多，收率较低（相对富集馏分约为65%）。

竹谷彰二等采用原料为245～256℃的吲哚窄馏分，加入共沸剂二甘醇，其量为非目的物量的0.6倍以上。将该混合物在 $N_t = 50$，$R = 10$ 的填料塔中蒸馏，在塔顶温度235℃下，非目的物甲基萘类、联苯、一甲基萘类、苊等中性成分及喹啉、异喹啉碱性成分与共沸剂共沸，在低于吲哚馏出温度下，几乎全部馏出，吲哚浓缩物以塔底油残留下来。加水分出二甘醇后的浓缩物经冷却结晶和萃取等方法可以得到纯度大于99%、收率约80%的吲哚产品。表6－15列出了几种组分与二甘醇的共沸温度。

表6－15　几种组分与二甘醇的共沸温度

共沸组分	质量分数/%	共沸温度/℃
β－甲基萘	63.2	266.4
α－甲基萘	60.8	299.2
联苯	54.4	232.4
喹啉	70.0	232.5
2，6－二甲基萘	51.1	235.1
2－甲基喹啉	64.5	241.0
异喹啉	54.4	242.0
吲哚	29.2	244.6

坚谷敏彦等人[7]对工业萘塔底油、洗油进行脱碱处理后，用二甘醇进行共沸蒸馏，切去吲哚前馏分和除去多余的二甘醇，再精馏制取吲哚。精馏所得的吲哚用水和甲醇进行再结晶制取高纯吲哚。

6.3.6.1　吲哚的浓缩

脱碱后，洗油中的大部分成分在用二甘醇共沸蒸馏时与吲哚分离，其主要成分的沸点和共沸温度见表6－16。洗油用二甘醇进行共沸蒸馏时，可获得高纯甲基萘，塔底油中的吲哚浓度可浓缩13%。甲基萘塔底油的精馏结果见图6－12。

表6－16　主要成分沸点与共沸温度　（℃）

成　分	沸　点	共沸温度
β－甲基萘	241	226
α－甲基萘	243	228

续表 6－16

成　分	沸　点	共沸温度
联苯	255	233
二甲基萘	262～268	235～243
苊	277	244
吲哚	253	249

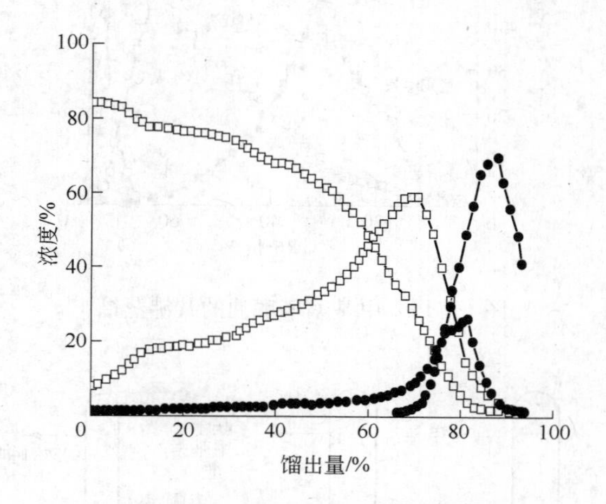

图 6－12　甲基萘塔底油的精馏

如图 6－12 所示，吲哚馏分的最高浓度为 25%，此时联苯的浓度为 50%。若在此处切取侧线，吲哚的分离仍很困难，其共沸蒸馏后的结果见图 6－13。按照表 6－16 的共沸温度，以甲基萘、联苯、二甲基萘、苊的顺序馏出，最后馏出吲哚。共沸蒸馏进行至吲哚馏出为止，结果见表 6－17，吲哚可浓缩至 80% 而不发生损失。

表 6－17　吲哚的浓缩　（%）

成　分	甲基萘塔底油	吲哚油
吲哚	13.81	81.68
甲基萘	44.49	—
联苯	23.72	—
二甲基萘	7.25	1.47
苊	3.55	2.54
二甘醇	1.55	9.89

浓缩分离流程见图 6－14。脱碱洗油在共沸塔Ⅰ中共沸后馏出甲基萘，并在

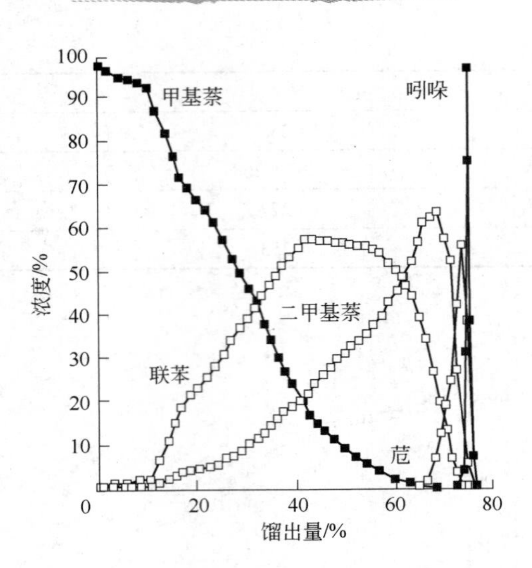

图 6－13　甲基萘塔底油的共沸蒸馏

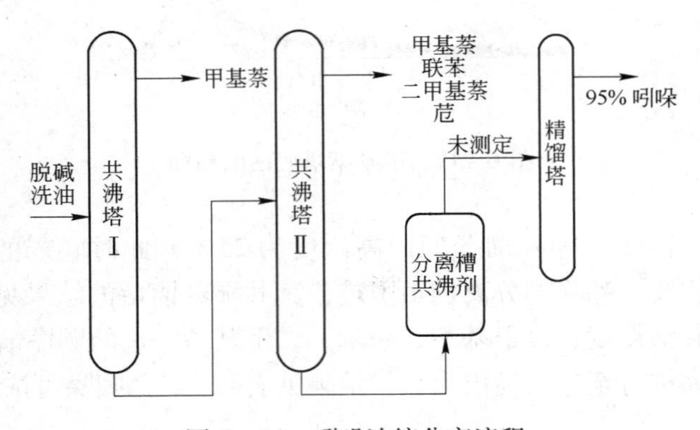

图 6－14　吲哚浓缩分离流程

共沸塔Ⅱ中除去残存的甲基萘、联苯、二甲基萘、苊等，塔底得吲哚油。浓缩后的吲哚在共沸剂分离槽用温水洗去共沸剂，在精馏塔中精馏，制取95%吲哚。

6.3.6.2　吲哚的分离

浓缩后的吲哚油含有少量的苊、β－甲基萘和多余的二甘醇。吲哚油含有二甘醇时，在分离操作上会产生共沸的问题（共沸比例为吲哚：二甘醇＝1：9）。吲哚油的精馏曲线见图 6－15。

吲哚的浓度因运转方法而异，一般为95%左右，对脱碱洗油的回收率可高达93%。

重结晶法制取高纯吲哚，提高吲哚的纯度通常采用烷烃系或环烷烃系溶剂重

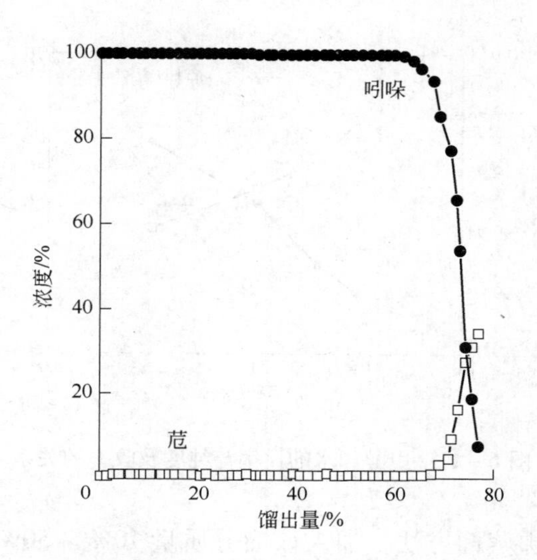

图 6－15 吲哚油的精馏曲线

结晶的方法，但溶解吲哚需用大量溶剂，而回收溶剂又需大量热能，生产成本高。对各种溶剂的研究发现，将着色的吲哚溶解于甲醇和水的混合溶剂中，冷却后从母液中析出吲哚结晶，即可得到纯度大于 99% 的白色针状结晶。甲醇和水的比率与纯度及收率的关系见图 6－16 和图 6－17。用甲醇和水进行再结晶，除苊之外，精馏无法分离的微量成分均被完全去除。另外，滤液浓缩后送回到吲哚油中还可进行回收。

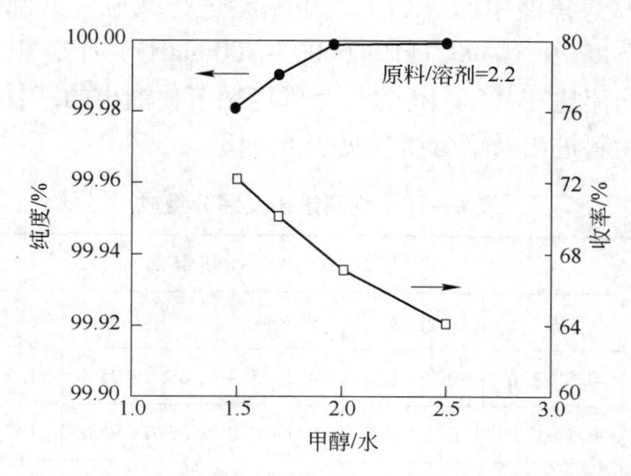

图 6－16 甲醇和水的比率与纯度及收率的关系（原料浓度 95. 07%）

马欣娟等人[8]发明了一种从煤焦油工业甲基萘中分离和精制吲哚的工艺方法，解决了已有技术难以从煤焦油工业甲基萘中分离和精制吲哚的缺陷。其特征

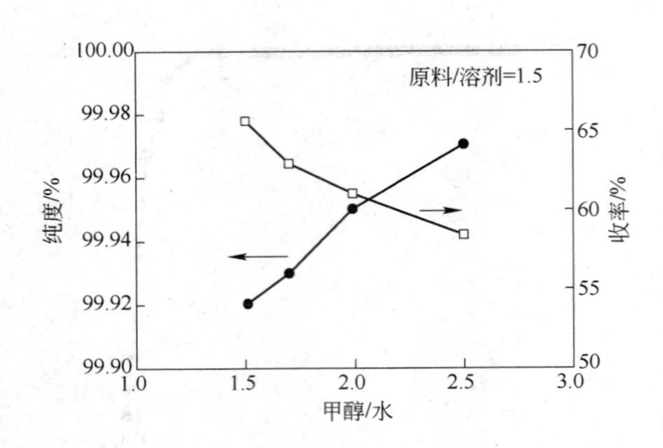

图 6-17 甲醇和水的比率与纯度及收率的关系

是：采用减压-共沸蒸馏方法，加入该馏分质量10%～50%的多元醇共沸剂，进行馏分切割，釜残作为吲哚的富集馏分，将含10%～20%的吲哚进行富集馏分精馏，切割出顶温在180～190℃的馏分，中间馏分为吲哚和多元醇共沸剂的混合物，将中间馏分（含吲哚40%～60%左右）进行水洗结晶、离心分离、精馏精制，可得到粗品，吲哚含量在90%以上，再用精馏的方法，进一步切除水分和杂质，进一步提高品级率，得到吲哚含量为98%以上的产品。

该发明解决的技术问题是从煤焦油中回收的工业甲基萘中将吲哚分离出来，并对分离出来的吲哚进行精制。方案具体如下：

（1）首先将从煤焦油中回收的工业甲基萘进行减压-共沸蒸馏，共沸剂采用三甘醇，在真空度79.8～93.1kPa（600～700mmHg）下，根据色谱分析结果进行馏分切割，回流比在（5～10）：1范围内调节，馏出的三甘醇共沸剂静置分层后回釜套用。物料进出及馏分组成见表6-18。

表 6-18 物料进出及馏分组成 （%）

试验内容	馏分名称	色谱分析组成/%					
		萘	喹啉	吲哚	甲基萘	联苯	三甘醇
进料	工业甲基萘	0.5～1.0	0.7～1.3	4.2～5.8	85.0～95.0	1.2～2.2	
出料	甲基萘馏分	0.1～0.5	0.2～0.8	0.1～0.8	85.0～95.0	1.7～2.5	0.1～0.5
	釜液	2.5～3.5		10.0～20.0	0.1～0.5	2.8～3.5	70.0～80.0

（2）其次将含10%～20%的吲哚富集馏分进行精馏，回流比在（5～10）：1范围内调节，在真空度79.8～93.1kPa（600～700mmHg）下进行吲哚富集蒸馏，

切割出顶温在180～190℃的馏分，中间馏分为吲哚和三甘醇共沸剂的混合物，含吲哚40%～60%左右。物料进出及馏分组成见表6－19。

表6－19　物料进出及馏分组成　（%）

试验内容	馏分名称	色谱分析组成				
		三甘醇	喹啉	吲哚	甲基萘	联苯
进料	原料	70～80	2.8～4.5	10～20	2.5～4.5	3.5～5.0
出料	中间馏分	35～50	3.5～4.5	40～60	1.5～2.5	3.5～4.5

（3）然后将中间馏分进行水洗结晶、离心分离、精馏精制，由于三甘醇共沸剂易溶于水，按1：(1～10)($V_{馏分}$：$V_{水}$)加入水，温度升高到20～55℃后，自然降温，产生大量的吲哚白色结晶，经离心分离后可得到粗品，吲哚含量在90%以上。

（4）最后以含量90%以上的吲哚为原料，用减压精馏的方法，进一步切除水分和杂质，进一步提高品级率，得到吲哚含量为98%以上的产品。

李健等人[9]发明了一种煤化工技术领域生产吲哚的方法，以生产β－甲基萘的残油（含吲哚30%左右）为原料，以共沸精馏和洗涤结晶相结合的方法生产吲哚。该方法用共沸精馏法得到吲哚馏分，以水洗去共沸剂，然后用溶剂重结晶，离心分离后得到含量大于99%的吲哚产品。

该方法具体工艺流程为：向吲哚馏分中加入溶剂，将吲哚馏分里残存的共沸剂与吲哚分离，洗涤温度为20～30℃，吲哚馏分与溶剂的体积比为1：(1.5～3)，然后结晶，温度为15～25℃，离心分离得到吲哚粗晶体，吲哚粗晶体中吲哚含量85%～95%，再把吲哚粗晶体加入溶剂重结晶，重结晶温度为15～25℃，吲哚粗晶体与溶剂的质量比为1：(1～2)，再离心分离得到吲哚含量大于99%的吲哚产品。

6.3.7　超临界萃取法

利用压力和温度控制密度和溶解度的变化，可以有效地利用萃取剂。柳町昌俊等人将吲哚在压力为7～30MPa，温度为30～60℃条件下，用液体或超临界气体除去不纯物，可以得到高纯度吲哚。

工艺过程见图6－18。将粗吲哚送入萃取器，在压力为8MPa，温度为45℃的条件下，通入液态CO_2。萃取器和分离器内的物料组成见表6－20。在萃取器中得到的纯度90.4%的吲哚，再用正己烷重结晶，则得到纯度99.7%的吲哚，回收率对粗吲哚为80%。

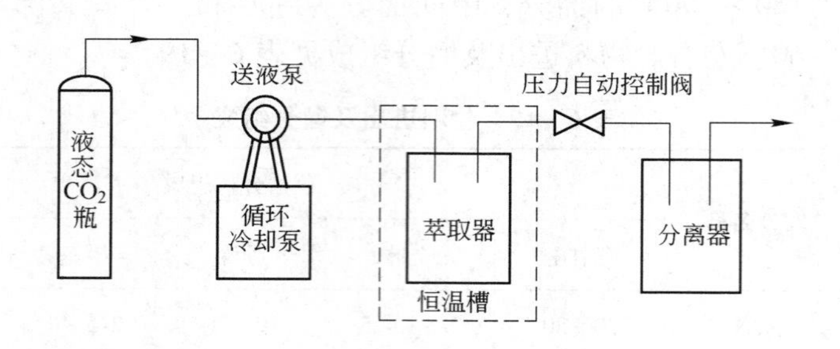

图 6－18 超临界萃取工艺流程

表 6－20 萃取器和分离器内物料组成（质量分数） （%）

组 分	粗吲哚	萃取器	分离器
β－甲基萘	4.0	0.1	19.6
α－甲基萘	2.3	0.25	10.6
联苯	7.2	1.04	32.0
二甲基萘	0.8	0.58	1.7
吲哚	78.5	90.4	30.4
其他	7.2	7.6	5.73

柳内伟等人将液－液萃取、超临界萃取、再结晶和脱色法联合应用于吲哚的提取与精制，其工艺流程见图 6－19，原料及产品组成见表 6－21。

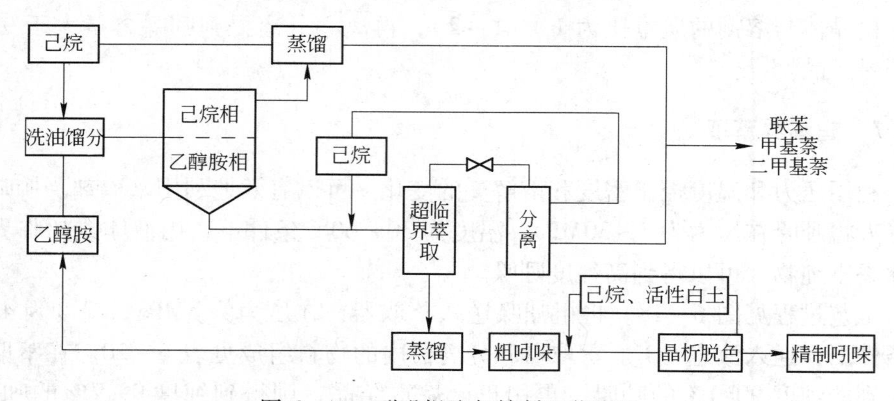

图 6－19 吲哚提取与精制工艺流程

表 6-21 原料及产品组成（质量分数） （%）

组分	洗油馏分	己烷相	乙醇胺相	超临界萃取相	分离相	粗吲哚	精制吲哚	粗吲哚（无临界）	精制吲哚（无临界）
乙醇胺			81.6	85.6	3.8	4.5		2.5	
己烷		79.0							
喹啉	3.4	0.6	1.1	0.4	10.3	1.7		5.1	0.1
异喹啉	4.1	0.7	1.2	0.8	12.2	3.6	0.1	6.8	0.5
吲哚	10.7	0.5	12.2	13.0	14.2	88.9	99.9	64.7	99.0
β-甲基萘	23.5	5.5	1.8	0.2	19.4	1.0		7.8	0.2
α-甲基萘	18.8	4.5	0.8		11.6	0.1		4.1	0.1
联苯	22.1	5.3	1.1		19.2	0.1		6.0	0.1
二甲基萘	17.4	3.9	0.4		9.3	0.1		3.0	

可见采用超临界萃取法精制吲哚，吲哚纯度大幅度提高。

6.3.8 溶析结晶精制法

王仁远等人[10,11]发明了一种吲哚溶析结晶精制方法，其包含以下步骤：

（1）吲哚溶解。将纯度低于99.0%的吲哚溶解于主溶剂中，形成吲哚溶液。

（2）溶析结晶。一边搅拌，一边将第二溶剂加入吲哚溶液中，使吲哚从溶液中结晶出来。

（3）过滤干燥。将溶析结晶得到的吲哚晶体过滤，真空干燥即可得到纯度99.9%以上的白色吲哚产品。

该方法能一次实现将纯度低于99.0%的吲哚提纯得到纯度大于99.9%的吲哚产品，并能显著提高吲哚回收率；且有效降低了生产成本。

他们同时还发明了一种吲哚加盐萃取分离方法，其包含以下步骤：

（1）吲哚复合萃取剂的制备。将盐类助萃取剂溶解于吲哚主萃取剂中，生成复合萃取剂。主萃取剂为醇胺醇水溶液等极性溶剂所组成的双溶剂萃取剂，助萃取剂的加入量为极性溶剂质量的2%～20%。

（2）吲哚的萃取分离。将煤焦油的洗油或甲基萘等含有吲哚的馏分与复合萃取剂按质量比1∶0.5～1∶4，先进行充分混合，然后静置分层，分液，即得富含吲哚的萃取液和吲哚含量低的萃取余液。

该萃取分离过程，萃取理论级数为1～18，以萃取理论级数10～15为佳；萃取分离操作温度在0～80℃之间。吲哚的一级萃取率一般可以达到90%以上，吲哚的二级总萃取率可以达到99%以上。使用多级萃取，可提高萃取液中吲哚浓度，有利于后续的吲哚精馏提纯。

（3）吲哚的精馏提纯。以上述吲哚萃取液为原料，在绝对压力为6~30kPa、理论塔板数为25~45、回流比为4~20下进行精馏提纯，得到纯度大于99.0%的吲哚产品。

本发明在吲哚萃取剂中加入盐类辅助组分，使得所组成的复合萃取剂对原料组分甲基萘等物质起排斥作用，降低了甲基萘等物质在吲哚萃取相的浓度，提高了对吲哚的萃取分离效果。此外，还可以选用对吲哚有弱化学作用的盐类，进一步提高吲哚的萃取分离效果。

6.3.9 压力结晶法

日本工业技术院公害资源研究所与神户制钢所利用压力晶析法精制吲哚。将含量为70%的吲哚混合液在200MPa压力及50℃温度的条件下结晶，便可得到纯度为99.5%以上的高纯度吲哚。当压力降到100MPa时，结晶中的杂质会溶解出来。反复上述操作可以得到纯度为99.99%~99.9999%的吲哚。

6.4 吲哚的深加工

吲哚的化学性质相当活泼，能进行许多有机化学反应。吲哚与不同试剂发生的反应如下：

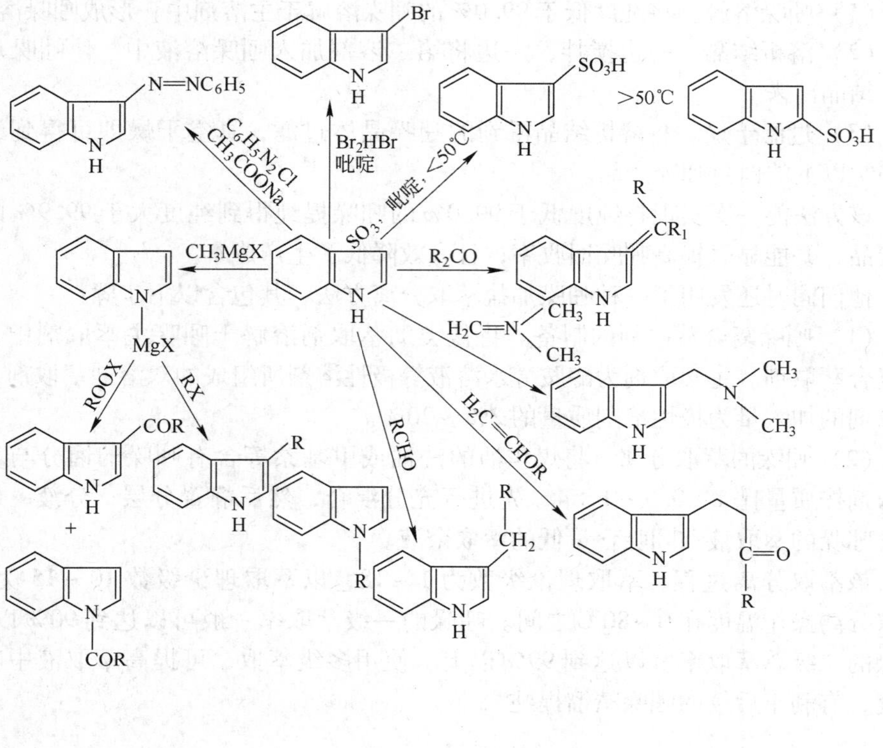

吲哚及其衍生物在自然界分布很广，它们在基础代谢中起着重要作用。例如：色氨酸是许多蛋白质的分解产物，也是动物正常生长所必需的一种氨基酸；β－吲哚乙酸是植物生长素；还有靛青存在于木兰属植物茎中，是生产最早的天然染料——靛蓝的原料。靛青浸泡在水里受到酶的作用即水解为β－羟基吲哚：

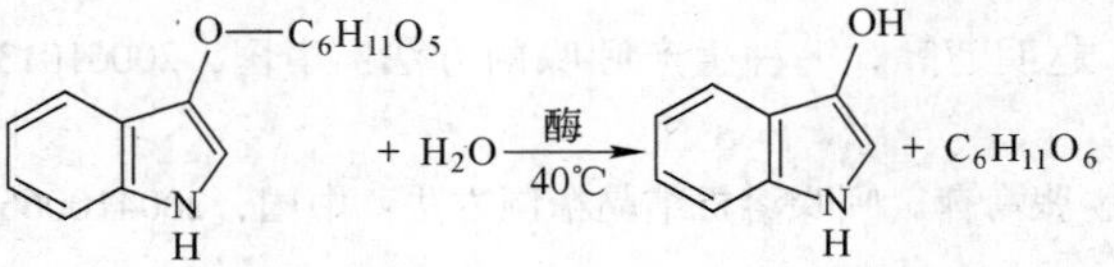

$$\text{(3-O}-C_6H_{11}O_5\text{-吲哚)} + H_2O \xrightarrow[40℃]{酶} \text{(3-羟基吲哚)} + C_6H_{11}O_6$$

后者能发生互变异构：

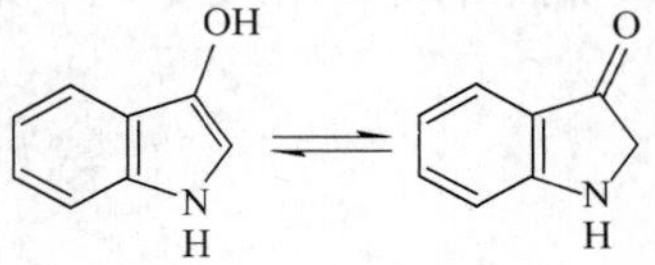

$$\text{(3-羟基吲哚)} \rightleftharpoons \text{(吲哚-3-酮)}$$

羟基吲哚互变后经空气氧化即可生成靛蓝：

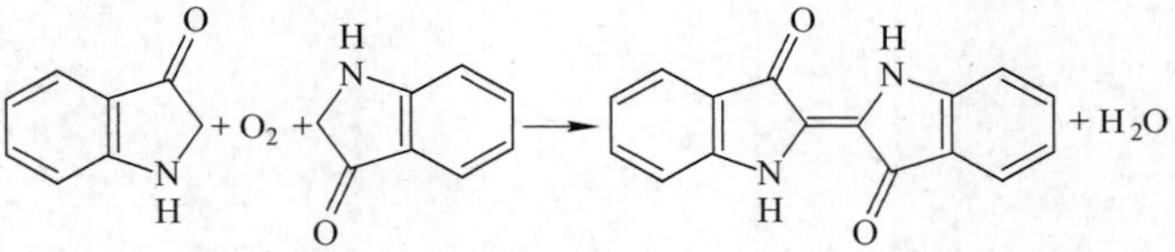

$$\text{(吲哚-3-酮)} + O_2 + \text{(吲哚-3-酮)} \longrightarrow \text{(靛蓝)} + H_2O$$

染色时，用还原剂保险粉（$Na_2S_2O_3$）在碱溶液内将靛蓝还原溶解，然后浸染棉布，取出轧干后，经空气氧化即成靛蓝，固着在纤维上。

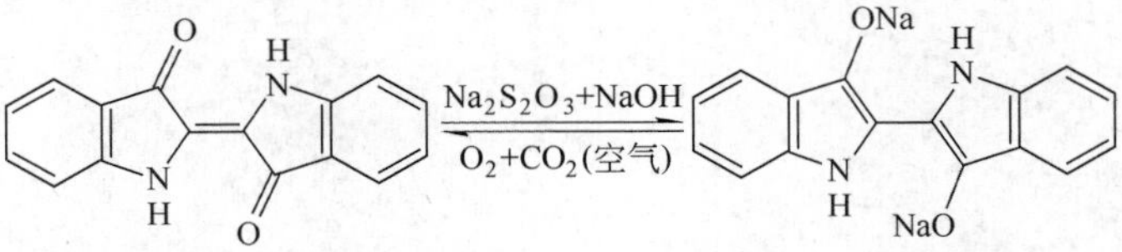

$$\text{(靛蓝)} \underset{O_2+CO_2(空气)}{\overset{Na_2S_2O_3+NaOH}{\rightleftharpoons}} \text{(3,3'-二ONa-2,2'-联吲哚)}$$

随着有机化学工业的发展，生产靛蓝早已不靠天然植物，而是用苯胺与氯乙酸或环氧乙烷合成[12]。

参 考 文 献

[1] 刘良．吲哚应用和生产技术［J］．精细化工基地信息通讯，1999(3)：12～13.

[2] 肖瑞华．煤焦油化工学［M］．北京：冶金工业出版社，2009：181～195.

[3] 王治靖．复杂吲哚类化合物的新合成方法研究［D］．杭州：浙江大学，2010：3～4.

[4] 刘瑞兴，张忆增．吲哚分离技术进展［J］．现代化工，1989(9)：18～21.

[5] 陈小平. 从煤焦油洗油中提取吲哚的研究 [D]. 武汉：武汉科技大学，2004：34 ~ 69.

[6] 张国富. 从煤焦油中分离回收吲哚的新方法 [J]. 燃料与化工，2011，42(1)：63 ~ 64.

[7] 坚谷敏彦，张国富. 吲哚的分离精制技术 [J]. 燃料与化工，2001，32(4)：224 ~ 225.

[8] 马欣娟，崔百芬，王科发. 吲哚分离和精制的工艺方法：中国，01142610 [P]. 2003 - 06 - 18.

[9] 李健，马希博，赵明，等. 一种生产吲哚的方法：中国，200610134606 [P]. 2007 - 06 - 06.

[10] 王仁远，吕苗，张海萍. 吲哚溶析结晶精制方法：中国，200410066251.6 [P]. 2006 - 03 - 15.

[11] 王仁远，吕苗. 吲哚加盐萃取分离方法：中国，200410066247.X [P]. 2006 - 03 - 15.

[12] 水恒福，张德祥，张超群. 煤焦油分离与精制 [M]. 北京：化学工业出版社，2006：205 ~ 214.

7 芴

1867年芴的发现者 Berthelot 在蒸馏粗蒽油的实验过程中，于300~310℃分离出了一种新馏分，用热乙醇重结晶新馏分后得到一种带有荧光的片状化合物，Berthelot 将它命名为芴[1]。工业上的芴是煤焦油的副产品之一，利用重质洗油为原料，直接进行精馏、洗涤、结晶，可得到纯度大于95%的工业芴。

7.1 芴的理化性质及用途

7.1.1 芴的理化性质

芴（fluorene）分子式为 $C_{12}H_{10}$，相对分子质量166.22，是一种无色结晶状的多环化合物，具有紫色荧光，通常由煤焦油馏出物制得，白色小片状晶体，不纯时有荧光，不溶于水，溶于乙醇、乙醚、苯、二硫化碳等[2]。芴的化学结构特征是一种特殊的联苯结构，即有一个亚甲基将两个苯环固定于一个平面上，与一般的联苯相比，结构上具有更强的刚性。由此也带来了很多其他性质的不同，如具有更好的热稳定性，具有更大的共轭吸收波长，具有更明显的光致发光（荧光和磷光）、电致发光现象。芴的结构式中两环之间的亚甲基由于受苯环的影响，其9位上的氢原子相当活泼；芴环失去一个质子后形成含有14个电子的体系，符合休克尔规则的芳香性，因而芴具有酸性，其 pK_a 为22.6（DMSO），因此可以把亚甲基看做是芴的化学活性作用点，可用于合成芴的功能性衍生物。芴9位上的氢具有一定的酸性，因此可以被碱金属取代，生成碱金属盐。芴的碱金属衍生物性质十分活泼，遇水、氧均立即分解，遇水之后立即分解成 NaOH、芴和少量二双苯乙烷，常用于作中间体制备其他芴基衍生物。例如可用于合成聚烷基芴衍生物单体，聚烷基芴的衍生物由于可用于制造发蓝光的二极管材料，因而具有广阔的应用前景。对于芳环体系，包括芴环结构，它们的吸收带都是由 $\pi-\pi^*$ 跃迁引起的，在紫外－可见光谱中有特征吸收带。芴的紫外可见光谱见图7－1。

7.1.2 芴的用途

芴作为原料主要用于医药、农药、合成染料、工程塑料等领域。如制造镇静药、镇痛药、降血压药、控制痉挛药；作为有机合成原料，可合成三硝基芴酮、

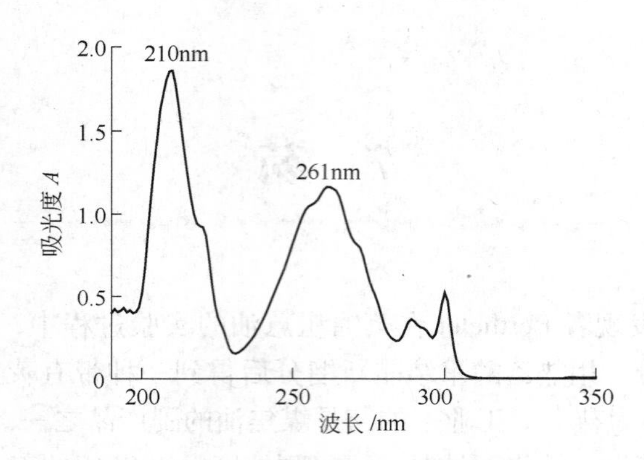

图 7-1　芴的紫外可见光谱

芳基透明尼龙等；作为热塑性树脂的原料，用于制造荧光燃料、抗冲击有机玻璃和芴醛树脂等[3,4]。

芴还可以用来生产洗涤剂、润湿剂、液体闪光剂、杀虫剂、感光材料和液晶化合物等。如9，9-双-(2-羧基乙基)芴可用来制备聚酰亚胺树脂，2-二羟基氨基乙酰芴酮可用作止痛剂和止痉挛剂，9-芴酮-2-羧基氨基醇酯可用作局部麻醉剂，2-二羟氨基甲基芴是止痉挛药、止痛药和降压药，5-芴甲酸是植物生产激素，双酚芴可作为高功能性聚合物的原料[5]。

以芴氧化制取的芴酮经还原、酯化生成双酚芴。双酚芴因具有优良的热稳定性、高透明性、高折射率等特性，已成为当今高性能材料、新型工程塑料的重要单体与改性剂。以双酚芴为初始原料合成的芴基二缩水甘油醚环氧树脂以及耐高温胶粘剂因具有良好的耐热性能而成为新世纪飞机结构材料、导弹弹头、发动机喷嘴、发动机狭槽衬垫、壳体等方面的优良原材料；作为改性剂合成的聚碳酸酯树脂，因具有优良的热稳定性、高透明性、高折射率等特性，成为目前使用的双酚 A 类产品最好的替代品，可用于光学仪器制造业、航天、汽车及电器等高科技领域。此外，双酚芴在电导体绝缘体、光电导体、高性能聚合体、各种膜和耐高温涂料等方面也具有良好的应用前景。目前，芴的这些应用技术只有日本、美国等少数国家掌握，我国尚处在实验室研制阶段，其关键技术指标还有待进一步提高[6~9]。

7.2　芴馏分提取

7.2.1　洗油精馏

洗油是一个多组分的混合体系，虽然这些物质在结构上和性质上有所差异，但是由于数量太大，沸点比较接近，并且许多物质之间能形成共沸物，因而给分离提取带来了困难，用普通蒸馏的方法很难把洗油的主要组分分离出来，所以必须采用精馏的方法。

7.2.2 精馏原理

蒸馏是将液体混合物一次汽化（或者是部分冷凝）的过程，只能起到部分分离的作用，这种方法只适用于要求粗分或初步加工的场合。显然要使混合物中的组分得到几乎完全的分离，必须进行多次部分汽化和部分冷凝的过程。

精馏是借助于分馏柱和回流技术来实现高纯度的分离操作，是应用最广泛的一种分离方法。精馏是利用挥发性不同的组分的多次汽化和冷凝使得组分在上升的过程中不断地接近它的气液平衡这一原理来实现组分分离的。部分汽化的次数越多，蒸气中低沸点被分离组分的含量越高。在热能驱动和相平衡关系的约束下，易挥发组分（轻组分）不断从液相往气相中转移，而难挥发组分却由气相向液相中迁移，从而使混合物得到不断分离，该过程中，传热、传质过程同时进行。精馏过程必须具备的条件是：（1）必须有气液两相充分接触的场所，即塔板或填料；（2）必须给精馏塔提供气相回流和液相回流；（3）接触的气液两相必须存在温度差和浓度差，即液相必须温度低、轻组分含量高，气相必须温度高、重组分含量高；（4）每层塔板上气液两相必须同时存在，而且充分接触。在精馏塔板上温度较高的气体和温度较低的液体相互接触时，要进行传热、传质，其结果是气体部分冷凝，形成的液相中高沸点组分的浓度不断增加。塔板上液体部分汽化，形成的气相中低沸点组分的浓度不断增加。但是这个传热和传质过程并不是无止境的，当气液两相达到平衡时，其组分的两相组成就不再随时间而变化。

实际上，精馏过程中气液两相一般是达不到平衡状态的。因为实际在最上塔板上气液两相的接触时间和接触面积是有限的。比如，气相中低沸点组分的浓度总是要比处于相平衡时气相中低沸点组分的浓度低一些，而平衡是塔板上气液两相传热和传质的极限状况（理想状况）。当实际情况与理想状况愈接近时，该板的分离效果愈好，所以塔板数越多的精馏塔，分离效果越好。

7.2.3 精馏条件的选择

由于洗油组分复杂，沸点相近，要把洗油中的主要组分尽可能地分离出来，就要选择合适的蒸馏条件，这一直是许多煤焦油化工研究者关心的问题。目前使用最多的就是精馏的方法，通过精馏可以将洗油中的各主要组分进行初步富集，然后再通过一些化学手段将它们精制。

7.2.3.1 用理论计算的沸点指导不同组分馏分段的截取温度范围

本研究在太原市进行，太原市由于海拔较高，气压略低于一个标准大气压，因此洗油各个组分的沸点均有所下降，所以有必要对洗油中的主要组分进行沸点计算，并以此为依据来指导洗油中各个组分的最佳精馏截取温度范围。太原地区大气压为 91.94 ~ 93.47kPa，平均为 92.75kPa，查手册得到氧芴的蒸发焓为 45.49kJ/mol，芴的蒸发焓为 53.12kJ/mol。

7.2.3.2　回流比的确定

塔内上升蒸气的速度大小，直接影响传质效果。一般地说，塔内最大的蒸气上升速度应比液泛速度小一些。工艺上常选择最大允许速度为液泛速度的 80%，速度过低会使塔板效率显著下降。回流比对洗油的分离效果也有很大影响。一般情况下，回流比越大精馏效果越好，在被分离组分的主馏分中组分纯度也就越高，但是精馏时间会越长，加热量和冷却介质的消耗量越大，操作成本增加。反之，回流比越小，精馏的效果越差，塔效率也会越低，不利于组分的分离，但操作成本降低。所以确定合适的回流比，既能保证组分含量较高，又能节约能源。

7.2.3.3　馏分段的截取

根据芴和氧芴的沸点，结合太原的大气压，计算出芴和氧芴的实际沸点，选取适当的回流比截取芴馏分段和氧芴馏分段。

7.2.3.4　洗油的一次精馏试验结果

分别采用 10∶1 和 20∶1 的回流比（R），常压下精馏洗油，截取不同温度段的馏分，称量不同馏分段的质量，对各个馏分段进行气相色谱分析，依据结果确定精馏洗油的较佳回流比和芴馏分、氧芴馏分的截取温度范围。

A　回流比 10∶1 的精馏结果

采用 10∶1 的回流比对洗油进行常压精馏，截取不同温度段的馏分，进行气相色谱分析。各组分含量随温度变化曲线见图 7-2（其中温度取值为每个温度段的中点）。

由图 7-2 可以看出，精馏洗油时随着温度的升高，各组分基本按照沸点由低到高的顺序依次馏出，而且在一定范围内各组分的含量经历由低到高再到低的过程。尽管各物质的沸点有一定程度的差异，但是沸点相邻的几个组分还是不能很好地分开。所以在截取某物质的馏分时要找到合适的温度范围，既保证足够大的收率又能尽量减少杂质的引入。此外，采用回流比 10∶1 时，氧芴和芴的分布都比较集中，从而能得到含量较高的芴馏分和氧芴馏分。由图 7-2 还可以看出，回流比为 10∶1 时各组分的含量随温度变化趋势如下：

（1）氧芴的前馏分是苊，后馏分是芴。随着温度段的升高，依次出现苊、氧芴和芴的主馏分段，而且它们的馏分段中大部分是三者的混合物。这是由于苊、氧芴、芴的沸点依次升高，且彼此相差 10℃ 左右，氧芴的馏分中不可避免地混杂着苊和芴，芴馏分中也有少量的苊和氧芴，通过精馏的方法不能分离开。

（2）苊和氧芴的含量都是先增大后减小，芴的含量则是一直增大，直至精

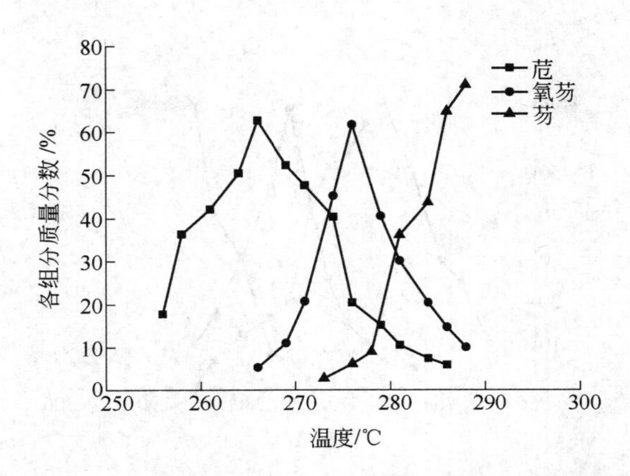

图 7－2 $R=10:1$ 时各组分含量随温度的变化曲线

馏结束。

（3）苊和氧芴的含量变化曲线相似，只是苊的曲线靠左一些，即苊含量的最高点温度比氧芴的最高点温度要低。苊含量变化曲线和氧芴含量变化曲线的交点（273.5℃）以前的温度范围内，苊的含量比较大；273.5℃以后的温度范围内氧芴的含量比较大。

（4）芴的含量随温度的升高一直增大，在 288.5℃时达到最大 71.81%。芴的含量变化曲线和苊、氧芴的含量变化曲线都有交点。在与氧芴的交点 281.5℃以后，芴的含量大于苊和氧芴的含量。

B 回流比 20：1 的精馏结果

以 20：1 的回流比进行洗油的常压精馏，截取不同温度段的馏分，进行气相色谱分析。回流比为 20：1 时，苊、氧芴和芴的馏分布规律基本与回流比 10：1 时一致。回流比 20：1 时，苊、氧芴和芴的含量对温度的变化曲线见图 7－3（其中温度取值为每个温度段的中点）。

由图 7－3 可以看出，回流比为 20：1 时各组分的含量随温度变化趋势如下：

（1）氧芴的前馏分是苊，后馏分是芴。随着温度段的升高，依次出现苊、氧芴和芴的主馏分段，而且它们的馏分段中大部分是三者的混合物。这是由于苊、氧芴、芴的沸点依次升高，且彼此相差 10℃左右，氧芴的馏分中不可避免地混杂着苊和芴，芴馏分中也有少量的苊和氧芴，通过精馏的方法不能分离开。

（2）苊和氧芴的含量都是先增大后减小，芴的含量则是一直增大，直到精馏结束。

（3）苊和氧芴的含量变化曲线相似，只是苊的曲线靠左一些，即苊含量的最高点温度比氧芴的最高点温度要低。苊含量变化曲线和氧芴含量变化曲线的交点（274℃）以前的温度范围内，苊的含量比较大；274℃以后的温度范围内氧

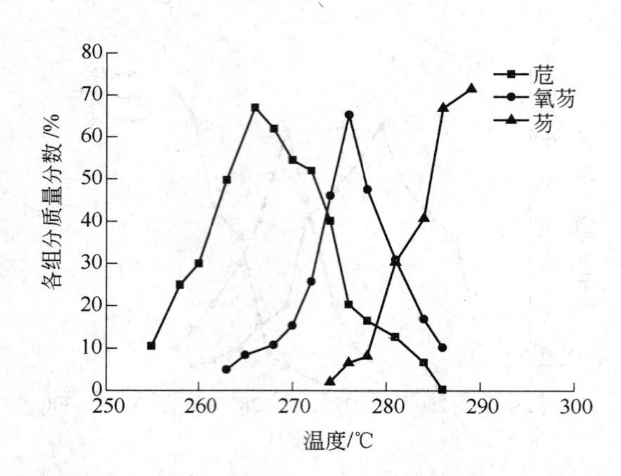

图 7－3　$R=20:1$ 时各组分含量随温度的变化曲线

芴的含量比较大。

（4）芴的含量随温度的升高一直增大，在 289℃时达到最大 72.22%。芴的含量变化曲线和苊、氧芴的含量变化曲线都有交点。在与氧芴的交点 281.5℃以后，芴的含量大于苊和氧芴的含量。

通过比较可知，在 10：1 和 20：1 两种回流比下，各种组分的分布规律基本一致，这也证明精馏操作及含量分析是正确的。在同一精馏柱的情况下，精馏过程中的组分含量和收率主要与回流比、采出温度有关。采出温度范围宽，组分含量低，收率高；采出温度范围窄，氧芴和芴含量高，有利于下步提纯，但收率低。回流比对生产能力和组分含量影响很大，回流比小，组分收率虽然高，但含量偏低，分离效果差；回流比大，组分含量高，收率亦有所提高，但精馏时间大大延长，生产能力下降。

鉴于回流比 10：1 和 20：1 时各馏分段的主要组分含量相差不大，考虑到热能消耗、仪器超长时间工作和时间消耗的问题，采用回流比 10：1 进行馏分富集更为经济[10]。

7.2.4　芴馏分的富集结果及截取馏分段的确定

回流比为 10：1 时，芴的质量随温度范围变化见图 7－4。

从图 7－4 中可以看到，芴主要分布在 280～290℃的馏分段。芴馏分的杂质主要是少量的苊和氧芴，此外还有极少量的沸点比芴高的甲基氧芴等物质。在确定芴的截取温度段时，主要考虑前馏分氧芴和后馏分甲基氧芴以及其他高沸点组分的混入。氧芴比芴的沸点低 10℃左右，几种甲基氧芴的含量不大，其中 1－甲基氧芴和 4－甲基氧芴的沸点是 298℃，与芴的沸点非常接近，2－甲基氧芴和 3－甲基氧芴的沸点在 304℃左右，常压精馏的条件下不容易被精馏出来，更容

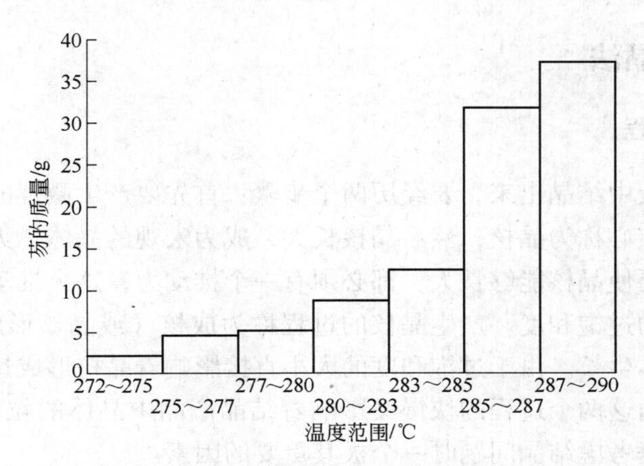

图 7-4 芴的质量随温度范围变化情况

易留在塔釜。塔釜中虽含有 >30% 的芴，但含甲基氧芴和其他高沸点不明物较多，因此截取馏分时不予考虑。芴的主馏分为 280 ~ 290℃，此温度范围比经过计算得到的在太原地区平均大气压下芴的沸点 292.5℃低，原因可能是芴与其他物质能形成共沸物使混合物的沸点低于纯组分的沸点。所以，确定芴馏分段的切取温度段为 280 ~ 290℃，在此温度段内芴的收率为 51.61%。此馏分分为高含量芴馏分和低含量芴馏分，分别进行处理。

7.2.5 低含量芴馏分的二次精馏

将低含量芴馏分（除去高含量馏分的芴馏分）进行第二次精馏，回流比为 10 : 1，截取各温度段馏分，利用气相色谱分析每个馏分中芴的含量，结果见表 7-1。

表 7-1 低含量芴馏分的精馏结果 （%）

温度范围		282 ~ 285℃	285 ~ 287℃	287 ~ 290℃
各组分含量	苊	7.25		
	氧芴	16.28	10.42	8.14
	芴	65.24	68.27	75.35

低含量芴馏分经过二次精馏可以转变为含芴 >65% 的高含量芴馏分，所以可以和一次精馏得到的高含量芴馏分合并，进行下一步的重结晶精制。经过计算，芴回收率为 75.12%。

在芴的提取精制过程中，首先通过蒸馏的方法切取芴主馏分，然后采用结晶法精制芴主馏分得到纯度较高的芴。常用的结晶法有冷却结晶法和溶剂结晶法。

7.3 溶剂结晶法

7.3.1 结晶过程

溶质从溶液中结晶出来，要经历两个步骤：首先要产生微观的晶粒作为结晶的核心，这些核心称为晶核；然后晶核长大，成为宏观的晶体。无论是要使晶核能够产生或是要使晶核能够长大，都必须有一个推动力，这个推动力是一种浓度差，称为溶液的过饱和度。产生晶核的过程称为成核（或晶核形成），晶核长大的过程称为晶体生长。由于过饱和度的大小直接影响着晶核形成过程和晶体生长过程的快慢，而这两个过程的快慢又影响着结晶产品中晶体的粒度及粒度分布，因此过饱和度是考虑结晶问题时一个极其重要的因素。

溶液在结晶器中结晶出来的晶体与余留下来的溶液构成的混合物，称为晶浆，通常需要用搅拌器或其他方法使晶浆中的晶体悬浮在液相中，以促进结晶过程，因此晶浆亦称悬浮体。晶浆去除了悬浮于其中的晶体后所余留的溶液称为母液。结晶过程的重要特性是产品纯度高，晶体是化学均一的固体。当结晶时，溶液中溶质或因其溶解度与杂质的溶解度有所不同而得以分离，或两者的溶解度虽相差不大，但晶格不同，彼此“格格不入”，也可互相分离。所以原始溶液虽含杂质，但结晶出来的固体非常纯洁，其原因就在这里。这也说明，结晶过程是生产纯净固体的最有效的方法之一。在结晶过程中，饱含杂质的母液是影响产品纯度的一个重要因素。黏附在晶体上的这种母液若未除尽，则最后的产品必然沾有杂质，降低纯度。一般是把结晶所得固体物质在离心机或过滤机中加以处理，并用适当的溶剂洗涤，以尽量除去黏附母液所带来的杂质。遇有若干该晶体聚结成为“晶簇”时，容易把母液包藏在内，而使以后的洗涤发生困难，也会降低产品的纯度。若在结晶时进行适度的搅拌，则可以减少晶簇形成的机会。母液黏附在晶粒上或包在晶簇中的现象，通常称为包藏。大而粒度一致的晶体比起小而粒度参差不齐的晶体来，它们所挟带的母液较少而且洗涤比较容易。但细小晶体聚结成簇的机会一般较少。由此可见，在结晶过程中，产品粒度及粒度分布对产品纯度也有很大影响。

结晶过程中成核现象占有举足轻重的位置。成核现象可以清楚地分为三种形式：初级均相成核、初级非均相成核及二次成核。溶液在不含外来物体的情况下自发地产生晶核的过程叫做自发成核或初级均相成核；在外来物体（例如来自大气的微尘）诱导下的成核过程，称为初级非均相成核；二者统称为初级成核，以区别于二次成核。在溶液中含有被结晶物质的晶体的条件下出现的成核现象，不论机理如何，统称为二次成核。二次成核的主要机理是接触成核，即晶核是晶体与其他固体接触时所产生的晶体表层的碎粒。

在工业结晶器中的成核现象大都属于接触成核，特别是晶体与搅拌螺旋桨或叶轮之间的碰撞而产生的晶核占有较大的分量。工业结晶过程中常常遇到的困难在于晶核的生成速率过高，从而使晶体产品的粒度及粒度分布不合格。降低晶核生成速率，消除已经产生的过量晶核，这是在结晶器的结构上需要认真考虑的问题[11]。

7.3.2 溶解度和溶液的过饱和

7.3.2.1 溶解度

结晶过程的产量决定于固体与其溶液之间的平衡关系。任何固体物质与其溶液相接触时，如溶液还未达到饱和，则固体溶解，如溶液已过饱和，则该物质在溶液中超过饱和的那一部分迟早要从溶液中沉淀出来。但如果溶液恰好达到饱和，则既没有固体溶解，也没有溶质从溶液中沉淀出来，此时固体和它的溶液处于相平衡状态。所以，要想使固体溶质结晶出来，必须首先设法使溶液变成过饱和，或者说必须设法产生一定的过饱和度作为推动力。

固体与其溶液之间的这种相平衡关系，通常可用固体在溶剂中的溶解度来表示。物质的溶解度与它的化学性质、溶剂的性质及温度有关。一定物质在一定溶剂中的溶解度主要是随温度而变化，在一般情况下，压力的影响可以不计。因此，溶解度数据通常用溶解度对温度所标绘的曲线来表示。溶解度最方便的计量单位是采用1(100)份质量的溶剂中溶解多少份质量的无水物溶质。由于一律按无水物来表示溶解度，所以即使对于具有几种水合物的溶质，也不致引起混乱，且使用脱溶质的溶剂为基准，也使计算有可能得到简化。文献中提供的溶解度数据也往往以每分子或每升溶液中含有多少无水物溶质的分子数为单位。

7.3.2.2 超溶解度

溶液含有超过饱和量的溶质，称为过饱和溶液。在适当条件下，人们能相当容易地制备出过饱和溶液来。这些条件概括说来是：溶液要纯净，未被杂质或尘埃所污染；溶液降温时要缓慢，避免使溶液受到搅拌、震荡、超声波等的扰动或刺激。溶液不但能降温到饱和温度以下不结晶，有的溶液甚至要冷却到饱和温度以下很多度才能结晶。

7.3.2.3 结晶

结晶法适于分离共沸混合物、沸点相近的混合物及热不稳定性物质。结晶焓一般要比蒸发焓低得多，操作温度通常比蒸馏过程更接近环境温度，因而能量消耗也大大降低，具体见表7-2。

陈新[12]研究了从重质洗油中提取工业芴的工艺，其工艺流程如图7-5所示，以含芴20%~30%的重质洗油为原料，利用高效填料塔（多用丝网填料），通过间歇蒸馏分段切取小于5%的氧芴，将大于60%的芴主馏分置于计量槽中，

表 7－2　某些物质的结晶焓与蒸发焓

物质名称	结　晶		蒸　馏	
	熔点/℃	结晶焓/kJ · kg^{-1}	熔点/℃	蒸发焓/kJ · kg^{-1}
苯	5. 53	126	80. 1	394
邻甲酚	30. 8	115	191	410
间甲酚	10. 9	117	203	423
对甲酚	36. 5	110	202	435
酚	40. 9	121	182. 2	441
联苯	69. 2	109	255. 2	324
萘	80. 3	149	218. 05	324
菲	100. 5	102	340. 2	297
蒽	218	162	339. 9	297
咔唑	246	176	354. 8	337

再将芴主馏分和溶剂二甲苯以一定的比例置于反应釜中加热，全溶后降温结晶，结晶混合物经过滤器、离心机，使工业芴结晶体与二甲苯残液分离而得工业芴。二甲苯残液通过间歇蒸馏釜负压蒸馏，生产出二甲苯。二甲苯循环使用，釜渣（含芴 50% 左右）回配原料重洗，回收利用。

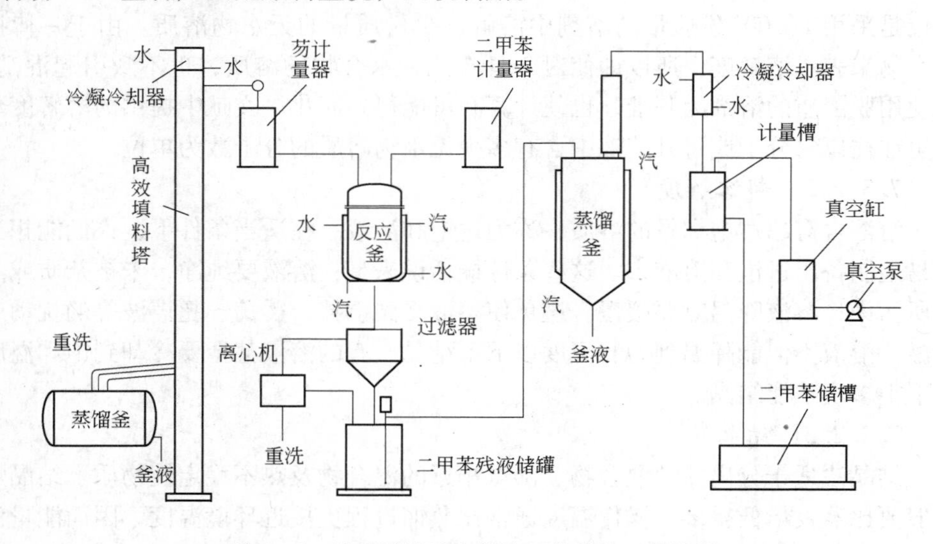

图 7－5　从重质洗油中提取工业芴的工艺流程

工艺特点：避免了芴馏分重结晶，简化了操作，降低了劳动强度；离心分离代替了真空抽滤，确保了成品质量；溶剂回收装置的使用，免去了溶剂来回运费及委托加工费用，确保了安全生产，同时可回收部分芴。

洗涤过程中，二甲苯与芴主馏分配比的确定及结晶终温的确定是影响收率的主要参数。洗涤结晶过程是对芴再一次提纯的过程，配比及结晶终温必须在确保提纯后工业芴质量合格的前提下，收率最高。二甲苯残液是在一定的温度下，对氧芴、芴、1－甲基氧芴、2－甲基氧芴饱和的二甲苯溶液，多一份二甲苯，就多一份芴的消耗。结晶终温的确定要兼顾质量与收率两方面，温度高、质量好时，收率低；温度低、质量差时，收率高。

贾春燕等人[13]研究了不同溶剂对结晶的影响，操作步骤为：在结晶器内加入一定量的溶剂，按比例加入一定量的溶质；开启搅拌装置和恒温水浴，缓慢升温，直至溶质全部溶解；以一定的降温速率降温，达到一定过饱和度时，加入一定量的晶种；当温度降到结晶终温时，停止降温，真空过滤溶液，用滤液洗涤一次滤饼；真空干燥滤饼，称重，取样进行色谱分析。

选用甲醇、乙醇、甲苯、邻二甲苯、正丁醇5种试剂分别作溶剂，95%工业芴为原料进行实验，结果见表7－3。

表7－3 应用不同溶剂结晶的产品纯度与收率 （%）

溶 剂	收 率	纯 度
甲醇	56.38	97.46
乙醇	75.00	97.35
甲苯	68.46	97.68
邻二甲苯	80.00	97.14
正丁醇	94.18	97.11

由表7－3可知，甲醇、乙醇、甲苯、邻二甲苯、正丁醇分别作溶剂时，所得结晶产品收率几乎是依次增大，且相差较多。虽然产品纯度呈减小趋势，但都处于97.1%～97.7%之间，相差并不是很多，所以以收率作为主要影响因素，应选择正丁醇作为溶剂。

对几种溶剂所得产品进行扫描电镜分析，结果表明，甲醇、乙醇、正丁醇作溶剂所得晶体均为片状晶体，且由正丁醇作溶剂所得晶体晶形最规整，粒度比较均匀；由甲苯和邻二甲苯作溶剂所得晶体均为花状。

吕苗等人[14]研究了上海宝钢化工公司从自产的原料芘油中提取芴，原料中芴含量和溶剂配比对芴产品纯度和收率影响显著。原料中的芴含量越高，芴产品纯度和收率越高，溶剂用量越多，产品纯度越高，但收率越低。表7－4列出了溶剂二甲苯不同配比对产品纯度和收率的影响。从表中可以看出，当原料芴与溶剂比为1：0.4时，产品纯度和收率为最好。

表 7－4　溶剂配比对产品纯度和收率的影响　（%）

芴与溶剂比	原料芴含量	产品纯度	芴收率
1∶0.8	53.67	88.9	25.5
1∶0.7	50.35	87.7	23.3
1∶0.6	48.32	84.6	23.5
1∶0.5	41.69	77.3	23.8
1∶0.4	72.23	91.9	51.9

将一次精馏出来的高含量芴馏分和经过二次精馏后低含量芴馏分合并，进行正交试验。芴馏分中的主要杂质是苊、氧芴和少量的甲基氧芴。根据芴在不同溶剂中的溶解度和溶剂的性质，选择乙醇和甲苯分别重结晶高含量芴馏分，65℃下溶解，匀速降温至30℃，趁热过滤，分析晶体组成，试验结果见表 7－5。

表 7－5　不同溶剂重结晶高含量芴馏分的试验结果　（%）

高含量芴馏分含量	溶剂	溶剂与芴馏分比例	纯度	收率
67.25	乙醇	0.8∶1	83.16	48.83
67.25	甲苯	0.8∶1	91.27	53.42

由表 7－5 可以看出，甲苯的重结晶效果明显优于乙醇。同时考虑芴馏分的组成，芴和苊是非极性物质，而氧芴和甲基氧芴为极性物质。因此本方案先用非极性溶剂甲苯对芴馏分进行溶剂结晶（主要去除非极性杂质），然后用极性溶剂（乙醇或甲醇）对晶体进行洗涤（主要去除极性杂质）。

根据本方案的影响因素和相关水平设计正交试验，采用 $L_9(3^4)$ 正交表进行试验。根据本试验的特点，选择适当的影响因素和相应水平。*A* 为溶剂甲苯与芴馏分的质量比例，*B* 为结晶终温（℃），*C* 为降温速率（4℃/min），*D* 为搅拌速度（r/min），各因素的水平顺序均为随机产生，各因素水平的选择见表 7－6。

表 7－6　本试验的因素水平表

水平	溶剂与芴比例(*A*)	结晶终温(*B*)/℃	搅拌速度(*C*)/$r \cdot min^{-1}$	降温速率(*D*)/$℃ \cdot min^{-1}$
1	0.8∶1	25	300	0.3
2	0.6∶1	28	200	0.5
3	1∶1	30	400	0.2

采用 $L_9(3^4)$ 正交表进行了 9 次对比试验，试验的安排以及试验结果见表 7－7。

表 7－7　$L_9(3^4)$ 正交试验表及试验结果

<table>
<tr><th colspan="2">试验号</th><th>A</th><th>B</th><th>C</th><th>D</th><th>纯度/%</th><th>收率/%</th><th>纯度×收率/100</th></tr>
<tr><td colspan="2">1</td><td>1</td><td>1</td><td>1</td><td>1</td><td>90.14</td><td>55.46</td><td>49.99</td></tr>
<tr><td colspan="2">2</td><td>1</td><td>2</td><td>2</td><td>2</td><td>90.45</td><td>54.27</td><td>40.09</td></tr>
<tr><td colspan="2">3</td><td>1</td><td>3</td><td>3</td><td>3</td><td>91.23</td><td>55.37</td><td>50.51</td></tr>
<tr><td colspan="2">4</td><td>2</td><td>1</td><td>2</td><td>3</td><td>92.56</td><td>56.34</td><td>52.15</td></tr>
<tr><td colspan="2">5</td><td>2</td><td>2</td><td>3</td><td>1</td><td>92.61</td><td>55.59</td><td>51.48</td></tr>
<tr><td colspan="2">6</td><td>2</td><td>3</td><td>1</td><td>2</td><td>93.46</td><td>55.68</td><td>52.04</td></tr>
<tr><td colspan="2">7</td><td>3</td><td>1</td><td>3</td><td>2</td><td>93.48</td><td>53.59</td><td>50.10</td></tr>
<tr><td colspan="2">8</td><td>3</td><td>2</td><td>1</td><td>3</td><td>93.67</td><td>54.34</td><td>50.90</td></tr>
<tr><td colspan="2">9</td><td>3</td><td>3</td><td>2</td><td>1</td><td>94.45</td><td>53.96</td><td>50.97</td></tr>
<tr><td rowspan="3">纯度/%</td><td>极差 R</td><td>9.78</td><td>2.96</td><td>0.19</td><td>0.26</td><td colspan="3" rowspan="9">综合考虑纯度与收率，
确定优方案为 $A_2B_3C_2D_3$</td></tr>
<tr><td>因数主次</td><td colspan="4">$A>B>D>C$</td></tr>
<tr><td>优方案</td><td colspan="4">$A_3B_3D_3C_2$</td></tr>
<tr><td rowspan="3">收率/%</td><td>极差 R</td><td>5.72</td><td>1.19</td><td>0.93</td><td>2.51</td></tr>
<tr><td>因数主次</td><td colspan="4">$A>D>B>C$</td></tr>
<tr><td>优方案</td><td colspan="4">$A_2D_3B_1C_1$</td></tr>
<tr><td rowspan="3">纯度×收率/100</td><td>极差 R</td><td>2.03</td><td>1.19</td><td>0.93</td><td>2.51</td></tr>
<tr><td>因数主次</td><td colspan="4">$A>B>C>D$</td></tr>
<tr><td>优方案</td><td colspan="4">$A_2B_3C_2D_3$</td></tr>
</table>

溶剂与芴馏分的质量比例是影响纯度和收率的最主要因素，溶剂用量越大，产品纯度越高，而收率越低。这是因为溶剂用量大时，溶解的杂质也越多，溶剂对杂质有较大的溶解度，更多的杂质被过滤到滤液中，因而纯度较高；而溶剂量越大、时间越长时，所溶解的目标产品也会相应增加，相应的结晶出来的产品就会减少。

7.3.2.4　溶剂洗涤

甲苯重结晶后得到粗芴的纯度只有 93%，需要再进行提纯。由于其中的杂质主要是极性的氧芴和甲基氧芴，所以采用极性溶剂进行洗涤提纯。根据溶剂的物性，选取甲醇、乙醇为备选洗涤溶剂进行筛选。表 7－8 是 30℃下，甲醇、乙醇以相同的溶剂与芴馏分比例洗涤粗芴的结果。

从表 7－8 可以看出，相同的溶剂配比条件下，乙醇的洗涤效果较好，纯度和收率都比较高，而且乙醇价格便宜，毒性较小，所以选择乙醇作为粗芴的洗涤溶剂。用乙醇作洗涤溶剂，以不同的溶剂与粗芴质量比洗涤粗芴晶体，洗涤后得到晶体的纯度和收率结果见表 7－9。

表 7－8　甲醇和乙醇洗涤粗芴的结果　　(%)

粗芴含量	溶剂	比例	纯度	收率
93.35	甲醇	0.5：1	97.06	87.24
93.35	乙醇	0.5：1	97.53	88.92

表 7－9　不同比例的乙醇溶剂洗涤粗芴的结果　　(%)

粗芴含量	溶剂	溶剂与粗芴质量比	纯度	收率
93.62	乙醇	0.3：1	97.46	89.12
93.62	乙醇	0.5：1	97.58	88.37
93.62	乙醇	1：1	97.89	86.44

从表 7－9 可以看出，0.3：1 的乙醇与粗芴质量比效果比较好，既节约溶剂，又可以得到较高的纯度和收率，所以选择 0.3：1 作为最佳比例。以乙醇为溶剂洗涤粗芴，溶剂与粗芴的质量比为 0.3：1，得到含芴 >97% 的精芴，测量熔点为 115℃。

7.3.3　冷却法

冷却法的结晶过程基本上不去除溶剂，而是使溶液冷却降温，成为过饱和溶液。此法适用于溶解度随温度的降低而显著下降的物系，即图 7－6 中溶解度特性以曲线Ⅳ为代表的那些物系，它们具有较大的 $dC^*/d\theta$ 值。

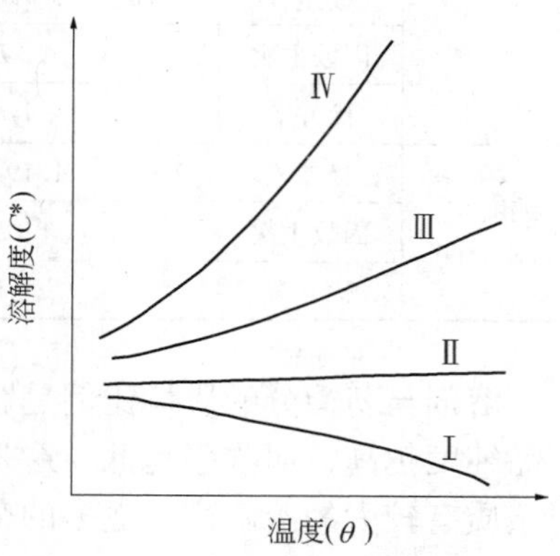

图 7－6　溶解度曲线的分类

冷却的方法可分为自然冷却、间壁冷却及直接接触冷却。自然冷却是使溶液在大气中冷却而结晶，其设备构造及操作均较简单，但冷却徐缓，因而生产能力低，且难于控制产品质量，在较大规模的生产中已不被采用。间壁冷却是应用广泛的工业结晶方法。

在几种结晶方法中冷却法结晶消耗能量较少，但冷却传热面的传热系数较低，所允许采用的温差又小，故一般多用在产量较小的场合，或生产规模虽较大但其他结晶方法不合算的场合。

7.3.4　三相结晶

这里的重结晶法又称三相结晶法，水既不与溶剂互溶，又不溶解结晶，而在溶剂与晶体间作为一个中间层，它具有以下作用：(1) 控制着扩散在水相和溶剂相中的结晶核的形成与成长，使它达到所要求的均匀尺寸，不至于过大而夹带杂质；（2）有助于增加液固比，从而便于带有晶体的母液输送和处理；（3）根据相对密度差，晶体在水层下，有机溶剂母液在水层上。故母液与晶体容易分开；（4）溶剂量只取决于粗制品中的杂质含量，可以用少量的溶剂达到最高的产品收率和最好的精制效率。此法一般用于结晶温度高于水的冰点和溶剂相对密度小于1的场合。

目前溶剂结晶法提纯产品的应用较为广泛。该法是先用溶剂将粗芴加热溶解，再降温结晶、分离、干燥，得到纯度较高的芴。降温结晶时，搅拌速度、降温速度和结晶终点温度都会对晶体的形成和晶体的纯度与收率产生一定的影响。芴在一些溶剂中的溶解度见表 7 – 10。

表 7 – 10 芴在一些溶剂中的溶解度 (g/100mL)

溶剂＼温度/℃	10	20	30	40	50	60	70	80
乙醇	1.32	1.82	2.30	3.10	4.27	6.40	9.85	16.6
甲苯	17.74	21.00	30.01	42.13	46.03	84.03	121.70	183.10
吡啶	16.28	24.40	33.28	47.12	66.70	95.24	138.40	208.20

龚俊库[15]利用溶剂结晶法制取精芴，试验过程中所利用的工业芴的纯度为94.66%，其主要杂质是氧芴和甲基氧芴。试验时先称取工业芴 200g，倒入装有溶剂的三口烧瓶中，边搅拌边加热使工业芴全部溶解，再在搅拌下缓慢降温，直至达到预定的终温。静止一段时间后进行抽滤，滤液经蒸馏回收溶剂，滤饼经烘干后作为一次结晶的产品，经称量后再用气相色谱仪测定一次产品的纯度。然后，将一次产品按上述步骤进行重结晶操作。工业芴在甲苯中全部溶解后，结晶过程中采用了自然降温和匀速降温两种方式，在其他操作参数相同的条件下，不同降温方式下的试验结果见表 7 – 11。

表 7 – 11 不同降温方式的试验结果 (%)

降温方式	结晶产品的含芴量				
	一次	二次	三次	四次	五次
自然降温	96.76	97.80	98.43	98.84	99.13
匀速降温	97.47	98.72	99.14		

从表 7 – 11 可以看出，若要将工业芴精制成纯度大于 99% 的精芴，采用自然降温方式需重结晶五次，而匀速降温只需重结晶三次即可达到，因此，推荐采用匀速降温方式。一般情况下，匀速降温与自然降温比较，匀速降温有利于产品

质量的提高，这是因为若采用自然冷却，则在结晶过程前期会出现过饱和度峰值，在过饱和度曲线内，不可避免地要发生自发成核，从而引起产品粒度分布的恶化。只有将结晶尽量控制在介稳区内，才能避免这种情况的发生。因此，在试验或实际生产中，要求产品达到一定质量要求，一般采用程序降温结晶。采用程序匀速降温时，一般控制降温速率开始时较慢，降温一段时间后速率变快。

不同结晶终温对产品纯度也有影响，结晶终温与使用的冷却介质相关联，在溶剂和其他操作参数相同的条件下，产品纯度随结晶终温的升高而提高，这表明结晶温度越高，溶解的杂质量就越多。但产品的收率却随结晶终温的升高而下降，这表明随着结晶温度的提高，芴的溶解度就越大，析出的结晶就越少。综合考虑，结晶温度宜选用15℃（见表7－12）。

表7－12　不同结晶终温的试验结果

结晶终温/℃	产品纯度/%	产品收率/%
5	97.27	86.1
15	97.47	81.6
25	97.54	77.1
35	97.59	73.5

降温速度对产品纯度基本没有影响，产品收率则随降温速度的增加而减小，这是因为降温速度太快时，传热时间短，溶液的实际温度未能达到要求的终温而导致收率偏低，表7－13列出了在溶剂和其他操作参数相同的条件下，不同降温速度的试验结果。

表7－13　不同降温速度的试验结果

降温速度/℃·min^{-1}	产品纯度/%	产品收率/%
0.1	97.48	75.3
0.2	97.42	79.2
0.3	97.48	81.2
0.6	97.44	81.1
1.3	97.44	79.7

芴与溶剂不同配比所得试验结果不一样，表7－14中列出了在溶剂和其他操作参数相同的条件下，工业芴与三种溶剂（体积）比的对比试验结果。溶剂量大的结晶效果好，因为溶剂量大时，溶解的杂质就越多。

表 7－14 不同配比的试验结果

艻与溶剂配比（g：mL）	结晶产品的含艻量/%			
	一次	二次	三次	四次
1：0.8	97.47	98.42	98.72	98.90
1：1	97.47	98.72	99.14	
1：1.2	97.58	98.79	99.11	

7.4 溶剂萃取

溶剂萃取是一种相间传质过程，其关键是溶剂的选择。选择溶剂的依据最主要的是溶剂的选择性。溶剂的选择性可用分配系数和分离系数表示。分配系数可定义为：在萃取体系达到平衡时，被萃取物（A）在萃取相（O）中的浓度与原料液（W）的浓度之比，用 D 表示：

$$D=\frac{[\mathrm{A}]_{\mathrm{O}}}{[\mathrm{A}]_{\mathrm{W}}} \tag{7-1}$$

分配系数表示在一定条件下萃取剂的萃取能力。D 值越大萃取能力越强，即被萃取物越容易进入萃取相中。D 值一般由实验测定，萃取体系不只是将某一组分从原料液中提取出来，更重要的是将各种组分分开。为了定量表示某种萃取剂分离原料中两种物质的难易程度，而引入分离系数。分离系数可定义为：在一定条件下进行萃取分离时，被分离的两种组分的分配系数的比值，常用 β 表示：

$$\beta=\frac{D_{\mathrm{A}}}{D_{\mathrm{B}}}=\frac{[\mathrm{A}]_{\mathrm{E}}[\mathrm{B}]_{\mathrm{R}}}{[\mathrm{A}]_{\mathrm{R}}[\mathrm{B}]_{\mathrm{E}}} \tag{7-2}$$

式中 $[\mathrm{A}]_{\mathrm{E}}$，$[\mathrm{A}]_{\mathrm{R}}$——A 组分在萃取相和萃余相的浓度；

$[\mathrm{B}]_{\mathrm{E}}$，$[\mathrm{B}]_{\mathrm{R}}$——B 组分在萃取相和萃余相的浓度。

β 值大小表示物质分离效果的好坏。β 值越大，分离效果越好，即萃取剂对某物质的选择性越高。当 $D_{\mathrm{A}}=D_{\mathrm{B}}$ 时，即 $\beta=1$ 表明该种萃取剂不能将 A 和 B 分离开来。影响溶剂萃取效果的因素主要有溶剂的结构和性质、溶质的结构和性质及萃取温度等。溶剂和溶质的结构和性质对互溶性的影响实质就是溶剂和溶质分子间相互作用的影响。只有当溶液中的溶剂和溶质分子间引力 A－B 大于纯化合物 A－A、B－B 分子间的引力，某化合物 A 才能溶解于某溶剂 B 中。一般的规律是：非极性有机化合物溶解在极性较小的溶剂中效果最好；离子化合物和极性共价化合物在极性溶剂中表现出更大的溶解倾向性；不溶于水的离子固体化合物几乎也不溶于非极性溶剂。利用表 7－15 可以预测化合物溶解度的高低。

表 7－15 溶解度和极性的关系

溶质 A	溶剂 B	相互作用			A 在 B 中的溶解度
		A－A	B－B	A－B	
非极性	非极性	弱	弱	弱	可能高
非极性	极性	弱	强	弱	可能低
极性	非极性	强	弱	弱	可能低
极性	极性	强	强	强	可能高

极性溶剂系指偶极矩大、介电常数高的溶剂，它们具有很强的溶剂化倾向。介电常数低的有机溶剂，特别是非极性溶剂，即使是弱的相互作用也能生成络合物，其相互作用分为氢键类型、电荷转移类型和配位类型，其中以氢键类型为主。氢键对于一些物质的溶解起着重要作用。溶剂－溶剂间、溶剂－溶质间以及有时溶质－溶质间都能生成氢键。氢键对化合物的溶解度有影响。表 7－16 给出了常见的氢键化合物。

表 7－16 生成氢键的化合物

氢键酸		氢键碱	
原子	示例	原子	示例
F	氢氟酸	F	氟化氢、氟离子
O	羧酸、水、醇、肟	O	羧酸、水、醇、酰胺、酮、醛、醚、醋
N	氨、胺（除叔胺外）	N	氨、胺、吡啶

烯烃、炔烃、芳香烃及其取代物，它们具有可供 π 分子轨道共有的电子，称 π 电子给予体，由 π 给予体生成的络合物属于电荷转移类型，通常称作 π 络合物。由于生成了 π 络合物，将使萃取效果有微小增加。

卤素、胺类、醚类和醇类，它们具有可供孤对电子，称孤对电子给予体。由孤对电子给予体生成的络合物，属于配位类型，通常称作配位络合物。生成配位络合物，将有利于实现某些化合物的萃取过程。

另外“相似溶解”的规律可用溶解度参数 δ 来判断。溶解度参数平方表示内聚能密度，可由下式计算而得：

$$\delta^2 = \frac{\Delta H - RT}{M/\rho} \tag{7-3}$$

式中 ΔH——蒸发潜热；

R——气体常数；

T——绝对温度；

M——相对分子质量；

ρ——密度。

液体的蒸发潜热和表面张力，都是度量液体分子内作用力的标志。如果两种物质分子间的力是色散力，则对于它们之间的混合和溶解可以表示如下：

$$\Delta H_{溶解} = V\varphi_1\varphi_2(\delta_1 - \delta_2)^2 \quad (7-4)$$

式中 φ_1，φ_2——组分1和组分2的体积；

V——混合物的体积。

当 δ_1 和 δ_2 的值相接近时，溶解热接近于零，则两种物质混合比较理想；当 δ_1 和 δ_2 的值相差较大时，溶解热大，则两种物质可能互不相溶。这样就得到一条准则：具有相似溶解度参数的物质互溶。另外，两种溶剂若其中一种溶剂的 δ 值高于溶质的 δ 值，另一种溶剂的 δ 值低于溶质的 δ 值，则此两种溶剂的混合物比单独溶剂的溶解效果好。表7－17给出了一些溶剂的溶解度参数。

表7－17 溶剂的溶解度参数 δ 值

溶剂	$\delta_{实验}/J^{\frac{1}{2}}\cdot cm^{-\frac{3}{2}}$		溶剂	$\delta_{实验}/J^{\frac{1}{2}}\cdot cm^{-\frac{3}{2}}$	
	上限	下限		上限	下限
烃类			1－溴萘	21.0	
乙烷	14.8	14.9	1，1，2－三氟－1，2，2－三氯乙烷（氟利昂113）	14.8	
庚烷	15.2		酮类和醛类		
辛烷	15.6		丙酮	20.0	20.5
环己烷	16.7		2－丁酮	19.0	
苯	18.5	18.8	环己酮	19.0	20.2
甲苯	18.2	18.3	甲基苯甲基酮	19.8	
邻二甲苯	18.4		3,5,5－三甲基环乙烯－2－酮－1（异佛尔酮）	19.9	
间二甲苯	18.0		乙醛	20.1	
对二甲苯	17.9	18.0	丁内酯（4－羟丁酸内酯）	26.2	
苯乙烯	18.0	19.0	苯甲醛	19.2	21.3
1，2，3，4－四氢化萘	19.5		醇类		
十氢化萘	18.0		甲醇	29.2	29.7
卤代烃			乙醇	26.0	26.5
二氯甲烷	19.9		丙醇－1（正丙醇）	24.4	24.5
1，2－二氯甲烷	20.0		丙醇－2（异丙醇）	23.6	
1，1，1－三氯甲烷	17.5		丁醇－1	23.1	23.3
氯苯	19.5		戊醇－1	21.7	

续表 7－17

溶 剂	$\delta_{实验}/J^{\frac{1}{2}}\cdot cm^{-\frac{3}{2}}$		溶 剂	$\delta_{实验}/J^{\frac{1}{2}}\cdot cm^{-\frac{3}{2}}$	
	上限	下限		上限	下限
苯酚	25.6		乙酸酐	21.3	22.2
苯甲醇（苄醇）	22.1	24.8	含氮化合物		
乙二醇	29.1	33.4	丙胺	18.4	
丙二醇	30.3		苯胺	22.6	24.2
丁二醇	29.0		2－羟基乙胺（氨基乙醇）	33.7	
丙三醇（甘油）	33.8	43.2	硝基乙烷	22.7	
2－甲氧基乙醇（甲基溶纤剂）	24.7		硝基苯	20.5	
2－乙氧基乙醇	24.3		乙腈	24.1	24.5
醚类			二甲基甲酰胺	24.9	
乙醚	15.2	15.6	1，1，3，3－四甲基脲	21.7	
丁醚	15.9		吡啶（氮苯）	21.7	21.9
四氢呋喃	19.5		吗啉(1,4－氧氮杂环已烷)	21.5	
二恶烷	19.9	20.5	2－吡咯酮	28.4	
1－氧－2，3－环氧丙烷	21.9		N－甲基－2－吡咯烷酮	22.9	
酯类			含硫化合物		
碳酸乙二酯	29.6	30.9	二甲基硫	18.4	
甲酸乙酯	19.2	19.6	二乙基硫	17.3	
乙酸乙酯	18.6		二硫化碳	20.4	20.5
乙酸丁酯	17.3	17.4	二甲基亚硫砜	26.5	26.7
乳酸丁酯	19.2	19.8	其他化合物		
乙酸－2－乙氧基乙酯（乙酸溶纤剂酯）	19.7		磷酸三乙酯	22.3	
酸类			氧化三（二甲胺）磷	23.3	
甲酸	24.9	25.0	水	47.9	48.1
乙酸	13.8	25.0			

7.5 熔融结晶

7.5.1 熔融结晶简介

大多数石油化工、精细化工等过程产物都含有副产品、溶剂或其他杂质的混合物，产品均需分离或提纯。比较不同的分离方法，新型的熔融结晶技术独具特点：低能耗，结晶相转变潜能仅是精馏的1/3～1/7；低操作温度；高选择性，可制取高纯或超纯（≥99.9%色谱纯产品）产品；较少环境污染。由于近90%的有机化合物为低共熔型，与其余的固体溶液相比，用熔融结晶法更易于分离。70%的化合物熔点在0～200℃，只有10%左右低于0℃。这意味着大多数有机化合物的结晶，不需使用昂贵的深度冷冻剂。在目前的有机化工领域中，新型的熔融结晶技术愈来愈多地用于分离与提取高纯有机产品，特别是难分离的同分异构体、热敏性物质、共沸物系、提取超纯组分等；在国外已广泛用于分离芳香族混合物、脂肪酸、焦油等复杂物系以及生化物质提纯等[16]。国际上利用熔融结晶方法提纯有机物质的工业实例见图 7－7。

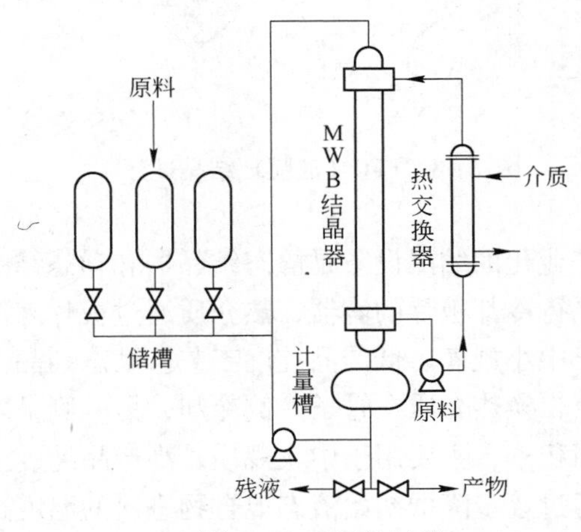

图 7－7 MWB 过程

在国际上已工业化的熔融结晶装置，目前分为复合式悬浮结晶型和逐步冻凝型。对比这两类结晶装置，前者较适合大规模（万吨级）生产，但具有设备结构复杂，放大难度高，应用分离物系有局限性等缺点；后者虽然适用于中、小规模生产，但却克服了其他的缺点。以图 7－8 所示天津大学开发的液膜结晶设备为例，它具有较高分离效率，可生产高纯或超纯物质，适合于多产品分离，结构无运转件，宜于放大，并且具有随时开停车的灵活性，已成功应用于4200t/a 邻位与对位二氯苯的生产。目前在国际上这些装置也已成功地应用于分离多种难分离的芳香族混合物，如从同分异构体等混合物中分离高纯或超纯的对二氯苯、对硝基氯苯、醚、醛、精萘等产品，达到年产千吨至万吨级的规模。这种新型塔式结晶装置开发历史短，各国皆为专利技术，设计模型很少报道，全部需要依靠计算机辅助控制，以实现最优化的操作参数或操作时间表。目前这类设备在国内很少应用，具有广阔的开发前景。

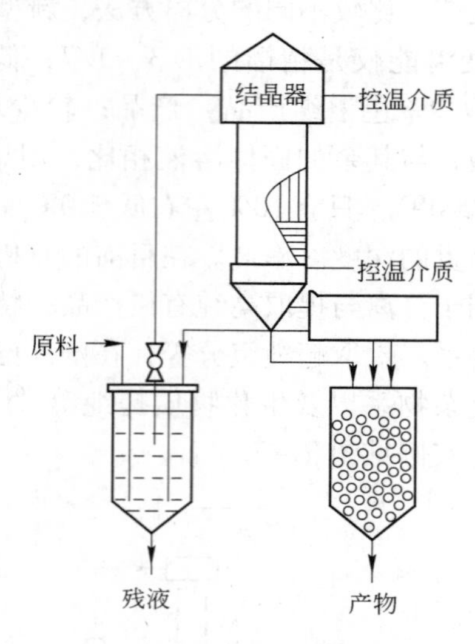

图 7-8　FFC（液膜）结晶过程

目前常见的两种工业化的结晶设备是静态结晶器和动态结晶器。静态结晶器是一个内部包含很多平行冷却板片的容器，热介质通过板片来循环，产品晶体在板片上积聚，主要用于中小规模、低产品纯度工艺。动态结晶器同管壳式换热器一样，内部有 1 个管束，换热介质在管子一侧冷却，另一侧呈降膜状态的工艺流体产品晶体在管子表面积聚，主要用于中大规模、高产品纯度工艺[17]。

熔融结晶工艺是通过逐步降低初始液态混合物进料的温度达到部分结晶来实现的，结晶析出的固体相具有与残液相不同的化学组成，这种现象就是熔融结晶工艺的基本物理原理。

结晶工艺一般由连续重复的一定操作级数组成，每一操作级都是一部分进料输送至结晶器，然后转化成组分不同的产品和残液，每一级包括 3 个阶段：

（1）结晶。形成了一个杂质质量分数比初始原料低的结晶层，一个杂质质量分数比初始原料高的残液相。

（2）部分熔融。为了提高晶体层的纯度，换热介质的温度应根据设定的时间温度函数谨慎提高，使结晶层逐渐受热，含杂质较高的晶体优先熔融下来，当熔融的“汗液”从晶体层上流下来时，对黏附的残液也进行了置换和冲洗。

(3) 全部熔融。在后期结晶器中所有纯化物料都呈液相。

图 7-9 为三级动态熔融结晶工艺的典型流程。

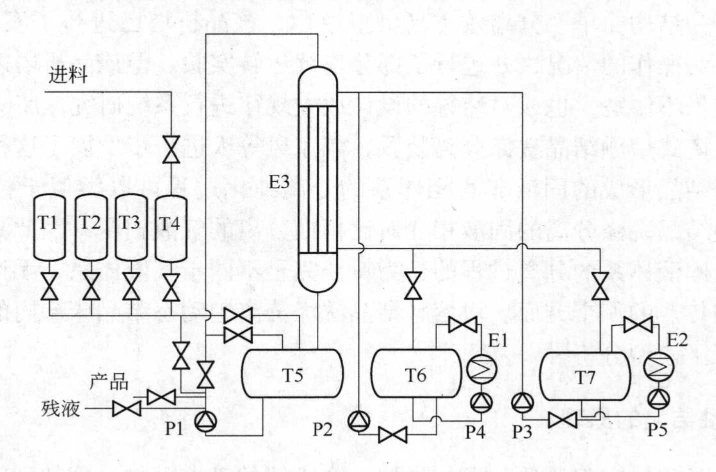

图 7-9 动态结晶工艺典型流程

E1, E2—换热器; E3—动态结晶器; T1 ~ T4—中间储罐;

T5—收集罐; T6—冷介质储罐; T7—热介质储罐; P1 ~ P5—泵

图 7-10 为由 3 台并联运转的静态结晶器组成的典型流程。

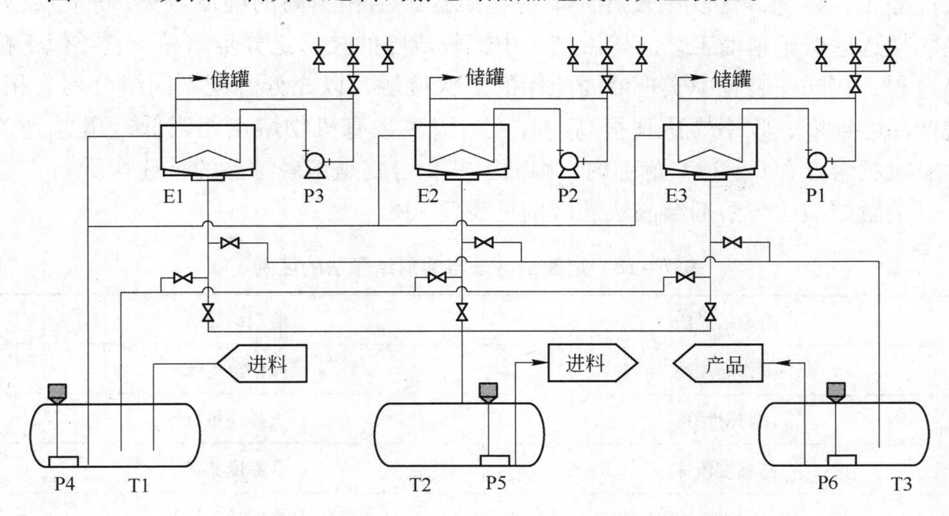

图 7-10 静态结晶工艺典型流程

E1 ~ E3—静态结晶器; T1—原料和汗液储罐; T2—残液罐; T3—产品储罐; P1 ~ P6—泵

目前，已经开发并实现了工业应用的熔融结晶分离装置主要有 Philips 结晶器、Brodie 结晶器、KCP 结晶器和 FFC 液膜结晶器等。但是这些结晶器都是针对某些特定的分离体系的。日本的松冈正邦提出了一种通用型连续多级倾斜晶析塔，该晶析塔是针对那些固液密度差较小、结晶粒子沉降性能差的有机体系而设计的，被认为结构简单、分离效率高。报道称，该晶析塔已进行了实验室试验，研究了全返流操作的情况，并进行了部分连续运转实验。但该晶析塔内的精制纯化过程机理仍不清楚，也未对装置的设计放大规律进行系统研究。Niro 公司提出了一种填料塔式熔融结晶洗涤分离装置，赖家凤等人进一步发展了这种概念，认为通过降温结晶形成的固液非均相体系的分离纯化过程可以类似于精馏塔的过程，以熔融结晶洗涤分离的固液相变对比精馏分离的气液相变，因此具有普遍的意义。涉及固液体系的分离过程的行为特征完全不同于气液体系，无论是流体流动、传质和传热的哪个方面。对熔融结晶洗涤分离中动态结晶床层内的流动和传递行为进行了模型分析[18]。

7.5.2　熔融结晶的原理

熔融结晶的原理很简单，即如果把一个不纯的已熔融物质冷却到凝固点，移去热源，部分物质就凝固。对大多数系统来说，固体是纯物质，杂质浓缩在残留熔融物中，称为残渣。净化产物从残渣中分离回收并可再次熔融。

对于组分沸点差较小，而熔点差别较大的有机混合物的分离提纯，熔融结晶法优势尤其显著，可以比较容易地将物质提纯到相当高的纯度（99.99%），并且能耗远远低于精馏工艺。熔融结晶中比较成熟的技术是分步结晶。它类似于精馏过程，在同一装置中实现液固二相的多次接触，以充分分配不同组分到二相，使产品的纯度、收率均达到很高的程度。大多数有机物熔点相当低，超过 70% 的有机物熔点在 0～20℃范围内，因而这些化合物是熔融结晶的首选物质。

熔融结晶法与溶剂结晶法的区别见表 7－18。

表 7－18　熔融结晶法与溶剂结晶法的区别

熔融结晶法	溶剂结晶法
操作温度高	操作温度低
选择性好	选择性更好
高黏度流体	低黏度流体
晶格成长速度适中	晶格成长速度快
设备紧凑、小巧	设备较大
没有溶剂回收	需要溶剂回收
环境问题少	可能有环境问题

熔融结晶从熔体中生长晶体有两种情况，即正常凝结过程和区域熔化过程，见图 7－11。

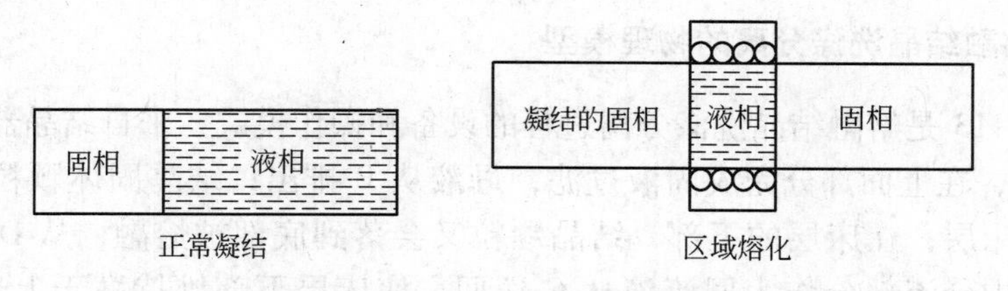

图 7－11 从熔体中生长晶体示意图

区域熔化结晶技术具有低能耗、低操作温度、高选择性和较少环境污染的优点。主要用于制备超纯物质，还可分离多组分混合物、共沸混合物和热敏性混合物。煤焦油组分很多是低共熔型的，很适合用区域熔化结晶（或熔融结晶）法分离。区域熔化过程结晶固体与其熔体之间的平衡，可以用溶质溶剂体系的二元相图上的两条线表示（见图 7－12），用平衡分凝系数 K_0 可以方便地阐明固液平衡的特点。K_0 定义为：当固液两相处于平衡时，固体中的溶质浓度 C_S 与熔体中的溶质浓度 C_L 的比，即 $K_0 = C_S/C_L$。

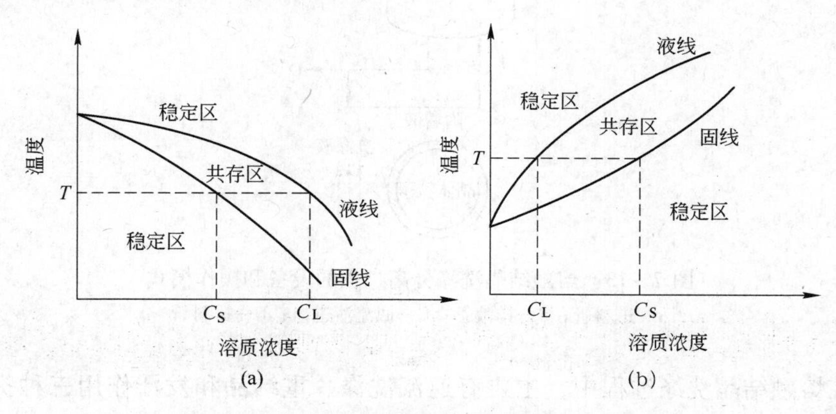

图 7－12 溶质溶剂系统的固线液线关系

（a）$K_0 < 1$；（b）$K_0 > 1$

K_0 取决于材料体系的特性。对于确定的体系，除溶质浓度很低外，K_0 通常随浓度而变化。

由图 7－12(a)可见，$K_0 < 1$ 时，即固体排拒溶质，随着溶质浓度的增加，体系的平衡温度降低。由图 7－12(b)可见，$K_0 > 1$ 时，即固体排拒溶剂，随着溶质浓度的增加，体系的平衡温度升高。当 $K_0 = 1$ 时，表示是一个纯物质体系。当凝固时，晶体和熔体中的溶质浓度，将分别沿固线和液线向下移动。显然，区域熔化之所以能达到提纯的目的，是由于固相和液相之间溶质浓度分布不平衡。因此，当溶质的分布达到稳态平衡时就获得了最大的提纯，或称最终分布[19]。

7.5.3　熔融结晶洗涤分离的物理模型

图 7－13 是熔融结晶洗涤分离过程的设备和操作模式：来自结晶器的悬浮液从 A 进入，在上面部分完成固液过滤，母液从 B 排出；结晶固体颗粒下落，在中部形成床层；在床层的下部，结晶颗粒又会落到底部被熔融，从 D 排出；排出熔融液中分流部分作为回流液从 C 送回，使床层下部维持高于上部的压力，确保一定比例的熔融液能从下部向上流动，对床层进行洗涤。注意，这个床层是动态固定的，即上部不断有结晶颗粒落在床层上，下部不断有洗净纯化的结晶颗粒落下并熔化。

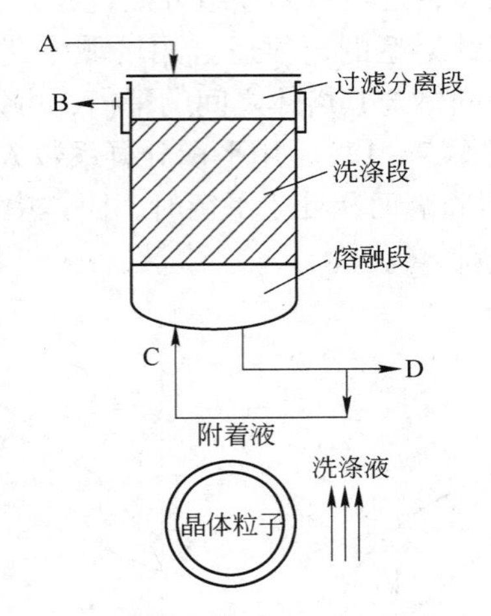

图 7－13　熔融结晶洗涤分离过程的设备和操作模式

A—进料管；B—排液管；C—回流液进口；D—排料管

在熔融结晶洗涤过程中，主要有逆流洗涤、重结晶和发汗作用三种提纯机理。由于固相中的扩散极低，重结晶和发汗的作用很小，逆流洗涤是此过程的主要传质机理。

7.5.4　洗液通过结晶床层的流动模型

流体在颗粒床层纵横交错的空隙通道中流动，受密集而细小的颗粒表面阻力作用，流速的方向与大小时刻变化，一方面使流体在床层截面上的流速分布趋于均匀，另一方面使流体产生相当大的压降。输送母液和洗液所选用的泵等是依据床层的总压力降而定的，因此压降是分离塔中的重要的参数。假设结晶颗粒是球形，且在洗涤过程中仍保持球形。由于晶层是动态固定的，因此可以把它看做固定床层来建立模型。以下按滤饼洗涤原理建立模型。晶层的压降由康采尼方程计算。

（1）康采尼方程为

$$\Delta p = KL\frac{s^2(1-\varepsilon)^2}{\varepsilon^3}\mu u \tag{7-5}$$

式中 K——康采尼常数，其值为5.0。

（2）生产能力 w_p 的计算。所谓生产能力就是刮刀每秒钟刮削的晶体质量。一片刮刀所刮削的晶体体积为

$$V = \left[\frac{\pi}{4}(L+d)^2 - \frac{\pi}{4}d^2\right]\delta = \frac{\pi}{4}[(L+d)^2 - d^2]\delta \tag{7-6}$$

式中 L——刮刀开口处长；

d——与转轴连接的通孔直径；

δ——刮刀厚度。

由于熔融洗涤分离塔内有两片刮刀，因此，两片刮刀每转一次所刮削晶体的质量为

$$m = 2\rho V \tag{7-7}$$

设转轴转速为 n，则

$$w_p = m \times n = 2\rho n V \tag{7-8}$$

式中，w_p 的单位为 kg/s。

（3）晶层压降的计算。洗液体积流量满足

$$Q_w \geqslant \frac{w_p}{\rho}\frac{\varepsilon}{1-\varepsilon} = \frac{2nV\varepsilon}{1-\varepsilon} \tag{7-9}$$

设洗涤比为 λ，则洗液体积流量为

$$Q_0 = \lambda\frac{2nV\varepsilon}{1-\varepsilon} \tag{7-10}$$

则

$$u_0 = \frac{Q_0}{A} = \lambda\frac{2nV\varepsilon}{(1-\varepsilon)A} \tag{7-11}$$

1）速度分布的计算。假设速度分度为线性分布，且边界条件为

$$z=0, u=u_0=\lambda\frac{w_p}{\rho A}\frac{\varepsilon}{1-\varepsilon}, z=L, u=0$$

由上述假设和边界条件，求得速度分布为

$$u_z = u_0\left(1-\frac{z}{L}\right) = \lambda\frac{2nV}{A}\frac{\varepsilon}{1-\varepsilon}\left(1-\frac{z}{L}\right) \tag{7-12}$$

2）将瞬时速度 u_z 代入方程（7-5），得到床层某一高度 z 的压力降 Δp_z 为

$$\Delta p_z = 5L\frac{s^2(1-\varepsilon)^2}{\varepsilon^3}\mu u_z = 10L\frac{s^2(1-\varepsilon)}{\varepsilon^2}\mu\lambda\frac{nV}{A}\left(1-\frac{z}{L}\right) \tag{7-13}$$

（4）床层晶体的重力压降为

$$p_g = \rho g(L-z) \tag{7-14}$$

（5）晶层的压力分布。设母液进口压力为 p_a，则压力分布为

$$p_z = p_a + p_g + \Delta p_z = p_a + \rho g(L-z) + 5\lambda L\frac{s^2(1-\varepsilon)}{\varepsilon^2}\frac{\mu w_p}{\rho A}\left(1-\frac{z}{L}\right) \tag{7-15}$$

7.5.5　熔融结晶法提纯芴

熔融结晶法由于不需使用溶剂、绿色环保而在有机物的分离提纯方面备受重视，但目前关于采用熔融结晶法提纯芴的报道不多，仅有周天行等人和杨可珊等人分别进行了一些尝试实验。他们分别以 50% 的工业芴为原料，在实验室中采用熔融结晶法研究了粗芴的制备过程，得到了纯度为 63% 的粗芴。这些工作对于采用熔融结晶法进一步提纯芴的研究有一定指导意义。

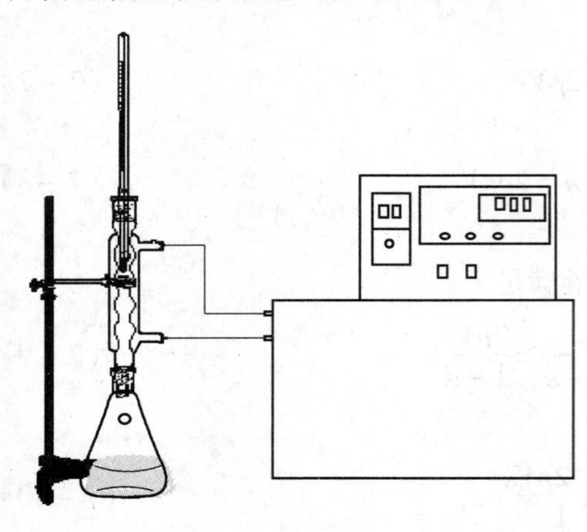

图 7－14　熔融结晶实验装置

贾春燕等人[20]研究了采用熔融结晶法制备精芴的可行性，实验考察了熔融结晶过程中操作条件对产品收率和纯度的影响，以找出优化的工艺条件，为熔融结晶法制备精芴的工业应用提供依据。

研究所采用的原料为鞍钢实业化工公司提供的工业芴，其中含芴 95%，主要杂质为 2－甲基氧芴，含量 2.8%。实验装置如图 7－14 所示。套管式结晶器的内管直径为 30cm，有效体积为 100mL，可装原料 110g 左右。结晶器中温度由 TPc－8000D 型超级恒温油浴槽和结晶器夹套循环系统控制，并通过水银温度计读取（精度为 ±0.1℃）。恒温油浴槽带有智能控制模块，可分段控制降温收率。采用气相色谱法分析产品纯度。

熔融结晶过程分为冷却结晶操作和发汗操作两个阶段。首先将粉状的固体工业芴加入结晶器内管，油浴槽温度调至 130℃。待结晶器中原料完全熔融后，降低油浴槽温度，使结晶器内温度降至稍高于物料对应熔点温度（约 115℃）。稳定一段时间后，进行冷却结晶操作，即通过智能模块控制油浴温度，使结晶器中物料按设定的速率线性降温，一般降温至 112℃左右时结晶器内出现晶体，熔液温度会有回升现象（0.3℃左右），当结晶器内温度降至终点后，打开结晶器底

阀将母液放出，称量并分析含量。随后进行发汗操作，即逐步提高油浴温度，使粗晶体部分熔化而使杂质以汗液形式排出，发汗过程中随时取汗液样称量分析。当在一个温度下发汗达到平衡后，再升高温度进行下一级发汗操作，直到发汗终点（113℃左右），发汗时间约4h。最后提高温度至130℃，使晶体全部熔化，收集后称量分析。样品分析采用气相色谱法。

7.5.5.1　降温速率对粗晶体收率及纯度的影响

结晶过程中芴粗晶体的收率和纯度随降温速率的变化关系见表7－19。由表可看出，随着降温速率的变小，粗晶体收率有所提高，但收率提高的幅度越来越小，而粗产品的纯度呈现先升高后下降的趋势。收率的提高是由于降温速率小时在特定的温度区间内结晶时间长，使结晶过程较接近其平衡状态；但结晶时间越长，结晶过程推动力越小，结晶速率越慢，因此结晶收率的提高越来越不明显。至于粗产品纯度随降温速率的变小呈现先升高后下降的趋势，其原因比较复杂。一方面，降温速率的减小使晶体生长速率变慢，有利于固液两相界面处杂质向液相中传递，使粗晶体纯度提高；但另一方面，随着结晶率的提高，液相中杂质含量越来越高，使后来析出的晶体中杂质含量也增加，导致粗晶体纯度下降。

表7－19　不同降温速率下粗晶体纯度与收率

降温速率/℃·min^{-1}	纯度/%	收率/%
0.1	96.24	40.33
0.067	97.16	52.17
0.05	96.83	61.6
0.04	95.24	63.84

7.5.5.2　结晶终温对粗晶体收率及纯度的影响

对不同的结晶终点温度对结晶过程的影响做了对比，结果见表7－20。由表可看出，随着结晶终温的提高，所得产品的纯度升高，收率降低。因为结晶温度越高，结晶出的晶体越少，收率越低，相应包藏在晶体中的杂质也越少，纯度就越高。

表7－20　不同结晶终温下的产品收率和纯度

结晶终温/℃	纯度/%	收率/%
105	95.94	69.1
108	96.2	50.99

7.5.5.3　发汗升温速率对结晶的影响

在发汗过程中，发汗升温速率是影响发汗收率的重要因素。在熔融结晶中，发汗速率不宜过快，发汗步长不宜过大，发汗时间相对要长，这样才有利于传质及固液的充分分离，从而达到固液平衡。在粗晶体纯度相同，发汗终温为113℃的条件下，以不同的发汗升温速率进行发汗实验，结果见表7－21。由表可以看出，升温速率越快，所得产品纯度越低，收率越高，与理论推测结果一致。

表7－21　不同升温速率下产品的收率和纯度

升温速率/℃·min^{-1}	纯度/%	收率/%
0.05	97.14	49.2
0.02	97.36	23.45

7.5.5.4　发汗终温对产品收率与纯度的影响

在其他实验条件相同的情况下，考察发汗终温对结晶产品纯度及收率的影响，结果见表7－22。由表可知，发汗终温越高，所得产品纯度越高，但相应的收率会降低。当发汗终温为115.5℃时，收率已经很低。因为该温度已超过芴的熔点，所有固体均熔化形成汗液。此外，从表7－22还可以看出，发汗温度虽然已经接近或超过芴的熔点，但产品纯度仍只有97.3%，收率却已经很低。因此，综合考虑纯度和收率两种指标，发汗终温以113℃为宜。

表7－22　不同发汗终温下产品的收率和纯度

发汗终温/℃	纯度/%	收率/%
112	95.94	69.1
113	97.14	49.2
114	97.36	23.4
115.5	97.38	3.2

另外，实验过程中从开始发汗每30min取一次汗液样品进行分析，比较发现，随着发汗温度的升高，相同时间内汗液量逐渐增多，且汗液中芴的含量也依次升高。

7.6　芴的深加工

芴酮（9－fluorenone）是重要的有机合成原料，可以通过工业芴氧化制得，所采用的方法主要有气相氧化法和液相氧化法。气相氧化法对反应设备、催化剂和反应温度要求高，而液相氧化法反应设备相对简单，反应温度低，催化剂用量少，反应过程易于控制。因此液相氧化法制备芴酮得到人们的关注。

7.6.1　液相氧化法制备芴酮

芴的结构式中两环之间的亚甲基由于受苯环的影响，其上的氢原子相当活跃，可以被碱金属取代生成碱金属盐。当芴与氧化剂和足够强的碱接触时，可以从亚甲基上脱出一个质子，形成阴碳离子。通常认为芴的氧化过程是一个离子化过程，溶剂的作用不只是使反应物溶解，更重要的是溶剂可以和反应物发生各种相互作用。如果选择合适的溶剂，就可以使主反应显著的加速，并且能有效地抑制副反应。另外，溶剂还会影响反应历程、反应方向和立体化学等。

郭兆寿等人[21]研究了液体喷射环流反应器在液相催化氧化制备芴酮中的应用。液体喷射环流反应器具有强化反应过程的气液传质、温度控制稳定和反应系统密闭的特点，在无气体生成的气液氧化反应过程中，能够加快由传质控制的气液反应的反应速率，提高生产效率，降低原料消耗，可以实现反应过程的尾气零排放。以液体喷射环流反应器为氧化反应装置，进行了工业芴液相催化氧化制备芴酮的相关实验研究。

在确定氧化过程控制步骤的基础上，通过改变物料循环速率、反应温度、催化剂用量和溶剂含水量等因素，摸索出了较为合理的工艺条件，为液体喷射环流反应器在该氧化过程中的工业化应用提供了依据。氧化反应装置见图 7－15。

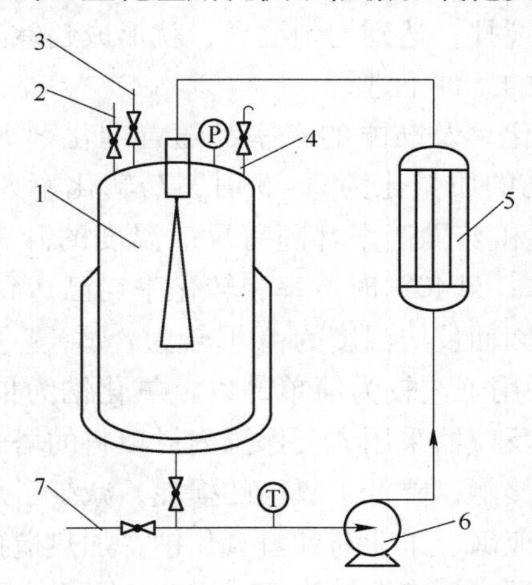

图 7－15　氧化反应装置示意图

1—反应器；2—进料口；3—进气口；4—排空口；
5—换热器；6—循环泵；7—出料口

实验方法为在二甲基亚砜中加入芴和氢氧化钠，加热至45℃，使芴完全溶解；将料液投入到环流反应器中，开启循环泵，通入氧气反应。反应过程中，通过调节反应器的保温夹套和换热器的导热油温度，使反应温度稳定在 40～45℃，反应至 0.5～1h，基本不消耗氧气时，反应结束。放料，析出晶体，得到粗芴酮。

反应过程中，通过测定初始芴浓度 C_0 及反应过程中芴浓度 C_A 的变化，作

芴浓度 C_A 与时间 t 的曲线，根据曲线特征，判定该氧化反应级数。

该研究表明，芴氧化制备芴酮的氧化过程控制步骤为气液传质控制，液体喷射环流反应器液相催化氧化芴制备芴酮的工艺可行。反应最佳条件为：物料循环速度为35次/h，反应温度40~45℃，催化剂与芴的质量比0.003，溶剂质量分数控制低于5%，反应时间0.5~1.0h。芴酮收率最高达到98.67%。

胡鑫等人[22]研究了采用液相氧化法，用吡啶作溶剂，用强碱KOH作催化剂，用空气氧化制取芴酮。该实验采用的吡啶属于非质子极性溶剂，具有吸质子性。由于其C—H键未被十分强烈地激化，因而不能起到氢键给予体的作用。然而，由于孤对电子的存在，它通常是良好的EPD（电子给予体）溶剂，也是良好的阳离子溶剂化试剂。凡是用碱催化的反应都是由碱中心从反应物上拉去一个质子 H^+，或者向反应物中加入一个负氢离子 H^-，形成阴碳离子这一步开始的。碱催化反应在非质子性溶剂中具有加速反应的作用。所有的阳离子，在非质子极性溶剂中都是比质子性溶剂中强得多的碱。许多反应只有在这种超碱溶液中才能发生。另外，超碱环境也可以使这些反应在更为温和的条件下进行。固体KOH粉末在吡啶溶剂中通过搅拌，达到均匀混合，就形成超碱溶液，可使芴氧化生成芴酮的反应在比较温和的条件下进行。

研究表明，芴的转化率及芴酮的产率都随着催化剂KOH用量增大而增加，当催化剂KOH与原料芴的质量比为2∶5时，芴转化率大于99%，芴酮的产率大于98%。芴的转化率和芴酮产率都随着反应温度的升高而增大，20℃时转化率和产率均在70%左右，到40℃时产率和转化率均已达到98%以上。若温度再高，溶剂挥发损失大，因而反应温度为40℃较为合适。

周建荣[23]研究了采用工艺较为简单的以氢氧化钠为催化剂并用工业氧作氧化剂制取芴酮的方法。反应器采用夹套保温内衬填料的塔式反应器，由于使用填料而使气液两相能充分接触，降低了氧气的损耗，减少了反应时间。实验过程中在溶解釜中投入二甲基亚砜、工业芴和氢氧化钠，加热搅拌溶解，然后放入有夹套保温的塔式填料反应器内。在温度为50~100℃的条件下，工业氧由反应器底部通入。反应液经冷却、分离得到粗芴酮，液体再经减压蒸馏可回收溶剂并得到部分粗芴酮。粗芴酮经区域熔化法精制，得到纯度大于98%以上的黄色片状9-芴酮。

影响氧化反应过程的因素有：

（1）氧气流量的控制。液相催化氧化，反应在气液相接触界面上进行，氧气流量的大小直接影响反应结果。流量增大，单位体积反应液发生反应的摩尔数增多，反应时间会缩短，反应过分激烈，高沸点物会增加；而流量太大，将导致氧的吸收不完全，增加尾气排放量，既不经济也不安全。当氧气流量为 $1m^3/h$ 时，芴酮的产率达到最高点，过低或过高的氧气流量均会影响芴酮的产率，当通入的氧气流量小时，反应不完全，而通入过量的氧气则容易使药发生深度氧化而产生副产物，并使芴酮的产率下降。

（2）催化剂用量对反应的影响。催化剂量的多少对芴氧化反应没有太大的影响，当催化剂过量时将对产品颜色带来影响，这是因为催化剂遇到溶剂颜色会变成玫瑰红；催化剂用量太少会降低氧化反应速度而使反应不完全。

（3）反应温度对反应的影响。反应温度大于65℃或低于50℃都会影响芴酮产率，这是因为，温度过低时，芴的氧化反应速度较低，单位时间内生成的芴酮量较少；同时芴的氧化反应为放热反应，因此，过高的反应温度会使反应的平衡向反应物方向移动，不利于芴的氧化，使芴酮产率偏低。故反应温度在50～65℃之间，芴酮的产率较理想。

（4）溶剂纯度对反应的影响。氧化反应的特点是以自由基为载链体，如在反应系统中有干扰引发反应或导致载链体自由基消失的杂质存在，会使反应速度明显下降，甚至停止反应。而水的存在会阻抑反应的进行，氧化速度随着水含量的增加而降低，最终使反应转化率明显下降，所以控制溶剂中的水含量不大于3%，有利于反应正常进行。

该方法具有反应温度低、反应过程容易控制、反应装置简单、芴酮产率高和一次性投资低等优点，基本无三废，适合于工业化生产。

7.6.2 气相氧化法制备芴酮

气相催化氧化通常要通过下列过程进行：（1）反应物氧和芴分子在催化剂表面和孔内扩散；（2）反应物氧和芴分子在催化剂表面吸附；（3）被吸附在催化剂表面上的反应物分子相互作用或与气相氧分子反应；（4）反应产物从催化剂内表面脱附；（5）反应产物在孔内扩散并扩散到反应气流中去。

气相氧化法反应温度比液相氧化法的高，一般均大于330℃，容易产生深度氧化，催化剂的制造过程比较复杂，但该法可实现连续化作业，生产成本低，无废液产生，是理想的工业化方法。

龚俊库[24]使用以浸涂方法制成的钒钛催化剂，进行了工业芴气相催化氧化法制取芴酮的试验，取得了理想的效果。试验选用纯度93.64%的工业芴，其主要杂质为氧芴和甲基氧芴。图7－16为试验装置示意图，汽化器为内径22mm，有效长度725mm的玻璃管，冷却器用镀锌铁板制成，靠空气进行自然冷却。

试验期间，首先打开电源，同时通入压缩空气使熔料器温度升至130℃，汽化器温度升至200℃，氧化器温度升至400℃，待催化剂活化2h后，将各部位的温度降至所需的水平。再用托盘天平称取原料芴15g倒入熔料器中熔化后，调节旋塞让原料液以一定速度滴入汽化器中，下滴速度宜控制在原料芴能被压缩空气及时雾化。投料操作结束后，还应继续通空气半小时，然后关闭电源，停止通入

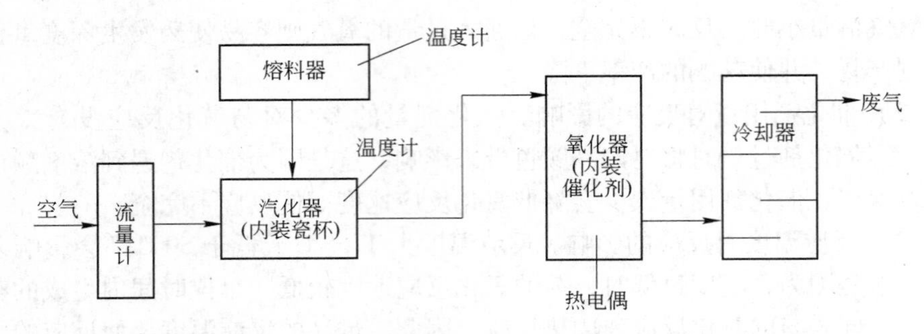

图 7-16　气相催化氧化法制取芴酮的试验装置

空气。3 种催化剂情况下芴酮的纯度及收率见表 7-23。

表 7-23　不同催化剂的最佳试验结果　（%）

名　称	产品纯度			产品收率
	苯酐	芴	芴酮	
钒钛催化剂	16.01	0.92	80.45	56
钒锡钾催化剂	12.21	0.78	84.74	48
钒锡催化剂	20.75	0.72	76.86	48

由表 7-23 可知，前两种催化剂的效果较好，使用钒锡钾催化剂时，芴酮在产品中的净含量为 41%，而使用钒钛催化剂时的芴酮净含量为 45%，说明钒钛催化剂的活性要高于钒锡钾催化剂，因此，选用钒钛催化剂较合适。

随着温度的升高，产品中的苯酐含量随之升高，芴的含量有所下降，结果见表 7-24。这是因为温度越高，越有利于氧化反应的顺利进行，致使参与反应的芴增多，过氧化产物苯酐也随之增加。据此，根据产品中芴酮的净含量，将氧化温度优选为 340℃。

表 7-24　不同氧化温度下的试验结果

氧化温度/℃	产品纯度/%			产品收率/%
	苯酐	芴	芴酮	
320	5.57	5.52	85.31	50
330	10.10	2.16	84.26	52
340	16.01	0.92	80.45	56
350	23.20	0.31	74.74	45

研究最后得出，以纯度 93.64% 的工业芴为原料，在内装钒钛催化剂的氧化器中，当投料量控制在 15g/h、氧化温度为 340℃、空气量为 0.7m^3/h 时，可获

得纯度80%的芴酮，收率为56%，进一步提纯后，可得纯度96%的芴酮，产品总收率可达40%。

熊裕堂等人[25]研究气相氧化法制备芴酮。实验以氢氧化钾作催化剂，用空气氧化芴制芴酮，在少量氢氧化钾催化剂存在下，空气中氧气可以将芴定量地氧化成芴酮。研究分为催化剂、溶剂，空气的净化，芴酮的制备，产物鉴定4个步骤。表7-25列出了影响芴酮产率的因素。

表7-25 影响芴酮产率的因素

实验编号	投料量			氢氧化钾加入方式	反应温度/℃	反应时间/h	芴酮产量/g	产率/%
	芴/g	二甲基亚砜/mL	氢氧化钾/g					
1	50	200	0.2	一次加入	55	4	45.5	92.9
2	25	100	3	一次加入	60	4	12.0	48.9
3	25	100	0.03	一次加入	50	4	6.1	24.9
4	50	200	0.43	以50%水溶液分四次加入	55	3.5	45.4	92.6
5	25	100	0.15	一次加入	45	5	45.0	91.8

高桥典[26]发明的气相法制备芴酮的专利，是一种通过使芴和一种含分子氧的气体气相催化氧化生产芴酮的方法，该方法包括调整含有作为原料芴和含分子氧的气体的供入原料气体中的芴与分子氧的摩尔比在1~0.13的范围，或把原料芴中的硫含量保持在等于或低于0.15%。

通过分子氧气相催化氧化芴制备芴酮方法优点在于，与液相的方法相比具有高产率并且避免了废料的排出。但是这种方法的缺点是反应具有高转化，不得不降低选择性。这导致不可能同时高产率和高效率利用芴，催化制备芴酮选择性降低和催化活性改变与原料芴/催化剂大小有关。

7.6.3 双酚芴的应用及制备

7.6.3.1 双酚芴的性质

双酚芴，学名9，9-双（4-羟苯基）芴［9.9-bis（4-hydroxyphenyl）fluorine］，分子式为$C_{25}H_{18}O_2$，相对分子质量为350.4，白色粉末状物质，熔点222~224℃，可溶于乙腈、甲苯、甲醇、异丙醇、二氯甲烷等有机溶剂。其结构式如下所示[27]：

HO OH

7.6.3.2　双酚芴的应用

A　双酚芴在合成环氧树脂中的应用

双酚芴作为环氧树脂的改性剂，最初是于20世纪90年代初美国全国航空与宇宙航行局制导导弹公司委托日本田中高分子技术研究所开发成功了以双酚芴和环氧氯丙烷合成的新型耐热环氧树脂。其后日本制铁公司也报道了制取功能高分子Cardo聚合物的工作，尤其美国3M公司终以商品名SP500的环氧树脂投入市场。这些情况都表明双酚芴在环氧树脂方面的应用是十分令人关注的。关于用双酚芴和双酚A制造的环氧树脂的性能差异及原因，国外已有人进行了有益的研究，它们的各自结构如下：

O　OH　O
$H_2C—C(H)—CH_2O—$ … $—[OCH_2CHCH_2O—$ … $]_n—OH_2C—CH—CH_2$
H_3C　CH_3　H_3C　CH_3

(a)双酚A的二缩水甘油醚的结构式(DGEBA)

O　OH　O
$H_2C—C(H)—CO—$ … $—[OCH_2CHCH_2O—$ … $]_n—OH_2C—CH—CH_2$

(b)双酚芴的二缩水甘油醚的结构式(DGEBF)

(a)、(b) 表明这两种聚合物的差异：(a) 中链骨架上的侧链脂肪基（CH_3），被 (b) 中的Cardo环所代替，后者Cardo聚合物。由于结构上的差异导致二者性质的不同，研究结果见表7－26～表7－28。

表7－26　由两种双酚化合物制得的环氧树脂性质

项　目	DGEBA	DGEBF
颜色	浅黄	白
环氧当量	189.3	254
n	0.13	0.11
t_g/℃	－24	38
t_m/℃	—	137
残炭率（700℃ CN_2）/%	2.4	21.4

表 7-27 用固化剂固化的 DGEBA 性质

环氧树脂固化剂	DGEBA			
	TMB	TEB	TIPB	TPB
固化剂/环氧树脂（当量比）	0.164	0.164	0.164	0.164
t_g/℃	83	81	92	106
t_d/℃	368	370	378	398
凝胶率/%	71.1	68.1	73.4	75.8
氧指数 *OZ*	22.8	22.6	22.6	22.2
残炭率（700℃ CN_2）/%	33.0	32.8	32.8	30.8

表 7-28 用固化剂固化的 DGEBF 性质

环氧树脂固化剂	DGEBF			
	TMB	TEB	TIPB	TPB
固化剂/环氧树脂（当量比）	0.164	0.164	0.164	0.164
t_g/℃	111	109	120	123
t_d/℃	408	406	412	422
凝胶率/%	71.2	69.6	83.9	84.2
氧指数 *OZ*	29.0	29.1	29.1	29.8
残炭率（700℃ CN_2）/%	40.1	40.6	40.9	43.1

从表 7-26~表 7-28 可见，聚合物 DGEBF 的玻璃化温度（t_g）和分解温度（t_d）都明显高于 DGEBA，这充分说明用双酚芴制得的环氧树脂的耐热性优于用双酚 A 制得的环氧树脂。

B 双酚芴在聚碳酸酯中的应用

聚碳酸酯由于性能优良、应用广泛，其产量在工程塑料中位居第二，也是我国正在大力发展的一种化工产品。如将其中的双酚 A 用双酚芴替代，可明显提高耐热性，而用双酚芴改性的聚碳酸酯有机玻璃，其透明度、折射率均有提高，可用于制造光学仪器。以双酚 A 为原料制得的聚碳酸酯，是分子链中含有$\left[\!-\!O\!-\!R\!-\!O\!-\!CO\!-\!\right]$链节的线性高分子化合物。它本身的玻璃化温度为 150℃，显得有些不足。美国道化学公司针对此问题采用双酚芴作为改性剂，开发出了玻璃化温度 t_g = 170℃、190℃和 200℃三种等级的耐热性聚碳酸酯树脂。该树脂的商品名为 Inspire，于 1996 年投入市场，用于航天、汽车及电气等方面。

双酚芴聚碳酸酯除用作工程塑料之外，还可以作有机玻璃，这种有机玻璃的耐热性比普通聚碳酸酯玻璃和丙烯酸酯玻璃要高，而且具有高折射率等优点。据说这种有机玻璃已用作飞机的透明材料，如美国 F-111 超声速飞机上用该玻璃做座舱罩，重量减轻11kg，成本降低3万美元。

聚碳酸酯塑料是我国正在大力发展的一种产品，目前国外大公司纷纷入驻上海化工区。此外，上海天原和上海广谊两厂于1996年已各自建成万吨级聚碳酸酯生产装置。可见作为改性剂的双酚芴应用前景是可观的[28]。

C　双酚芴在聚醚中的应用

Burgoyner J[29]用双酚芴和双酚A分别与苯甲酮、甲苯的混合物在氮气保护、机械搅拌、回流冷凝、初始温度60℃的条件下制备出聚醚，然后缓慢加入氢氧化钠溶液加热到140℃，收集形成的共沸物，经过脱水、蒸馏等一系列处理步骤后得到聚醚产品。用双酚芴和双酚A制得聚醚产品的性质比较见表7－29。

表7－29　双酚A和双酚芴聚醚性质比较

性能指标	对双酚A聚醚	对双酚芴聚醚
M_n	9100	20700
M_w	24500	65300
Θ_g/℃	151	257
介电常数	2.69	3.16

由表7－29可知，用双酚芴制备的聚醚产品的各项指标都要优于用双酚A制备的聚醚产品，尤其是玻璃化温度得到较大提高，从而极大改善了聚醚的热稳定性及耐热性。用双酚芴改性的该聚醚或聚酯可用于制备性能优良的透明传导薄膜、取向膜、气体分离膜等。

D　双酚芴在聚酯中的应用

在现代聚合加工工业中，双酚芴除了用于合成聚碳酸酯、环氧树脂和聚醚外，还可与有机酸二卤代物如对苯二甲酰氯、异邻苯二甲酰氯等反应制得聚酯树脂。双酚芴聚酯和普通聚酯树脂相比，表现出非常高的耐热性和良好的光学性能。合成的聚合薄膜具有优良的力学性能，更好的抗压耐磨性、良好的光学性能、较低的光弹性常数、极佳的透明度，广泛应用在液晶显示器、光学透镜、护目透镜等方面；同时由于该薄膜（低于10μm）还具有良好的电绝缘性而应用在电容器等方面。

7.6.3.3　双酚芴的制备

A　硫酸法

硫酸法是传统的双酚芴生产方法。该法用质量分数96%～98%的硫酸作为缩合反应催化剂，按苯酚：芴酮：硫酸＝4：1：0.5的配料比（本节均指物质的量之比），先将苯酚、芴酮投放入反应釜中，搅拌保持反应温度在30℃以下，然后逐滴加入硫酸，保持温度在30～70℃，再加入适量巯基羧酸为助催剂合成双酚芴。反应45min后，薄层色谱显示芴酮已经反应完全。反应混合物用甲醇和水洗涤，结晶双酚芴出现，过滤，60℃下真空干燥，双酚芴收率为96.1%～97.6%。该方法适用于小规模、单釜进行间歇生产，最大特点是流程简单，操作方便，不回收苯酚。产品回收采用甲醇与水经过反复洗涤除去浓硫酸和过量的苯酚，由此产生大量含酚废水和含有有机物的废酸，对环境造成严重危害，处理困难，并且增加了苯酚和硫酸的消耗。因此，该工艺基本已淘汰。

B 氯化氢法

氯化氢法是以气体氯化氢为催化剂，巯基羧酸为助催化剂，苯酚：芴酮：氯化氢＝(6～10)：1：0.38，反应温度55℃，反应时间8h，收率80%，重结晶后纯度达到99.9%。大过量苯酚的使用，一方面可保证获得良好的收率，另一方面苯酚又起到溶剂的作用，使反应在50～60℃时仍在液态下进行。温度过高将加剧副产物的生成。

也有专利提到加入氯化氢气体的同时加入金属氯化物作为助催化剂，包括二价、三价、四价金属氯化物等，也能得到良好的收率，此时，苯酚：芴酮：氯化氢：氯化锌＝20：10：5：1，反应温度70℃，反应时间4h，收率97%。

氯化氢法的优点是技术较为成熟，原料消耗低，产品质量好，适宜大规模生产，缺点是生产工艺复杂，设备多，并且氯化氢腐蚀性强，对设备腐蚀严重，整个装置需要昂贵的耐腐蚀性材料。

C 巯基磺酸法

巯基磺酸法是以巯基磺酸为催化剂制取双酚芴的方法。该方法是1995年美国道化学公司针对用无机酸作催化剂时存在严重腐蚀问题而提出的一种改进方法。此外，该方法可以在较短时间内制得高收率、高纯度的双酚芴。

缩合的主反应可用下式表示：

$$\text{芴酮} + \text{苯酚(OH)} \xrightarrow{H^+} \text{双酚芴(HO, OH)} + H_2O$$

巯基磺酸类催化剂具有较高活性，即使在低于苯酚熔点的温度下也能以较高的反应温度和选择性进行该反应，但低温时需添加溶剂，使反应在液态条件下进行。实际反应温度采用15～60℃，温度过高会导致副反应发生。

巯基磺酸法以巯基丙磺酸为催化剂，苯酚和芴酮的摩尔比一般为（6～25）：1。苯酚既作溶剂又是反应物时，采用大过量是适宜的。因为较低的酚酮比通常会增加副产物的生成量。理想的物料配比是苯酚：芴酮：巯基丙磺酸＝

15：1：0.05，加入二苯甲烷作为反应溶剂，反应温度55℃，反应时间3～6h，转化率为96%～99%。该方法最大特点是无需单独向反应体系中加入巯基助催化剂，对环境污染小，工艺要求较低，产品质量好，产品收率较高。

D　离子交换树脂法

各国在20世纪70年代初就开始了进行离子交换树脂作催化剂合成双酚芴的研究。离子交换树脂对设备的腐蚀性较弱，系统运行的可靠性大大提高，而投资费用并未增加。缩合反应在较大的酚酮比下进行，苯酚既是反应物又是反应溶剂，提高了缩合反应的选择性，产物中杂质含量较低，可以通过简单的精制过程获得高品质的双酚芴产品。

以磺酸型阳离子交换树脂为催化剂进行缩合反应，该方法按酚酮摩尔比5：1，催化剂占总物料质量的12.2%～36.9%，加入甲苯或氟代苯作为水的夹带剂，再加入适量巯基助催化剂合成双酚芴，反应温度100℃，薄层色谱显示2h后芴酮反应完全，收率68.5%～75%。该类催化剂优点是不仅催化效率高，还可解决设备腐蚀严重、三废污染、生产工艺复杂等缺点。该工艺大大改变了传统工艺的不足，催化剂和反应物容易分离，后处理简单，催化剂可重复使用，产品质量高。可以预计，离子交换树脂法生产双酚芴技术将成为双酚芴生产的主流和发展方向，不过热稳定性和溶胀性仍是树脂催化剂的主要问题[30]。

E　固载杂多酸催化法

刘文彬等人[31]研究采用固载杂多酸作为合成双酚芴的多相催化剂，研究过程中利用热水处理反应混合物，含酚废液组分单一，可通过液液萃取等常规分离技术回收苯酚和水，以供循环使用，省去了液体酸催化法的酸中和步骤。固定反应条件为9－芴酮2g，苯酚10.4g，催化剂1.86g（占总物料质量的15%），助催化剂β－巯基丙酸0.2mL，反应温度95℃，反应12h，分别以磷钨酸、磷钼酸为催化剂，双酚芴产品收率分别为81.5%、46.4%。由此可见，磷钨酸在双酚芴合成反应中的催化活性更好，因此，选用磷钨酸作为催化剂。

传统合成双酚芴方法的优缺点见表7－30。

表7－30　双酚芴生产方法的优缺点比较

生产方法	优　点	缺　点
硫酸法	流程简单，操作方便，适用于单釜进行间歇生产	产生大量含甲醇的废水，对环境造成严重危害，处理困难
氯化氢法	原料消耗低，产品质量好，适宜大规模生产	生产工艺复杂，设备多，并且氯化氢腐蚀性强，对设备腐蚀严重，整体装置需要昂贵的耐腐蚀性材料

续表 7－30

生产方法	优 点	缺 点
离子交换树脂法	催化效率高，催化剂和反应物容易分离，后处理简单，催化剂可重复使用	树脂催化剂的热稳定性和溶胀性好，成本高
巯基磺酸法	无需单独向反应体系中加入巯基助催化剂，对环境污染小，工艺要求较低	巯基磺酸价格昂贵
固载杂多酸法	产品质量好，工艺要求低	反应时间长，产品收率低，催化剂价格高，使用一次后，催化剂的活性下降较多

参 考 文 献

[1] 李素梅，张月萍，赵平．芴的提取精制研究进展［J］．河北化工，2005(6)：14～15.
[2] 章思规．实用有机化学品手册［M］．北京：化学工业出版社，1996：1357.
[3] 张秀云，陈叶飞．芴的深加工产品及应用［J］．煤炭科学技术，2006，34(10)：88～90.
[4] 杨威，高占先，李令东．芴衍生物的合成及研究进展［J］．辽宁化工，2004，33(2)：88～91.
[5] 肖瑞华．煤焦油化工学［M］．北京：冶金工业出版社，2002：170.
[6] 杨瑞平，段润娥．洗油组分的提取、应用及前景［J］．煤化工，2006(5)：63～64.
[7] 王风武．煤焦油洗油组分提取及其在精细化工中的应用［J］．煤化工，2004(2)：26～28.
[8] 何庆香，程红，王国平，等．浅析洗油深加工工艺［J］．包钢科技，2002，28(6)：9～11.
[9] 王太炎．洗油的质量及洗油的综合加工［J］．炼焦化学，1984(2)：47～49.
[10] 梁晓强．洗油中芴和氧芴的提取［D］．太原：太原理工大学，2008.
[11] 丁绪淮，谈遒．工业结晶［M］．北京：化学工业出版社，1985.
[12] 陈新．从重质洗油中提取工业芴的工艺研究［J］．鞍钢技术，2010(10)：6～8.
[13] 贾春燕，尹秋响，张美景，等．芴溶解度的测定及溶液结晶法提纯芴的工艺研究［J］．煤化工，2007(2)：35～38.
[14] 吕苗，伊汀，王仁远．从苊油中提取芴的研究［J］．燃料与化工，2005，36(5)：38～39.
[15] 龚俊库．溶剂结晶法制取精芴的研究［J］．燃料与化工，1998，29(4)：213～215.
[16] 王静康．工业结晶技术前沿［J］．现代化工，1996(10)：20～22.
[17] 孙少文，杨光军，丁建生，等．熔融结晶工艺开发［J］．化学工程，2008，36(12)：18～20.
[18] 赖家凤，宗弘元，徐瑶，等．熔融结晶洗涤分离过程的传递行为［J］．过滤与分离，

2007，17(4)：15～18.

[19] 顾鸣海．用熔融结晶法分离有机物［J］．上海化工，2003(12)：26～29.

[20] 贾春燕，尹秋响，张美景，等．利用熔融结晶法进行芴的提纯［J］．化工学报，2007，58(9)：2266～2269.

[21] 郭兆寿，周明昊，王贺全，等．液体喷射环流反应器在液相催化氧化制备芴酮中的应用［J］．现代化工，2012，32(6)：77～79.

[22] 胡鑫，肖瑞华，赵雪飞．液相氧化法制取芴酮的研究［J］．鞍山钢铁学院学报，2002，25(6)：427～430.

[23] 周建荣．芴氧化制 9－芴酮［J］．上海化工，2005，30(7)：17～19.

[24] 龚俊库．气相催化氧化法制取芴酮的研究［J］．燃料与化工，2001，32(6)：315～316.

[25] 熊裕堂．以氢氧化钾作催化剂空气氧化芴制芴酮［J］．山西化工，1989(2)：17～18.

[26] 高桥典．芴酮的制备方法：中国：96123084［P］. 1997.

[27] 李穿江，孙亮，张智勇．双酚芴的研究进展［J］．宁波化工，2009(1)：1～5.

[28] 刘传玉，梁泰硕，苏东妹，等．芴酮在合成功能高分子方面的应用［J］．化学与粘合，2003(3)：134～136.

[29] William Franklin Burgoyne，Jr. Poly（aryleneether）polymer with low temperature crosslinking grafts and adhesive comprising the same：US，6716955B2［P］. 2004－04－06.

[30] 高庆平，王军，李占双，等．双酚芴的合成及应用进展研究［J］．化工科技，2005，14(1)：58～61.

[31] 刘文彬，邱琪浩，王军，等．固载杂多酸催化合成双酚芴［J］．精细化工，2007，24(12)：1153～1162.

8　氧芴和联苯

8.1　氧芴分离精制

8.1.1　氧芴的理化性质及用途

氧芴（dibenzofuran）又名联苯抱氧、二苯并呋喃，分子式 $C_{12}H_8O$，相对分子质量 168，白色或无色针状或叶状晶体，带蓝色荧光，稍具独特气味，不溶于水，能溶于大多数有机溶剂如甲醇、乙醇、苯、乙酸等，能随水蒸气挥发，能升华[1]。

氧芴的用途如下：

（1）生产染料。氧芴经溴化生成 3－溴氧芴，皂化和羧基化后得到氧芴－2，3－酸，可用于生产染料。

（2）生产药物。氧芴乙酰化生成 3－乙酰氧芴，还原和氨基烷基化得 3－氨基烷基氧芴，可作为止痉挛剂和止痛药。氧芴加碱熔融可得 2，2－联苯二酚，是消毒剂和除虫杀菌剂；还可生产兽药硝氯酚（拜耳 9015）用于治疗牛、羊等的肝部吸虫病。

（3）生产各种助剂。氧芴与脂肪酸、脂肪、醇类、酚类或烷基卤化物一起磺化缩聚，可得润湿剂、纺织助剂，氯化得到的氯化氧芴是电绝缘材料添加剂。

（4）其他。氧芴还可用作热载体，以及食品和木材防腐剂等。

8.1.2　精馏法从洗油分离精制氧芴

8.1.2.1　精馏原理

内容详见第 7 章 7.2.2 节，精馏原理示意图见图 8－1。

8.1.2.2　洗油分离精制氧芴方法

A　氧芴的提纯方案及工艺流程图

为了降低动力消耗和减小处理量，将洗油精馏一次的氧芴馏分分成高含量氧芴馏分和低含量氧芴馏分两部分，然后再对两部分分别采取不同的方法精制氧芴。

对高含量的氧芴馏分分别采取二次精馏和重结晶然后洗涤两种方法进行研究。先对高含量氧芴馏分进行溶剂结晶（重结晶）试验，若重结晶后氧芴的纯度还不够高，则再进行洗涤或第二次重结晶进一步提纯氧芴，以得到更高纯度的

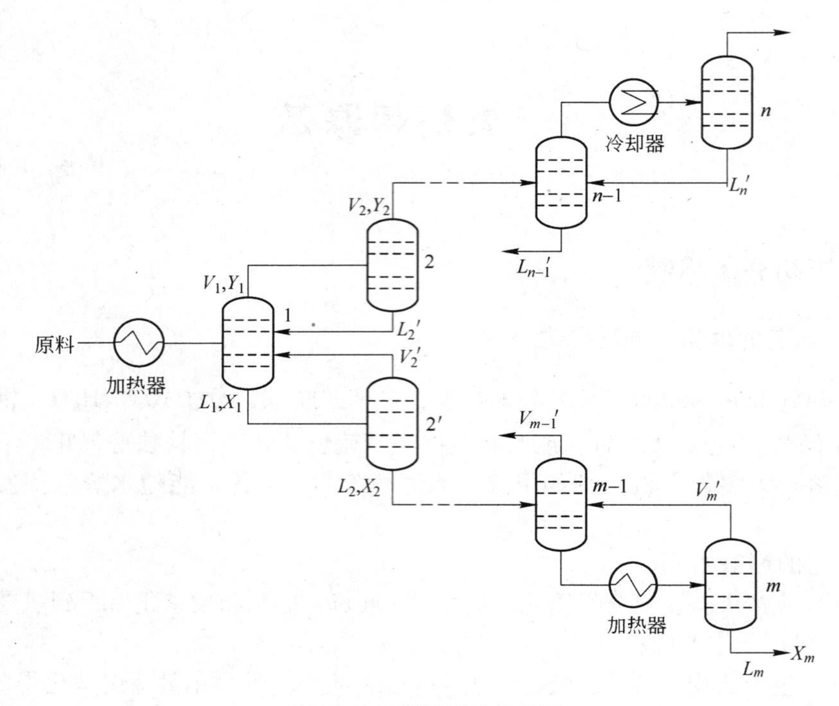

图 8－1　精馏原理示意图

氧芴。重结晶溶剂和洗涤溶剂可蒸馏出来循环使用，残渣经过组成分析后回配到相应的馏分中。

此外，对高含量的氧芴馏分进行二次精馏，若纯度没有明显提高，则说明进行二次精馏的方案行不通。

对低含量氧芴馏分二次精馏后分析组成，若氧芴的含量可以达到高含量氧芴馏分的要求，则可以和高含量氧芴馏分合并，进行重结晶等提纯。

氧芴提纯的工艺流程方案如图 8－2 所示。

B　氧芴馏分段的截取

精馏洗油，根据氧芴的沸点，结合太原的大气压，确定氧芴的最佳截取温度。为了节约能源和减少处理量，把氧芴馏分截取为高含量氧芴馏分和低含量氧芴馏分。

C　二次精馏

因为精馏操作较为简单，分离效果好，而且不引入其他物质，所以首先考虑对氧芴馏分进行精馏的方案。将洗油一次精馏得到的高含量氧芴馏分，采用气相色谱分析馏分中各组分的含量，若氧芴的纯度较低，则将富集的高含量氧芴馏分进行二次精馏，再采用气相色谱分析氧芴的纯度，如果氧芴的纯度仍还不能满足

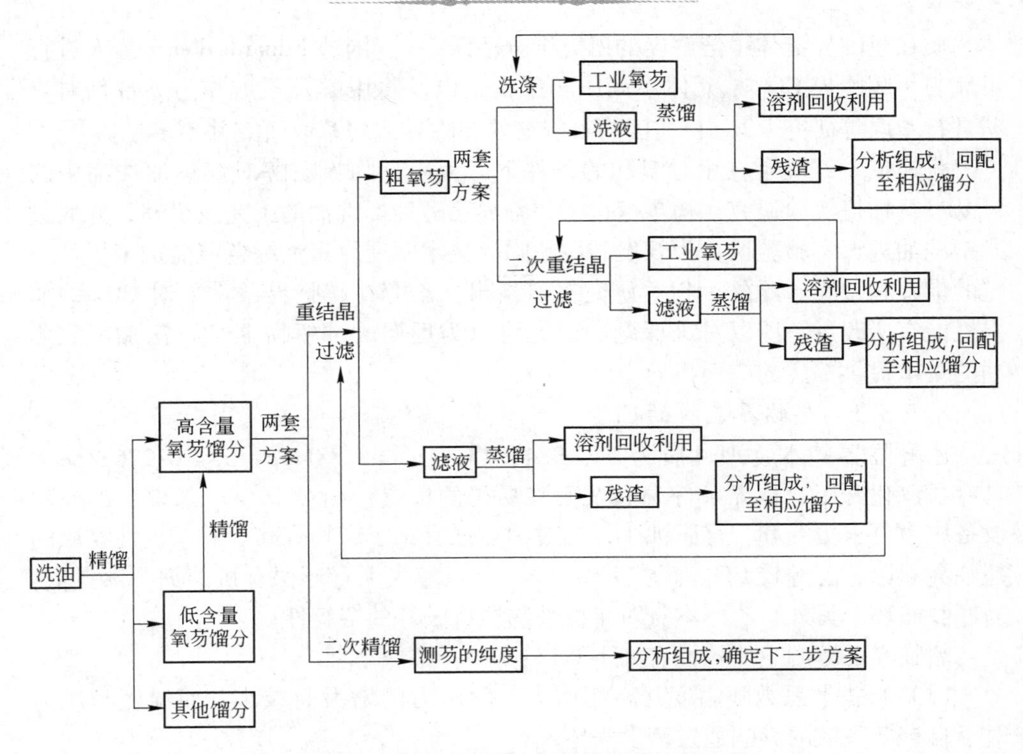

图 8-2 从洗油中提纯氧芴的工艺流程方案

要求，那么证明两次精馏的方案行不通，需要采用别的方法进行氧芴的精制。

D 重结晶

将洗油一次精馏得到的氧芴馏分，采用气相色谱分析馏分中各组分的含量。对高含量氧芴馏分选择适当的溶剂进行重结晶，重结晶后分析氧芴的纯度，若氧芴的纯度仍不能满足要求，可以再进行溶剂洗涤或第二次结晶。

Sakuma 等人[2]通过精馏洗油得到氧芴质量分数≥30%的氧芴馏分，再将此氧芴馏分放入第二个精馏塔，然后将特定温度范围的馏分在连续结晶机中提纯，获得高纯度氧芴。这种方法产率低，效率不高，而且所需要的仪器设备庞大。

8.1.3 超临界提取氧芴

目前我国的能源状况是富煤、贫油、少气，原油成本的增加及产量的减少将会严重影响到我国能源安全与国民经济发展。所以，发展符合我国国情的新能源化工，如开发能耗低、污染少的绿色煤化工等都将是未来经济发展的主要方向。

超临界流体（supercritical fluid，简称 SCF）萃取技术具有传质速率快、相间分离易实现、过程能耗低及超临界溶剂溶解能力易调节等优点[3]。目前，对固体物质在超临界流体中溶解度的研究十分活跃[4,5]。国外 Eduardo Pérez 等人进行了氧芴 + 超临界 CO_2 二元体系高压相平衡，以及将甲醇及乙酸作为夹带剂对氧芴进行萃取等研究[6,7]。目前国内对氧芴的超临界溶解萃取研究并不多见。

张连斌[8]开展了在相对温和的条件下，利用超临界乙醇对煤焦油洗油中的氧芴进行抽提实验研究，初步探讨了超临界乙醇抽提洗油的工艺及机理，并通过武钢洗油进行实验验证，为开发利用超临界技术开展煤焦油绿色节能加工提供一定的借鉴和参考。此外，相关研究报道指出，乙醇在超临界条件下对 CO_2 的抽提性能有所改进，所以对该课题的研究可以为后期改进超临界 CO_2 深加工煤焦油的技术提供一定的应用指导。

8.1.3.1　超临界乙醇的性质

乙醇临界基本物理性质为：$t_c = 243.4$℃，$p_c = 6.38$MPa，$\rho_c = 0.276\text{g/cm}^3$，具有易汽化升压、临界条件温和及便宜易得的优点。相对于 CO_2 来说，乙醇对设备压力要求更温和，且腐蚀小，同时沸点低有利于产物分离。对于极性物质的超临界萃取，乙醇较 CO_2 有更多的优势[9]。乙醇为无毒环保有机溶剂，沸点低，易回收循环。另外，乙醇本身对于极性物质有较好的溶解性。

超临界乙醇的主要特性有如下几点：

（1）自扩散系数随温度升高而增大，随压力的增大而减小，而温度与压力对于自扩散系数的影响通过密度来体现；

（2）超临界乙醇氢键作用明显。氢键是通过氢原子和一个电负性很强的原子之间的结合形成的，键能约为 20.9～29.3kJ/mol（5～7kcal/mol），低于化学键（104.7～418.7kJ/mol（25～100kcal/mol））。随着温度升高，氢键键能逐渐减弱，在临界压力附近，氢键受温度的变化最为明显。在临界点附近约 70% 的氢键会断裂，在 300℃、10MPa 时，只存在约 10% 的氢键。

（3）存在密度涨落及分子聚集现象，且在低密度区域更明显，乙醇的自扩散系数比液相区增大十几倍，乙醇分子间氢键作用明显减弱，结构变得松散，分子极性大大降低。

8.1.3.2　氧芴超临界提取技术路线

氧芴超临界提取技术路线具体见图 8－3。

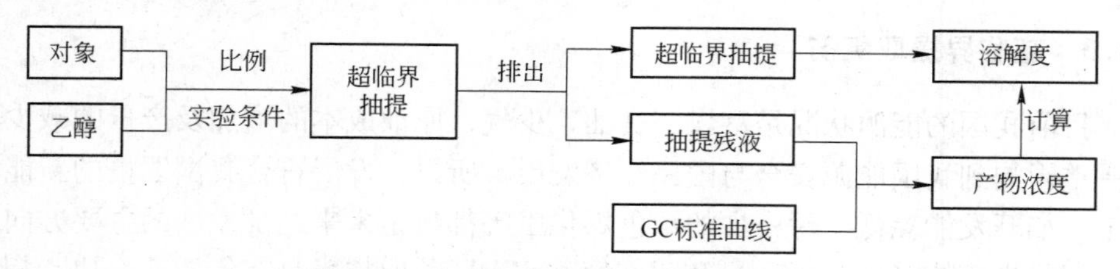

图 8－3　氧芴超临界提取研究技术路线

8.1.3.3 氧茐超临界萃取研究

A 数据处理及分析

超临界乙醇单一抽提氧茐实验数据见表 8 -1。

表 8 -1 超临界乙醇单一抽提氧茐实验数据

t/℃	容积比	溶解度/g · mL^{-1}	分离百分比/%
250	0.50	0.01341	18.50
	0.60	0.01416	26.55
	0.70	0.01453	58.51
	0.80	0.01378	62.98
260	0.50	0.02349	34.56
	0.60	0.01903	56.44
	0.70	0.01627	57.46
	0.80	0.01377	55.63
270	0.50	0.02295	48.39
	0.60	0.01884	58.98
	0.70	0.01568	60.25
	0.80	0.01324	64.65
280	0.50	0.02178	60.78
	0.60	0.01854	57.20
	0.70	0.01485	75.55
	0.80	0.01446	62.56

由表 8 -1 得超临界乙醇单一抽提氧茐的溶解度曲线，见图 8 -4。从图 8 -4 中可以清楚地看到，随着抽提压力的提高，超临界乙醇对于氧茐的抽提效果逐步降低。氧茐加入量 1.0000g，根据实验条件中乙醇加入量的不同，初始氧茐浓度分别为 0.0200g/mL，0.01667g/mL，0.01429g/mL，0.0125g/mL。经对比可知，虽然抽提溶解度显示压力的增大反而引起氧茐超临界溶解度下降，但超临界乙醇对于氧茐的萃取抽提效果还是较为明显，抽提后浓度大都高于实验初始浓度。同时，曲线显示压力增大到一定值后出现下降趋势减缓的现象，说明超临界溶解度已接近极值。

主要原因是随着压力的增大，乙醇分子间氢键作用增强，使得扩散作用减小，因此溶质被溶剂分子溶解的几率变小。在不同的温度条件下，溶解度随着温度的升高而增大。而随着温度的升高，乙醇分子间的氢键缔合作用减弱，扩散系数增大。同时，温度的升高使乙醇分子间距增大，分子间作用力逐渐减弱，致使

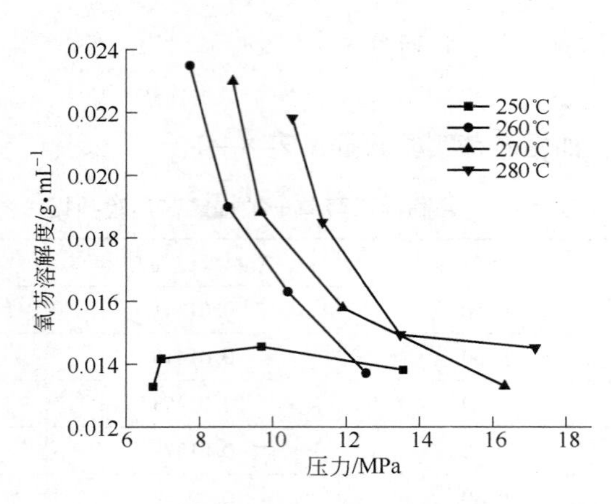

图 8－4 超临界乙醇单一抽提氧芴溶解度曲线

溶剂较易压缩，黏度降低，密度增大。从图中还可以看出，超临界乙醇在临界点附近表现出奇异的溶解现象，这一现象在很多文献中都有提到。在一般相态中，随着流体压力（密度）的减小，溶剂的扩散系数会增大，这使得溶剂在泄压时更容易将溶于其中的溶质带走；但在溶剂的临界点附近，扩散系数是随压力的减小而减小的。因此我们才会看到在接近临界点时，随着压力的增大溶剂更加容易扩散，在泄压时溶解效果反而下降，且从曲线中无法分析得出合适的区间范围。

从图 8－5 可以看出，在各自温度曲线中，氧芴的超临界分离效果随反应压力的增大呈现逐步上升的趋势，且在压力开始阶段升高趋势明显，压力达到一定值后，上升趋势逐渐变缓。这说明，超临界乙醇抽提氧芴呈现较为明显的选择性，在达到某一温度及压力条件时能够达到最佳抽提效果。

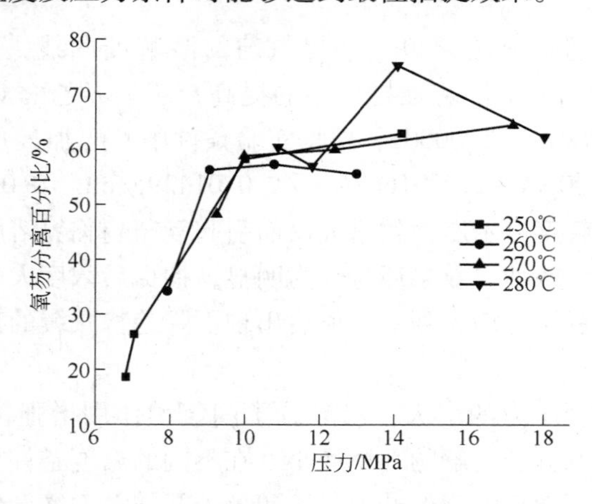

图 8－5 超临界乙醇抽提氧芴效果曲线

从图 8 - 5 中还可以看出，250℃、260℃、270℃时曲线变化的趋势比较明显，氧芴的分离百分比随着压力的增大先是明显增大，之后增大的趋势逐渐变得平缓，目前基本都保持在 60% 左右，同时氧芴的分离百分比随温度的变化不是很明显。但在 280℃时曲线表现出了很大的不同，这一方面可以认为是温度的升高，乙醇溶剂扩散比较容易；另一方面也可以认为，在 280℃时乙醇的临界性能不够稳定，引起实验较大的误差。

由以上分析可知，不同温度下氧芴分离百分比大致都是在大于 9.0MPa 时开始变得比较平缓，这对应于每组实验的第二个或第三个数据点。结合二次拟合的曲线图则可以看出，不同温度下氧芴分离百分比都是先增大后减小的变化趋势，在考虑实际应用时尽量使压力不太高、分离效率达到一定要求即可，则得出温度为 250℃和 260℃较合适。

B 结论

乙醇对氧芴进行超临界抽提时，乙醇作为抽提溶剂的同时还提供压力，且表现出良好的抽提选择性；温度及压力对于超临界抽提选择性影响明显，且温度对于物质的超临界溶解度影响明显，压力对于抽提分离效果起到很大作用；以超临界乙醇分离单一组分氧芴的最佳抽提条件范围为：温度 250 ~ 260℃，乙醇体积（超临界压力）为 60 ~ 70mL。超临界乙醇是环境友好型溶剂，便宜易得，且易于回收利用，所以将其应用于超临界萃取极性物质有着较大的应用前景。

8.2 联苯的分离与提纯

8.2.1 联苯的理化性质及用途

联苯，化学式 $C_{12}H_{10}$，是两个苯基相连形成的化合物；无色至淡黄色片状晶体，有特殊香味，常用作有机合成前体，衍生物包括联苯胺、联苯醚、八溴联苯醚、多氯联苯等；天然存在于煤焦油、原油和天然气中；不溶于水，但溶于有机溶剂中。

联苯是重要的有机原料，广泛用于医药、农药、染料、液晶材料等领域[10]，可以用来合成增塑剂、防腐剂，还可以用于制造燃料、工程塑料和高能燃料等。联苯的制备方法有通过苯热解制联苯等的化学合成法[11]和通过各种煤焦油馏分制联苯的分离提取法。联苯在煤焦油中的质量分数为 0.20% ~ 0.40%。目前，煤焦油分离提取法和化学合成法并存。

目前从煤焦油洗油中提取联苯的方法主要有钾融法、精馏法和共沸精馏法等[12~15]，但这些方法大都存在较严重的环境污染问题，并且没有考虑对洗油中其他物质的影响。

8.2.2　联苯的提取方法

8.2.2.1　钾融法

钾融法是从洗油中提取联苯和吲哚的成熟方法。首先将脱酚和脱吡啶的洗油在 $N_t=20\sim25$ 的填料精馏塔内精馏，控制回流比 $R=8\sim10$，切取245～260℃的联苯吲哚馏分，用钾融法脱除吲哚，得到的吲哚钾盐作为提取吲哚原料，分出的中质洗油作为提取联苯的原料。

从中质洗油中提取联苯，采用 $N_t=20$ 的精馏柱，控制回流比 $R=8\sim10$，切取252～260℃的联苯馏分，冷却结晶得到联苯粗品；然后粗品用乙醇重结晶，乙醇加入量为粗品重的2倍，则得纯度大于90%的工业联苯。

8.2.2.2　精馏法

以中质洗油为原料，在 $N_t=40$ 的精馏塔内切取联苯含量大于60%的联苯馏分，进行冷却结晶和抽滤，则得联苯粗品；粗品用乙醇重结晶去掉杂质得联苯产品。精馏得到的含联苯20%～59%的前、后中间馏分，在 $N_t=70$ 的精馏塔内进行二次精馏，切取大于60%的联苯馏分与之前大于60%的联苯馏分合并处理。采用该法可得到熔点68～69℃，纯度大于95%的工业联苯。

8.2.2.3　共沸精馏法

利用乙二醇作共沸剂，联苯与乙二醇形成的共沸物沸点为230.4℃，吲哚与乙二醇形成的共沸物沸点为242.6℃，二者相差12.2℃，故可分离出联苯。

8.2.3　宝钢化工联苯资源的开发

宝山钢铁股份有限公司化工分公司拥有丰富的联苯资源，但大多都没有回收而浪费。侯文杰等人[16]在分析宝山钢铁股份有限公司化工分公司联苯资源的基础上，研究了以Litol苯加氢装置苯塔的塔底液SC－203及洗油加工的中间产物WOR－1为原料，进行分离提取联苯的工艺路线。

8.2.3.1　联苯资源现状

联苯在煤焦油中的质量分数为0.20%～0.40%，绝大部分集中在洗油（WOR－1）馏分中。粗苯（RCN）中的联苯含量很少，只占0.39%（质量分数），但其在Litol加氢反应中生成较多的联苯，使得苯塔塔底排放物料（SC－203）中的联苯质量分数达到12.785%。联苯又可进入重苯（HCN）馏分、萘油（NOH）馏分，再配入洗油加工系统，通过蒸馏逐步浓缩进入苊油馏分（RAO－1）、洗油馏分（WOR－1）和D－甲基萘馏分（DMNO－2）中。

另外，根据联苯的沸点情况，焦油中的联苯资源主要集中在焦油主塔的洗油馏分（AWO）和萘油馏分（AMO）中。AWO中的联苯进入混油外卖，而AMO中的联苯最后通过洗油加工进入DMNO－2外卖或进入WOR－1（部分通过脱沥青塔回到焦油中，部分进入粗苯中），具体情况见图 8－6（图中数据为年产量及联苯质量分数）。

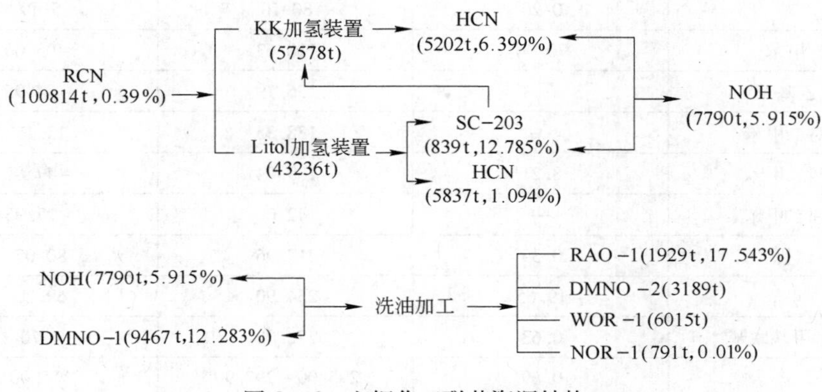

图 8－6 宝钢化工联苯资源结构

8.2.3.2 联苯资源分析

分析可知，宝钢化工联苯资源主要集中在苯塔塔底排放的物料 SC－203 和洗油加工装置的副产品 WOR－1 中，分别含有质量分数 12.785% 和 20% 左右的联苯。

因 Litol 苯加氢装置苯塔的塔底液 SC－203 含有质量分数约 70% 的甲苯成分而送往 KK 加氢装置，但原工艺并未对其中的联苯资源进行分离回收。如对其中的联苯资源进行回收，除获得良好的经济效益外，回收联苯过程结束后，甲苯馏分仍能送往 KK 加氢装置，这样不仅回收了甲苯而且去除了 SC－203 中的重组分，降低了甲苯回收时的能耗。

WOR－1 中含有大量的甲基萘，目前送往煤精吸苯装置用于苯吸收，而并未对其中的联苯资源分离回收。如对其中联苯分离回收，可获得良好的经济效益。此外，回收联苯过程中，吸苯能力强的有效组分甲基萘等也得以浓缩，同时去除了吸苯能力差的重组分，再送往煤精吸苯装置的处理效果预计会更好。目前的处理方式不仅浪费了宝贵的联苯资源，也影响了洗油的质量，给后续工艺增加了负担和操作的复杂性。

分别以上述两种原料为处理对象，开发联苯分离与精制的工艺路线，并结合公司实际比较其适用性，从而开发出适合公司联苯资源的生产工艺，降低能耗，优化工艺流程。

8.2.3.3 从 SC－203 中分离精制联苯

A 原料

Litol 苯加氢装置苯塔的塔底液 SC－203 的具体组成见表 8－2。

表 8－2　原料 SC－203 组成及其物性数据

组　分	质量分数/%	沸点/℃	熔点/℃
苯	0.20	80.10	5.49
甲苯	70.06	110.63	－95.00
乙基苯	—	136.19	－94.95
对二甲苯	—	138.35	13.15
间二甲苯	8.21	139.04	－47.87
邻二甲苯	—	142.00	－27.95
萘	0.35	217.96	80.05
联苯	19.65	254.90	69.20
3－甲基联苯	0.63	272.00	4.70
芴	0.89	295.00～297.90	115.00

B　工艺路线

以 SC－203 为原料，利用常、减压精馏和溶剂重结晶相结合的方法，精馏后可获得质量分数 95.0% 以上的联苯窄馏分，进一步重结晶后可获得质量分数 99.0% 以上的联苯。

a　常压蒸馏

由于 SC－203 中成分复杂、沸程长，各物质的富集程度较低，不利于直接深加工。因此首先应将其初步分离，使所要提取的物质富集到某种馏分中，使得下一步深加工物料的处理量相对变少，从而可降低能耗，提高产品收率。预蒸馏可将原料分成两个部分：甲苯为主体的轻组分和联苯为主体的重组分。原料用填料塔进行常压蒸馏，所采集馏分的分析结果见表 8－3。

表 8－3　常压蒸馏分析数据

温度/℃	馏分中各组分质量分数/%				
	甲苯	乙基苯	间二甲苯＋对二甲苯	苯乙烯	邻二甲苯
200	2.45	70.30	26.43	0.2	0.51
220	0.32	69.36	2.37	0.24	0.63
230	0.44	68.30	30.27	0.25	0.65

由表 8－3 可知，随着温度的升高，甲苯等轻组分含量逐渐减少，而间、对甲苯等组分含量逐渐增加，而且均无萘与联苯馏出，这样可以尽可能地去掉萘前组分，而联苯则全部富集在塔釜。

b　减压精馏

减压精馏试验结果见表 8－4。

表 8－4 减压精馏试验结果

馏分名称	塔顶温度/℃		产率/%		联苯质量分数/%	
	工况 1	工况 2	工况 1	工况 2	工况 1	工况 2
萘馏分	71～149	96170	5.70	2.97	<41.06	30.51
联苯前馏分	163～175	178184	2.16	2.06	85.64	58.97
联苯馏分	176～186	188198	64.40	71.44	97.07～99.19	95.83～98.97
联苯后馏分	166～170	192199	4.61	1.21	66.69	65.50～84.92

注：工况 1 真空度为 0.090MPa，回流比为 10.8；工况 2 真空度为 0.077MPa，回流比为 14.0。

从表 8－4 中数据可知，切取的联苯馏分中联苯质量分数都大于 95.00%，产率也达到 60.00% 以上。虽然通常希望系统的真空度越低越好，但实际真空度只影响塔顶与塔釜的温度，而对联苯纯度的影响不大。增大回流比，固然有利于提高塔顶产品的纯度，但回流比的增大是以能耗增大为代价的。

c 结晶试验

（1）冷却结晶。用无水乙醇作溶剂，对粗联苯进行冷却结晶试验[17]，通过程序降温方式，获得纯度为 99.11% 的联苯，收率为 88.22%。

（2）熔融结晶。在分布结晶器中，在常压下按照程序控温曲线，通过结晶—发汗—熔化过程对粗联苯进行熔融结晶，提纯，所得产品纯度为 99.71%，收率为 60.70%。具体结果见表 8－5。

表 8－5 联苯熔融结晶试验结果 （%）

类 别	萘	联苯	二苯基甲烷	3－甲基联苯
原料	1.04	95.92	0.63	1.50
产品	0.19	99.71	0.02	0.01

8.2.3.4 从 WOR－1 中分离精制联苯

A 原料

试验原料为洗油加工过程的中间产物 WOR－1，表 8－6 列出了试验原料的主要组成及其物性数据。

表 8－6 原料 WOR－1 的主要组成及其物性数据

组 分	平均质量分数/%	沸点/℃	熔点/℃	相对密度(d_4^{20})
β－甲基萘	23.58	241.1	34.57	1.0290
α－甲基萘	26.01	244.4	－30.46	1.0203

续表 8－6

组　分	平均质量分数/%	沸点/℃	熔点/℃	相对密度(d_4^{20})
吲哚	4.81	254.7	53.00	1.2200
联苯	21.52	255.2	69.20	1.1750
2－乙基萘	3.15	258.0	－7.40	0.9920
2，6－二甲基萘	7.21	261.0	110.00	1.0030

B　工艺路线

以 WOR－1 为原料，先精馏去除部分甲基萘等前馏分，获得纯度为 70% 左右的富集联苯馏分，进一步结晶获得高纯度的联苯产品，塔釜残液为二甲基萘等重组分。

a　精馏试验

由表 8－6 可知，WOR－1 是复杂的多组分混合物，属多组分恒沸系统，同时又是多组分低共熔系统。各组分沸点差别不大，其中的吲哚与甲基萘等形成共沸物，是精馏富集联苯馏分中影响联苯纯度的关键组分。为此先采用精馏方法去除甲基萘等前馏分，对联苯馏分进行富集，在塔顶压力为 27.3kPa，回流比为 8.0 的操作条件下，其试验结果见图 8－7。

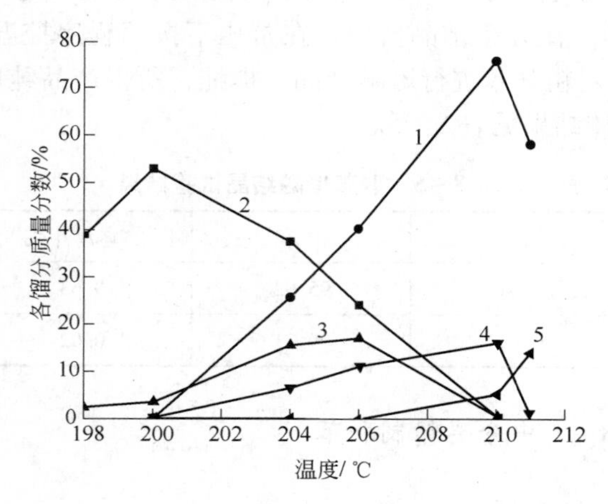

图 8－7　温度－馏分组成关系图

1—联苯；2—α－甲基萘；3—吲哚；4—2－乙基萘；5—2，6－二甲基萘

b　结晶试验

WOR－1 经减压精馏后的粗联苯中含有吲哚、甲基萘、乙基萘、二甲基萘等杂质，从表 8－6 可知，粗联苯系统是低共熔混合物，因此熔融结晶提纯不可取。根据粗联苯系统中组分溶解性的不同，选用冷却结晶和溶析结晶对联苯进行

进一步提纯，试验结果见表 8-7。

表 8-7 联苯冷却结晶与溶析结晶试验结果 (%)

原料纯度	联苯纯度	联苯回收率	结晶方式
67.56	98.67	44.00	一次冷却结晶
67.56	98.02	51.31	一次溶析结晶
67.56	99.40	36.58	溶析结晶+冷却结晶
67.56	99.36	51.73	二次冷却结晶

若将纯度 70% 以上的联苯进行溶析结晶，则可得到 99.0% 的高纯度联苯产品。

C 影响对联苯结晶的因素

a 溶剂比对联苯结晶的影响

溶剂比（粗联苯与溶剂质量比）为 1:1~1:4 时对联苯纯度和收率的影响见图 8-8。

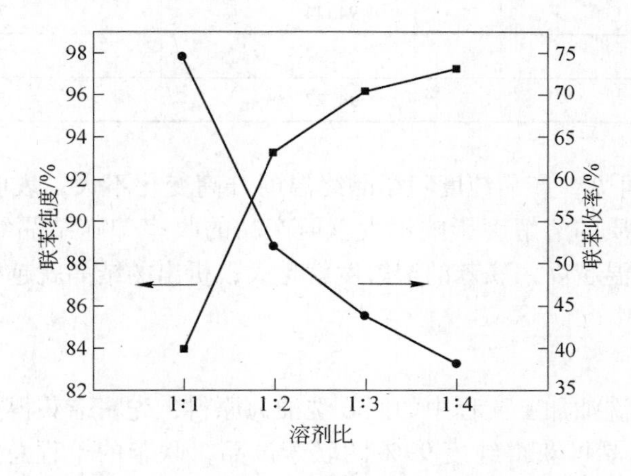

图 8-8 溶剂比对联苯纯度和收率的影响

由图 8-8 可见，对于一定的降温速率，联苯产品的纯度随溶剂比的增加而提高，溶剂量大的结晶效果好。溶剂比较低时，杂质在母液中的浓度也高，杂质的结晶速率快，容易发生包藏现象；溶剂比较高时，结晶过程基本上不发生初级成核现象，而且生长速度慢，不易发生包藏现象，产品的质量较高。然而，当溶剂比增加到一定程度时，溶剂对联苯的溶解也增加，致使产品的收率下降。

b 降温速率对联苯结晶的影响

联苯纯度和收率与降温速率的关系见表 8-8。

表 8-8　降温速率对联苯纯度和收率的影响

降温速率/℃·h^{-1}	联苯纯度/%	联苯收率/%
4	93.12	71.73
12	93.80	72.30
18	93.36	73.22

由表 8-8 可见，联苯产品的纯度和收率都随降温速率的增加而变化，但变化不大。在一定的溶剂比下，选择较小的结晶速度，有利于晶体的生长和提高产品的质量。但是，过长的降温时间，会加长生产周期。

c　结晶终温对联苯纯度和收率的影响

结晶终温与使用的冷却介质相关联，在溶剂和其他操作参数相同的条件下，结晶终温对联苯纯度和收率的影响结果见表 8-9。

表 8-9　结晶终温对联苯纯度和收率的影响

结晶终温/℃	联苯纯度/%	联苯收率/%
5	94.44	75.30
10	93.97	73.79
15	94.27	54.90

由表 8-9 可见，产品纯度随结晶终温的升高变化不大，表明在此结晶温度区间，温度对杂质的溶解度影响不大。但产品的收率却随结晶终温的升高而下降，表明结晶终温越高，联苯的溶解度就越大，析出的结晶就越少，晶体的收率自然就越低。

D　结论

以宝钢公司洗油加工流程中的回收洗油为原料，先精馏获得粗联苯馏分，继而通过进一步结晶可获得纯度 99% 的联苯产品，联苯的单程总收率为 47.7%。通过对回收洗油提取联苯工艺的研究，在回收宝贵联苯资源，使企业效益最大化的同时，使洗苯能力强的有效组分甲基萘等得以浓缩，也去除了洗苯能力差的重组分，从而提高了洗苯洗油的质量，有利于洗苯工序生产。

8.2.4　共沸精馏结合混合溶剂析出法对联苯的分离和精制

司雷霆等人[18]对煤焦油洗油进行精密精馏，获得富含联苯的馏分，作为分离精制联苯的原料。采用共沸精馏与混合溶剂析出相结合的方法，对馏分进行联苯的分离和精制。探讨了分离精制联苯的工艺，优化了工艺参数，提出了可行的工艺路线。

8.2.4.1 原理

精馏是利用不同组分在气液两相间的分配，通过多次气液两相间的传质和传热来达到分离的目的。对于不同的分离对象，精馏方法也会有所差异。例如，分离乙醇和水的二元物系，由于乙醇和水可以形成共沸物，而且常压下的共沸温度和乙醇的沸点温度极为相近，所以采用普通精馏方法只能得到乙醇和水的混合物，而无法得到无水乙醇。为此，在乙醇－水系统中加入第三种物质，该物质被称为共沸剂。共沸剂具有能和被分离系统中的一种或几种物质形成最低共沸物的特性。在精馏过程中共沸剂将以共沸物的形式从塔顶蒸出，塔釜则得到无水乙醇。这种精馏方式，叫做共沸精馏。洗油中的联苯和吲哚也是具有乙醇和水的相似性质，因此采用共沸精馏方式分离。其性质如下：

洗油中的联苯和吲哚沸点相差1.5℃，采用直接精馏法不能够将其有效地完全分离。乙二醇可以和联苯、二甲基萘发生多元共沸，共沸温度为185℃左右，而吲哚和乙二醇共沸的温度为242.6℃，二者共沸温度相差较大。所以，用乙二醇与富含联苯馏分进行共沸精馏可以对联苯进行分离。

8.2.4.2 富含联苯馏分的截取

在回流比为10∶1的条件下，对洗油进行常压下精密精馏，截取不同温度段的馏分，称量不同馏分段的质量，对各个馏分段进行气相色谱分析。有关研究表明，236.0～240.0℃馏分到245.0～250.0℃馏分中的联苯含量较大。因此，切取富含联苯的236.0～250.0℃馏分，对其进行联苯的分离与精制。

8.2.4.3 与乙二醇进行共沸精馏分离制取粗联苯

将联苯馏分与乙二醇在质量比为1∶2.4、回流比为10∶1的条件下进行共沸精馏，切取185.0～187.0℃馏分，冷却后有浅绿色的固体析出，气相色谱分析纯度。其中，联苯的质量分数为46.7%，收率为69.4%。

8.2.4.4 用混合溶剂析出法对粗联苯进行精制

将共沸精馏后得到的粗联苯（联苯质量分数46.7%）在室温下溶于乙醇中，所加的乙醇刚好完全溶解联苯，边搅拌边缓慢地加入不同质量的水，白色固体析出，过滤，称量，气相色谱分析纯度，计算产率，结果见表8－10。

表8－10 不同比例的乙醇和水对联苯纯度和收率的影响（一次精制） （%）

$m_{乙醇}:m_{水}$	6∶1	5∶1	4∶1	3∶1	2.4∶1
纯度	93.9	93.0	91.5	89.4	66.7
收率	29.7	37.1	44.2	54.6	67.9

由表8－10可以看出，随着加水量的增加，联苯的收率增加，但是纯度下降；最高纯度只有93.9%，达不到要求。因此，还需要进行二次精制。由表可

知，当加水量是乙醇质量的1/3时，联苯的纯度能达到89.4%，收率能达到54.6%，收率较高，这样的结果比较理想，有利于进行二次精制。

8.2.4.5 用混合溶剂析出法进行联苯的二次精制

将使用混合溶剂析出法一次精制后的联苯（纯度89.4%）进行二次混合溶剂析出法精制，得到的结果见表8－11。

表8－11 不同比例的乙醇和水对联苯纯度和收率的影响（二次精制） （%）

$m_{乙醇}:m_{水}$	5:1	4:1	3:1	2:1
纯度	98.7	97.5	95.5	93.1
收率	33.3	51.6	59.8	68.4

由表8－11可以看出，当加水量是乙醇质量的1/4时，联苯的纯度能达到97.5%，收率能达到51.6%，精制效果比较理想。

综合以上实验结果，从洗油中分离联苯的工艺确定如下：以回流比为10:1的条件对洗油进行精馏，切取富含联苯馏分，作为提取粗联苯的馏分。将该馏分与乙二醇以质量比为1:2.4、回流比为10:1进行共沸精馏，切取185.0～187.0℃的馏分冷却后，有浅绿色的固体析出，即粗联苯固体。将粗联苯固体使用混合溶剂析出法精制2次，即可得到纯度为97.5%的工业联苯。工艺流程见图8－9。

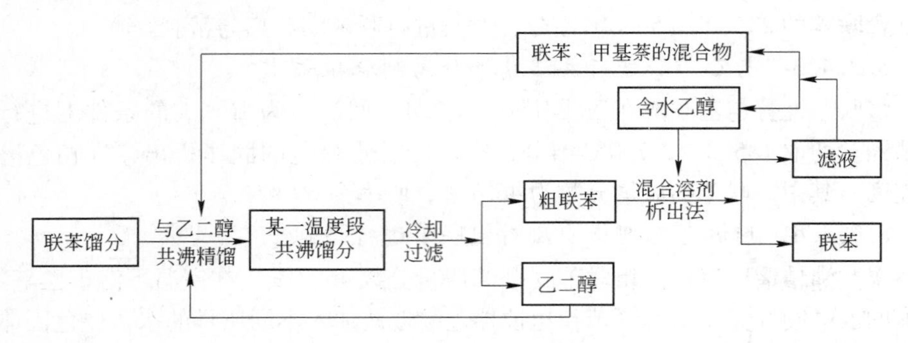

图8－9 从洗油中分离联苯的工艺流程

采用共沸精馏和混合溶剂析出法，可以从洗油中分离出纯度高达97.5%的工业联苯。实验采用了2次乙醇和水混合溶剂析出法来精制粗联苯。第一次加水量是乙醇质量的1/3，联苯的纯度能达到89.4%，收率能达到54.6%；第二次加水量是乙醇质量的1/4，联苯的纯度能达到97.5%，收率能达到51.6%。混合溶剂析出法中的滤液经简单蒸馏后所得有机物可返回到原始联苯馏分中，作为进行共沸精馏的原料。

8.3 联苯的深加工

由于联苯热稳定性好，可在加热流体中作为热载体，联苯系物质是目前最好的合成导热油原料。联苯与联苯醚的混合物（含联苯26.6%，联苯醚73.5%）作为热载体其加热温度可达300～400℃，可用作核电站汽轮机体系的工作介质，也是高质量绝缘液的原料，还可作为溶剂用于药物的生产和柑橘类水果的防腐。联苯作为重要的有机原料，广泛用于医药、农药、染料、液晶材料等领域。

8.3.1 产品4，4－二氯甲基联苯

4，4－二氯甲基联苯是合成二苯乙烯联苯类高档荧光增白剂的重要中间体，同时也是合成医药中间体4，4－二羟甲基联苯的重要原料。4，4－二取代苯乙烯基联苯类荧光物质因其优良的应用性能和可生物降解而越来越受到人们的重视。由于此类物质有很好的热稳定性、耐候性和耐氯漂，使用过程中不会对人和动植物构成危害，具有良好的环保效果，因此具有良好的开发应用前景。4，4－二氯甲基联苯可由联苯直接进行氯甲基化反应制得。

8.3.2 产品4－苯基二苯甲酮

4－苯基二苯甲酮是合成抗真菌药联苯苄唑的重要中间体，联苯苄唑是由德国拜耳公司研究开发的一种抗真菌活性物质，其抗真菌药谱广，对丝状菌、酵母菌、二相性真菌等病源性真菌有强抗真菌作用，对皮肤渗透性良好，具有长效作用。4－苯基二苯甲酮可由联苯和苯甲酰氯进行Fridelcrafts反应制得。

8.3.3 产品4，4－二（9－咔唑）联苯

采用有机发光材料制作的发光器件（EL）中，一般均使用空穴输送材料（HTL），以便提高空穴的注入密度。目前普遍采用N，N－二取代苯基联苯胺衍生物（TPD）作为HTL。但TPD的玻璃化温度较低，熔点为167℃，在成膜和使用过程中易出现结晶现象，从而降低EL的使用寿命。含有咔唑侧基的材料玻璃化温度和熔点较高，可以使材料的热稳定性和空穴输送性能得到一定的改善。通过Ullmann反应，以4，4－二碘代联苯（DIBP）和咔唑为主要原料，可合成空穴输送材料4，4－二（9－咔唑）联苯（DCBP）。作为空穴输送材料，DCBP优于TPD。此外，联苯衍生物DPVBi和a－NPD也是优良的空穴输送材料。

8.3.4 产品4，4－二羟基联苯

4，4－二羟基联苯主要用作液晶聚合物原料、橡胶和乳胶的防老剂、染料中间体，可合成光敏材料；由于耐热性能好而被用作聚酯、聚氨酯、聚碳酸酯、聚

苯砜及环氧树脂等的改良单体，以制造优良的工程塑料与复合材料；可纺丝制成高强度纤维用于光导纤维增强等。以联苯为原料在150℃磺化、340℃碱熔，可合成4，4－二羟基联苯。

8.3.5 产品4－羟基－4－氰基联苯

联苯类液晶具有优良的光稳定性、化学稳定性等，是目前应用最广泛的一类液晶材料。在目前广泛采用的扭曲向列（TN）型液晶材料中，4－氰基联苯类化合物占有相当大的比重。4－羟基－4－氰基联苯是联苯类液晶的重要中间体，不仅是制备4－烷氧基－4－氰基联苯的原料[18]，而且通过该化合物可以制备一系列的酯类（包括反式环已烷甲酸酯及烷基、烷氧基苯甲酸酯）液晶。从联苯出发，经酰化反应、卤仿反应制备联苯甲酸，后者与氯化亚砜反应，然后经过氨解、脱水制得氰基联苯，再经硝化、还原、重氮化、水解的路线制得4－羟基－4－氰基联苯。

8.3.6 异丙基联苯

异丙基联苯是优良的高温有机热载体和电器绝缘油。一定组成的烷基联苯具有无色无味，黏度适宜，对颜料有较强的溶解能力等突出优点，所制得的溶剂成本较低，可用来制备无碳复写纸微胶，压敏复写材料，并且打印时具有清晰和紧密的印迹。目前，国内外作为无碳复写染料溶剂的主要有二芳基乙烷（SAS－296）、二异丙基萘（DIPN）。其中二芳基乙烷具有特殊的气味，二异丙基萘所用的原料价格昂贵，我国主要依赖进口。

美国专利报道了含50%～90%二异丙基联苯和7.5%～40%三异丙基联苯的无碳复写纸染料溶剂，是新型的无碳复写纸染料溶剂。用超酸（浓硫酸、无水$AlCl_3$）和异丙苯作复合催化剂，以异丙醇对联苯进行烷基化反应，可制得二异丙基联苯和三异丙基联苯的混合物。

联苯是一种重要的有机原料，由于其衍生物独特的结构而显示出特殊的作用，近年在医药、染料、液晶等领域的应用不断深入，显示了良好的应用前景。我国目前对联苯和联苯衍生物的需求量不断增大，使得国内市场仍需进口来满足需要。因此，我国应结合资源情况，加大对联苯衍生物的开发及应用研究，形成系列化生产。

参 考 文 献

[1] 水恒福，张德祥，张超群．煤焦油分离与精制［M］．北京：化学工业出版社，2007：

237 ~ 238.

[2] Sakuma kiyoshi（JP），tomioka tadao（JP），tabuchi sunao（JP），et al. Dibenzoturan distillation and crystallization process：US，4608127 [P]. 1986 - 08 - 26.

[3] 丁一慧，陈航，王东飞. 高温煤焦油的超临界萃取分馏研究 [J]. 燃料化学学报，2010，38(2)：140 ~ 143.

[4] 李群生，张泽廷，刘延成，等. 2 - 萘酚与苯甲酸在含夹带剂的超临界流体中溶解度的研究 [J]. 化工进展，2003，22(4)：387 ~ 390.

[5] 金君素，李群生，张泽廷，等. 含夹带剂的超临界流体中固体溶解度的研究 [J]. 石油化工，2004，33(5)：441 ~ 445.

[6] Eduardo Pérez，Albertina Cabanas. High - pressure phase equilibria for the binary system carbon dioxide dibenzofuran [J]. Journal of Supercritical Fluids，2008(46)：238 ~ 244.

[7] Eduardo Pérez，Albertina Cabanas. Cosolvent effect of methanol and acetic acid on dibenzofuran solubility in supercritical carbon dioxide [J]. J of Chem Eng Data，2008(53)：2649 ~ 2653.

[8] 张连斌. 氧芴超临界抽提工艺与洗油绿色加工研究 [D]. 武汉：武汉科技大学，2011.

[9] 张志刚. 超临界流体过程相平衡实验研究 [D]. 大连：大连理工大学，2006.

[10] 肖瑞华. 煤焦油化工学 [M]. 北京：冶金工业出版社，2004：172.

[11] 顾广隽，崔志民，秀维庆. 从洗油中分离甲基萘、联苯、吲哚的研究 [J]. 燃料与化工，1988，19(4)：46 ~ 50.

[12] 武林，宗志敏，魏贤勇，等. 煤焦油分离技术研究 [J]. 煤炭转化，2001，24(2)：17 ~ 21.

[13] 侯文杰，孙剑. 从煤焦油回收洗油中提取联苯的研究 [J]. 宝钢技术，2006(增刊)：40 ~ 42.

[14] 王兆熊，高晋生. 焦化产品的精制与利用 [M]. 北京：化学工业出版社，1989：297 ~ 298.

[15] 侯文杰. 从苯塔残液中提取联苯的研究 [J]. 燃料与化工，2004，35(4)：37 ~ 39.

[16] 侯文杰，夏剑忠. 联苯资源的开发 [J]. 现代化工，2007，27(3)：55 ~ 58.

[17] 侯文杰，陈国敏，郑少影. 联苯中杂质的分析及去除 [J]. 煤化工，2005(3)：59 ~ 60.

[18] 司雷霆，王志忠，薛永强，等. 煤焦油洗油中提取联苯工艺的探讨 [J]. 山西化工，2010，30(1)：14 ~ 16.